U0829695

性能模拟与绿色设计方案解析

Case Study of Performance Simulation and Green Design

刘丛红　著

天津大学出版社
TIANJIN UNIVERSITY PRESS

图书在版编目（CIP）数据

性能模拟与绿色设计方案解析 / 刘丛红著. -- 天津：天津大学出版社，2023.8

ISBN 978-7-5618-7555-1

Ⅰ. ①性… Ⅱ. ①刘… Ⅲ. ①生态建筑—建筑设计—研究 Ⅳ. ①TU201.5

中国国家版本馆CIP数据核字(2023)第140982号

性能模拟与绿色设计方案解析 | XINGNENG MONI YU LÜSE SHEJI FANG'AN JIEXI

出版发行	天津大学出版社
地　　址	天津市卫津路92号天津大学内（邮编：300072）
电　　话	发行部：022-27403647
网　　址	www.tjupress.com.cn
印　　刷	廊坊市瑞德印刷有限公司
经　　销	全国各地新华书店
开　　本	787mm×1092mm　1/16
印　　张	11.75
字　　数	217千
版　　次	2023年8月第1版
印　　次	2023年8月第1次
定　　价	98.00元

序言：以踏实的脚步，走向绿色建筑

刘从红1990年毕业于天津大学建筑学专业，经过在设计单位的两年实践后，重回母校攻读硕士和博士学位，完成学业后，又赴比利时鲁汶大学与外国专家合作做博士后研究，后返天津大学任教。在这个完整的学习过程中，她深入学习和研究了“中国现代建筑（1949年以来）”“西方现代建筑”以及“当代建筑思潮”等，可以说，她对现代及当代中外建筑具有较为全面的认知。

20世纪70年代前后，是世界反思现代建筑的时期。人们看到，在二战后恢复城市建设的过程中，现代建筑造就了史诗般的业绩，同时也深刻地看到这一过程对环境的破坏或忽视、对能源的消耗以及在人本精神（humanism）、地域文化等方面的缺失。人们为解决这些缺失，积极寻求出路。声名鹊起的美国“后现代建筑”理论家詹克斯主张，应该把建筑当成“语言”，让建筑回归“古典”形式，但最终什么问题也没解决。而更多的专家和建筑师通过实践陆续提出“可持续发展”“生态”“绿色”等概念，并沿此方向把这些概念逐渐发展为绿色建筑实践。

从红的独立研究工作，选定了“绿色建筑”，我赞成这个研究方向，因为“绿色”是上述各种概念的概括。拥有“世界最大工地”的中国，把遵循了七十余年没有改动过的“建筑方针”，醒目地加上了“绿色”二字。从红利用与英国卡迪夫大学威尔士建筑学院合作研究的机会，开始了对绿色建筑设计原理、方法和工具的研究。我关注她的工作，期待她早出成果。

十多年来，我看到她一直认真教学，不断进行工程实践，经常利用假期出国执行合作研究任务，当我看到她的《性能模拟与绿色设计方案解析》书稿时，才意识到，她把“绿色建筑”研究工作，融合在教学、工程与国外合作研究等三者之中，这种工作方式与埋没在文献堆中的纯理论性研究方式大相径庭，这种结合性的研究，需要有计划的教学过程，需要掌握新工具及实验方法，更需要在阶段性成果里进行耐心的反复比较和修正，自然会比纯理论研究更费时、费力，其成果才会更有利于设计操作。

书中第一部分的文字可以当成这项成果的理论部分。绿色建筑不是流派，它与工业时代的现代建筑一样，同样是在一个新时代里发展起来的全新建筑模式，应当以全新的态度，聚焦绿色建筑设计的特定性质，直接体现绿色建筑的根本。因而，绿色建筑把建筑的自然环境，材料、能耗、使用要求等建筑全生命周期的要素，以及建筑中的人本精神（包括新的审美方法与体验）、地域文化等，在数字模拟技术的支撑下具体纳入建筑设计方案的设计操作，使原来相对主观的设计过程变得更加客观，更加精细化与个性化。这一设计操作的核心，就是对设计方案的优化，即利用日照、风向等实验或计算结果，对建筑体量进行切削、扭转或对某种细部进行调整，从而使建筑获得新形式，获得实现“绿色”的充分理性依据，逐步建立起相关设计操作的新规则。这些规则由理论研究而来，却没有理论“架子”，直接促成绿色建筑设计过程。

从红在这里举出的十多项工程案例，涵盖了不同性质的建筑，包括城市设计、农村建筑及历史性建筑等；各类建筑设计类型，有新设计项目、旧建筑改建乃至对现有建筑的测评。这些项目的设计环境及所遇到的各种“麻烦”，与普通项目并无差别，更困难的是，还要建筑师一一解决涉及的“绿色”问题。这些案例最吸引我的是，对于阶段性方案进行“绿色修正”的过程，就是前面所提到的“切削”或“扭转”等操作，这是个创造新形式或新美学的新机会。当我看到原先呆板的体量或细部经过修整后，形成了活泼新颖的全新体量和细部时，我确信新的美学方法和审美意趣自然生成了，这是多么理性的美学依据，绿色建筑开拓了建筑美学的新天地，这对过去曾经玩弄形式的建筑师，是个多么好的“再教育”。

《性能模拟与绿色设计方案解析》一书，针对的是绿色建筑方案的设计阶段，对设计的理念策略、工具方法等方面做了深入浅出的表现。这仅仅是从红对绿色建筑整体研究的实践部分。前些年我在撰写《中国现代建筑史》时，曾引用她撰写的有关绿色建筑的国家和地方政策、法规的制定以及对当前绿色建筑的评判性文章，这又是我国实行绿色建筑的重要组成部分，她对这一复杂过程的研究，叙事严谨、评述精到、文献充实。当时，她还表达了对个别现象的独立见解，我非常希望她能把其他成果也都尽快发表出来，以飨读者。

邹德侬

2023 年 2 月于珠海“有无书斋”

目　录

可持续发展对建筑设计的新要求

无论是农耕时代的传统民居还是工业革命后的现代建筑，都是为了满足当时当地的社会需求，应用经济适用的材料和工具，经由体现时代技术水平和人文特色的设计和建造方法而形成。20世纪后半叶以来，环境污染、资源枯竭、气候变化等现象已成为全球各行各业面临的大问题，因此在1987年，由挪威首相布伦特兰夫人领导的联合国世界环境与发展委员会发布《我们共同的未来》报告，第一次明确提出了可持续发展的概念：可持续发展是指既满足当代人的需要，又不会对后代人满足其需要的能力构成危害的发展。三十多年来，可持续发展的观念已经深入人心，渗透到各行各业。一栋建筑从材料生产运输到建造运行，直至更新拆除的整个寿命周期都要消耗资源、对环境产生影响。为了在建筑领域践行可持续发展，平衡资源消耗与人的需求，诞生了绿色建筑的概念。

绿色建筑的提出

绿色建筑是指在建筑全寿命期内，节约资源、保护环境、减少污染，为人们提供健康、适用、高效的使用空间，最大限度地实现人与自然和谐共生的高质量建筑[1]。建筑始于策划和设计，其全寿命周期的资源消耗、环境影响、舒适感受等都应该在设计方案阶段获得预测，并通过有效手段加以控制和优化。如果方案设计阶段没有考虑性能及环境影响，或者缺乏有效的方法来预测、控制和优化建筑性能，那么实际建成的建筑就难以保证资源节约、性能舒适，必须通过后期附加绿色技术措施达成相关标准中的绿色目标，其结果是耗费不必要的资源，增加成本投入，是一种本末倒置的做法。

2019年，我国推出了新版《绿色建筑评价标准》（GB/T 50378−2019），与旧版《绿色建筑评价标准》（GB/T 50378−2014）相比，最显著的变化是从原来的节地、节能、节水、节材、室内外环境的评价调整为“安全耐久、健康舒适、生活便利、资源节约、环境宜居”的综合评价，新标准的大类划分更像是可持续发展时代的引导性原则，涉及内容更加广泛、综合，更趋向于建筑学的整合性思维，突出了方案设计对于绿色建筑最终效果的主导作用。

可见，绿色建筑的提出必然引起设计思想观念、工具方法以至最终建成形式和建成环境的变革。

设计观念的变革

绿色建筑关注建筑的全寿命周期，对于形式、空间和经济性的考量不再聚焦于初次建成效果，而是关注整个寿命周期的环境影响，比如：选择能耗低、环境影响小的建筑材料；优选本地材料，减少建材运输距离，降低碳排放；空间设计既要考虑满足当前需要又要兼顾未来改为他用的可能性，延长建筑寿命，减少频繁拆建造成的负面影响；造价的计算不仅考虑初次建设的成本，而更要计算初次建设、运行投入以及拆除和垃圾处理的综合经济效益等。

绿色建筑关注资源节约，强调节能减排，因此优先考虑被动式设计满足建筑性能要求，同时考虑建筑形态与可再生能源设施的合理匹配，在探索创新性成果来满足建筑舒适度的同时，减少化石能源用量，减少温室气体排放，降低环境影响。创新性成果不仅引起常规建筑设计过程的变革，还是普及可持续发展、绿色低碳等原则的最有说服力的方式。

绿色建筑同样关注身心健康、文化传承与归属感的营造，强调人与环境和谐共处，强调场所、文脉、可达性和社区感的营造。与现代建筑时期为了满足人的需求而忽视环境影响相比，绿色建筑主张通过地域性、低成本、可再生等理念实现上述人文目标。

由比尔·邓斯特（Bill Dunster）设计的贝灵顿零能耗社区建筑，优先选用经济的再生材料和当地旧建筑拆除构件，室内空间设计兼顾居住与办公，在多种建筑性能模拟软件的辅助下，通过被动式设计创造通风、采光性能优良的室内外空间，根据可再生能源设施的最优效率优化建筑形态，在降低能源需求的基础上整合主动节能设施，实现社区建筑整体高性能、低能耗与低排放的目标（图 1）。

图 1　贝灵顿零能耗社区建筑（优选本地速生木材及建筑拆除构件作为建筑材料。根据不同朝向和室内功能确定开窗面积和形式，风帽促进大进深室内的通风。建筑形体塑造依据太阳运行轨迹和 PV（photovoltaic，光伏）板的发电效率，建筑形象因此不同于周边的传统英式联排住宅）

图片来源：刘丛红摄于 2005 年

位于德国汉堡的港口新城（Hafencity），设计最大的挑战来自雨洪灾害和港口强风。为了营造令人身心愉悦的社区氛围，规划设计放弃了修建挡水墙的简单直白的想法，将人为活动的主要标高设在洪水位高度之上，在不同时间、不同高度营造出舒适宜人的亲水空间。邻近周边历史街区的新建建筑，则通过建筑材料的色彩和肌理与旧建筑协调。尽管新建筑采用了风力发电、太阳能板以及气流模拟辅助决策的特殊窗体，但整体设计远远超出了技术应用与简单优化的范畴，以更加开放的绿色思维，出色地实现了雨洪管理，延续了街区特色，并体现出充满智慧理性的未来感（图 2）。

图 2　德国汉堡港口新城的滨水商业建筑（新建筑的色彩和材料肌理与不远处的历史建筑群“仓库城”协调。根据气象记录的雨洪水位和平时水位，设计了不同标高的公共活动平台，底层空间主要是防洪性能良好的辅助空间，如车库、仓库等。可再生能源设施成为建筑形象的组成部分，体现了时代感）

图片来源：刘丛红摄于 2016 年

2015 年 12 月我国召开的中央城市工作会议上提出新时期中国的建筑方针——“适用、经济、绿色、美观”[2]，“绿色”正式成为中国的建筑方针。在 2020 年 9 月召开的第七十五届联合国大会上中国政府承诺“力争 2030 年前二氧化碳排放达到峰值，努力争取 2060 年前实现碳中和”。在建筑设计领域，这些承诺意味着原来注重功能、形式的设计模式转向功能与性能并重、开发绿色美学的新模式，急需能够辅助绿色建筑设计决策的新方法和绿色性能预测工具。

设计方法的拓展

建筑师在方案设计阶段，常规设计方法是统筹功能、造价、文化以及个性化的诉求等要素，形成基本设计概念，然后通过建模使基本设计概念演变为可视化的形体空间，再根据各种设计条件和美学原理进行优化调整，其流程大致可以用图 3 表示。

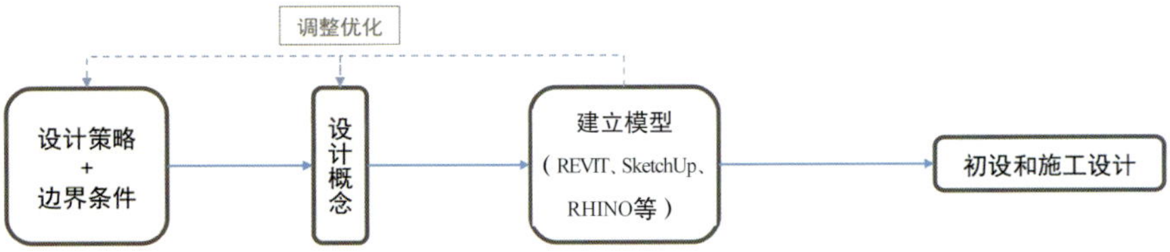

图 3 常规设计方法流程示意图

图片来源：作者自制

从流程图可以看到，在建筑方案模型确定的时刻，建筑总体布局和形式空间就基本确定了，后期在初设或施工设计中介入的绿色策略或绿色技术措施只能做到局部调整。因此，在建筑方案的设计概念生成之前融入系统化的绿色策略、生成设计概念，在建立模型的同时获得建筑性能和环境影响的量化信息，将性能及环境影响的优化与功能美学的优化同步进行，是建筑方案设计阶段保证绿色建筑最终效果的关键步骤。

当“适用、经济、美观”转变为“适用、经济、绿色、美观”后，上述建筑方案设计的流程图则演变为图 4 所示。

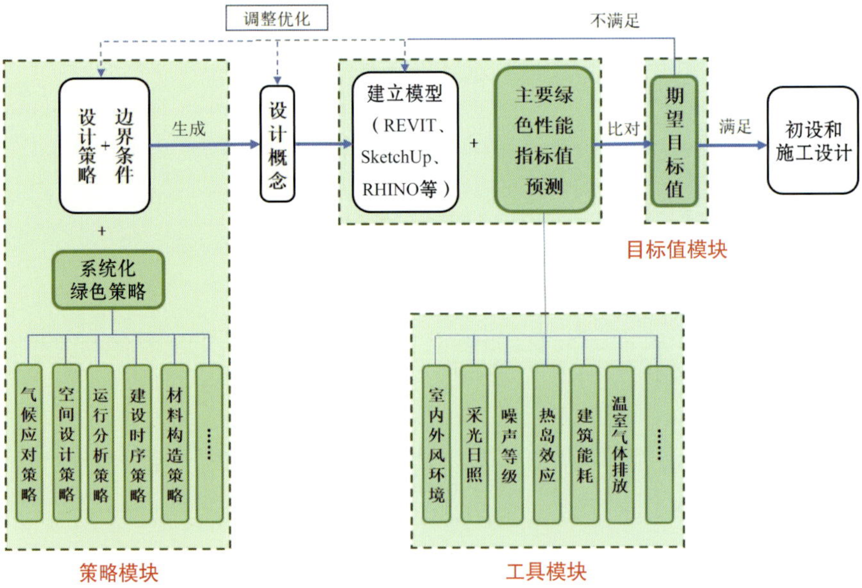

图 4 绿色建筑方案设计流程框架图

图片来源：作者自制

框架图中的策略模块是方案设计阶段有效的绿色策略以及各项策略敏感度的集合；工具模块是基于 REVIT 或 SketchUp 等设计阶段常用的工具平台，整合能耗、碳排放、气流、采光等空间性能计算软件，针对每个设计方案呈现关键性能指标，以便不同设计方案的比选和优化；目标值模块是针对特定气候区、特定建筑类型，通过研究分析确定的某种类型建筑主要性能的合格线。在该框架下的建筑设计过程，特别是方案设计阶段的重要绿色性能，可以得到有效控制，同时有利于发挥建筑师的主观能动性，促进绿色建筑美学创新。

其中的工具模块及目标值模块是科学研究的成果，从事一线工作的设计师只需理解其原理并正确应用相关工具即可。而系统化的绿色策略则是可持续发展时代，对原有建筑设计基础知识的补充和拓展，需要设计师主动学习并通过思考和训练做到熟能生巧。系统化绿色策略不同于建筑师随机选择的零散绿色策略，而是基于项目背景、全寿命期综合分析得到的优选策略集合，主要包括但不限于以下内容。

气候应对策略，是指为了应对自然界的寒冷或炎热、干燥或潮湿、日照强弱、风力大小等气候要素而采取的设计策略，目的是改善建成环境的舒适度，尽可能通过被动式设计营造出适于人居的微环境，兼顾为其他技术措施的应用提供便利。在《设计结合自然》《太阳辐射・风・自然光》《建筑气候学》等著作中均有原理和方法层面的具体阐释，在 ECOTECT 性能模拟软件提供的 WEATHER TOOL 工具中可以根据建设地点的经纬度获得具体区域的气候应对策略，以及特定地理位置上，应对气候策略的敏感度排序（图 5）。除了通用性的气候应对策略外，对于局地微气候的挖掘，也是应对气候策略的重要组成部分。世界各国的优秀传统民居是应对气候设计的典范，是在当时当地的气

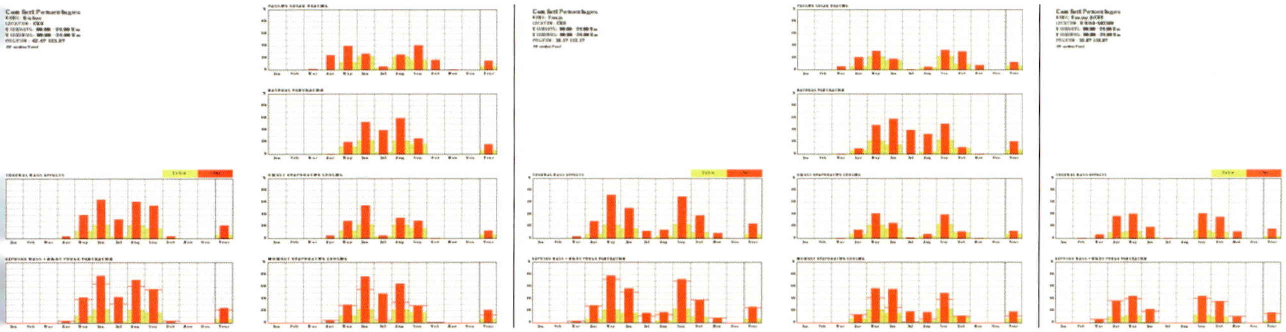

图 5 WEATHER TOOL 根据不同地区气象数据生成的气候应对策略及效果对比图示
图片来源：ECOTECT 软件生成

候、地理、资源、经济条件下的建筑最优解（图6）。

图6 江南民居临水而建（有助于改善小气候，街巷、天井等空间尺度有利于遮阳和加速空气流动，粉墙黛瓦促成热压通风，应对气候的策略最终演化为地域特色突出的建筑文化）
图片来源：刘丛红摄于2003年

空间设计策略，是以资源节约、性能舒适为目标，指导规划布局、建筑空间、细部设计的策略，具体包括：通过规划布局和空间组合优化室内外环境体验（如通过规划设计减少热岛效应、利用空间组合加强或弱化室内外气流等）、建筑空间形态关照性能、空间高度平衡能耗与舒适性、开窗方式和通风遮阳等细部设计考虑不同朝向和不同功能的需求等。方案设计过程中应针对不同气候区和不同建筑类型，洞悉各项空间设计策略的绿色性能敏感度，在理解原理的基础上根据各种约束条件选择高效的空间策略集合（图7）。

运行分析策略，是指分析特定建筑类型运行过程中的特点，从而在前期方案设计阶段做出积极应对。比如高铁站房人流通过性强、候车时间短、检票口频繁开放、日间车次远远多于夜间、节假日高峰时段与平日人流的差别很大等运行特点，可以衍生出开放式界面降低能耗、单元式组合分区控制、利用室外景观设施应对高峰时段候车等设计策略；办公建筑主要运行时段朝九晚五、学校建筑在每年最冷和最热的季节因为寒、暑假基本停止运行，等等，诸如此类的运行特点对建筑方案设计中的规划布局、建筑空间、建筑细部设计等影响深远。

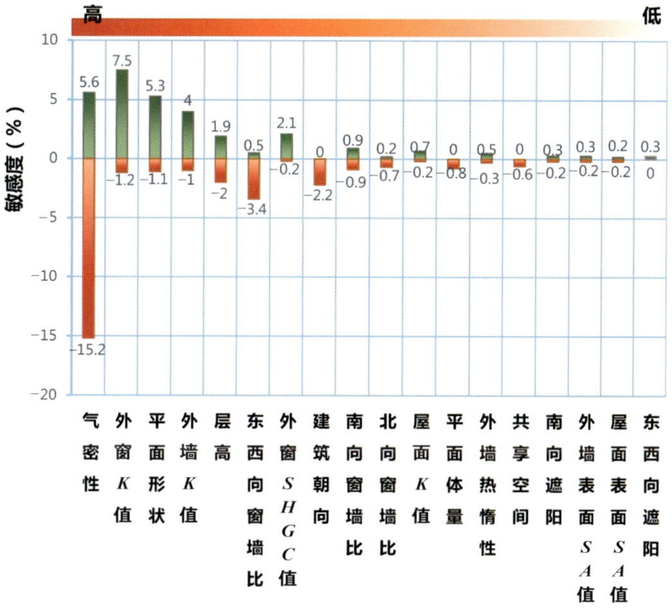

图7 针对点式高层办公建筑所做的设计策略节能敏感度分析（模拟软件DESIGNBUILDER）
图片来源：天津大学博士论文《基于能耗模拟的寒冷地区高层办公建筑节能整合设计研究》，作者：刘立，指导教师：刘丛红

建设时序策略，是指根据需求逐步拓展建筑规模或分阶段投入运行，避免一次性建成并全部投入使用带来的建设时段碳排放强度高、运行能耗浪费的问题。仍以高铁站房为例，根据高速列车承运能力的持续发展分期扩建站房，或者设计单元式组合空间，根据客流量调整站房的运行区域，可以有效降低前期客流量不足时空间整体运行造成的资源和能源浪费。在很多城市新区建设、大型公建项目中同样也要根据精准的需求分析，进行持续建设。

材料构造策略，通常被认为是深化设计阶段考虑的问题。在这里提出，一方面是因为很多建筑师关注材料表现，把材料表现和构造表现视为建筑创意的重要部分；另一方面是基于绿色建筑理念中关于“节材”和环境影响而特别提出来。比如建筑师在方案设计阶段刻意追求再生材料的表现、选择低能耗的建筑材料、选择地域性材料减少建材运输距离、尽量使用定型材料促成未来材料再利用、使用装配化工艺降低环境影响……诸如此类的材料构造策略必须在方案构思阶段综合考虑，同时也会因为这些考量而呈现出与常规建筑不同的新形象（图8）。

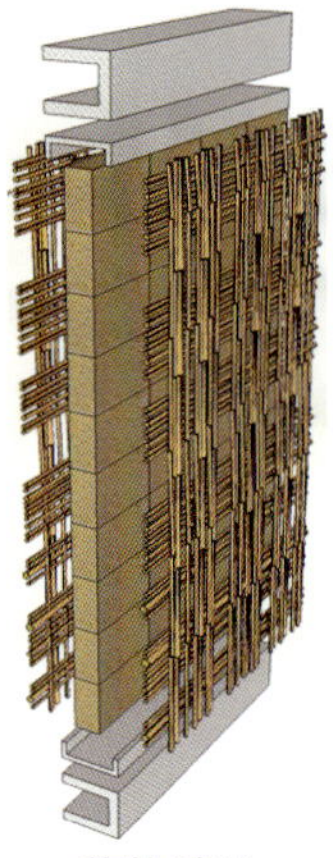

图 8 地域性材料制成的模块化墙体（利用当地盛产的竹子制成模块化墙体和隔断，低廉的可再生材料体现地域文脉，有利于节能减排）

图片来源：本工作室设计文本——2010 年 REVIT 竞赛获奖方案，低碳科技馆

绿色建筑设计是一个量体裁衣的过程，有共性原则却没有“新建筑五点”式的通用性形式法则。系统化的绿色策略也不止上述 5 个方面，它是一个开放的系统。不同气候区、不同建筑类型、特定的基地环境都可能挖掘出独具匠心的绿色策略，从而激发建筑师的设计热情，实现绿色美学创新。

设计工具的突破

在日常建筑方案设计中，常用的设计工具包括：辅助绘图工具 CAD 以及基于 CAD 开发的多种专业绘图软件，数字建模工具 3DSMAX、SketchUp、RHINO 以及近年来普遍应用的 REVIT 等，建筑表现工具 VRAY、LUMION、PHOTOSHOPS 等。这些设计工具提高了绘图效率、图纸精度和数字模型的仿真度。

随着绿色理念及相关设计策略介入建筑方案阶段，设计过程中需要判定某一方案的性能、舒适度及环境影响，为功能、性能、形式的协同调整和优化提供依据。因为建筑性能与环境影响、资源消耗之间存在非线性的博弈关系，因此单凭设计经验很难实现性能与环境影响的最优匹配，需要通过辅助设计工具获得重要性能的预测数值，通过优化设计来平衡功能形式和各项建筑性能。以办公建筑为例，大面积开窗有利于提高办公空间的天然采光，减少人工照明能耗，但有可能增加冬季采暖和夏季制冷的能耗，增加温室气体排放。如何在满足能耗标准（或因某种约束而设定的具体目标值）的前提下获得良好的天然采光，关系到开窗面积、开窗形式、遮阳设计以及建筑所在气候区的特定参数等被动式设计要素，这些要素与理想的功能和形式密不可分，在优化方案时必须协同调整。因此在建筑方案设计阶段需要能够预测建筑能耗、碳排放以及采光、气流、室内温湿度状况等性能数值的辅助工具，才能更精准高效地平衡各项设计要素。

为了预测建筑性能表现，可以通过风洞、人工天穹等物理模拟手段获得建筑风环境及采光、日照等性能状况，也可以通过计算机数字模拟获取，数字模拟具有操作简便、无须建造实体模型、节省空间和经济高效等优势。计算机软硬件技术和数据科学的飞速发展，使建筑性能模拟工具越来越接近现实。采光、通风、能耗、碳排放、热岛效应、噪声状况等模拟工具不断出现，软件工具界面从最初的抽象编程到更接近于建筑设计特点的可视化建模，从软件平台独立建模到直接导入 CAD、SketchUp 等建筑师熟知的模型，软件的包容性和工作效率不断提高；软件平台也从单一性能模拟逐渐向综合性能模拟、多项性能参数同时呈现、多目标优化同步进行的方向发展（图 9、图 10）。

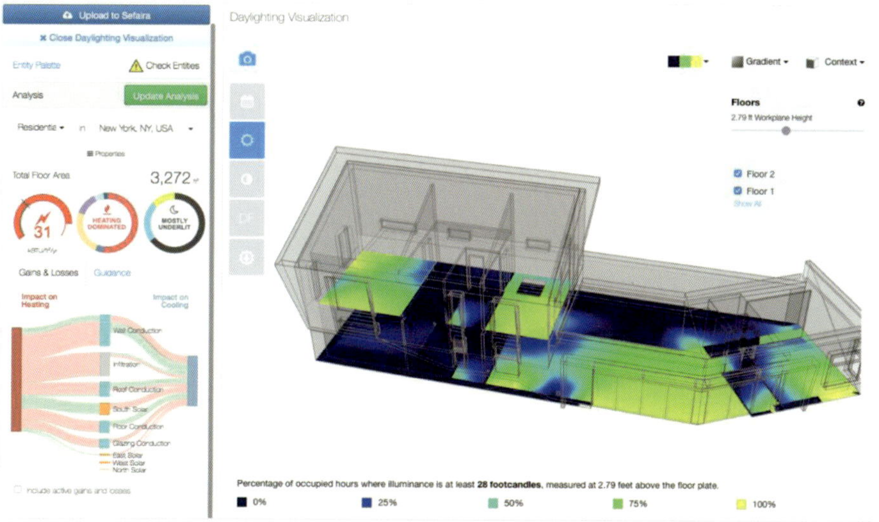

图 9 SEFAIRA 软件示例（基于同一个方案模型，同时呈现多种建筑性能参数）

图片来源：SEFAIRA 官网，https://www.sketchup.com/products/sefaira

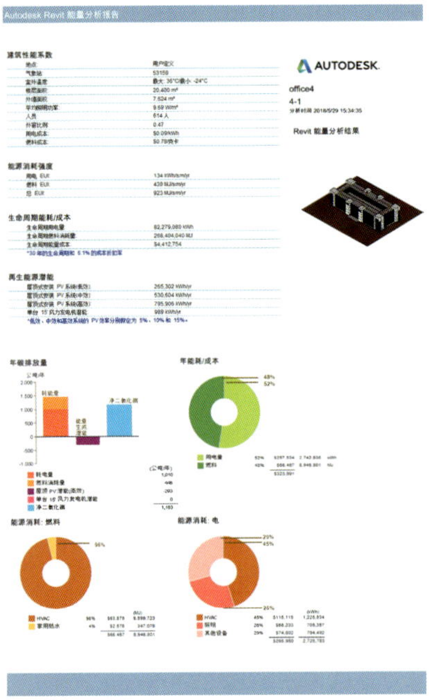

图 10 应用 REVIT 软件、云计算获得方案模型的多项性能参数

图片来源：本工作室设计文本——台儿庄市民中心设计方案

近年来，参数化设计受到普遍关注，在整合模拟技术方面发展迅速。参数化设计工具在逻辑算法、形态生成和性能模拟方面具有明显优势，能够满足“性能目标导向”的自动寻优过程[3]。

到目前为止，尽管这些软件工具本身还不够完善，模拟范围、工作效率和结果准确性还不尽如人意，但是越来越多的投入和实践、越来越快的模拟速度、越来越全面的指标呈现，都表明建筑绿色性能模拟工具已经实现了重要突破。可以预见在不远的将来，建筑性能模拟工具经过与建筑设计过程的深度磨合，会更加接近建筑设计过程的理想思维方式，提高建筑师进行绿色设计的效率、准确性和积极性。

建筑性能模拟工具简述

时至今日，对于建筑性能模拟软件，建筑师已经并不陌生，尽管很多时候不是建筑师亲自操作，而是由专业的绿建咨询部门进行相关性能模拟，并依据模拟结果提供建筑设计优化建议。常用的建筑性能模拟软件包括：建筑气流环境模拟工具，用于模拟室外风环境和室内气流、通风状况，如早期使用的AIRPAK、可以直接导入SketchUp模型的PHOENICS、更专业且预测结果更准确的FLUENT、操作简单但精度偏低的WINAIR和VIRTUAL WIND等；建筑光环境模拟软件，用于模拟建筑天然采光状况、日照及遮阳效果，如RADIANCE、三维日照分析软件SUNLIGHT、FASTSUN（飞时达）软件、天正日照、斯维尔日照软件等；建筑能耗模拟软件DOE2、DEST、IES、HTB2、eQUEST、ENERGYPLUS及其可视化版本DESIGNBUILDER等；建筑声环境模拟软件CADNA/A、SOUND-PLAN；室外温湿度、风场及污染物等微气候环境的模拟软件ENVI-met以及可以预测多种建筑性能的软件ECOTECT、REVIT、SEFAIRA、PKPM、斯维尔系列软件等；近年来兴起的参数化软件LADYBUG、HONEYBEE、BUTTERFLY等正在加速建筑性能自动寻优的进程。

尽管各类性能模拟软件已经广泛用于绿色建筑的设计、咨询与评价，但客观地讲，模拟软件本身尚有很多不足之处，如计算速度不理想、模型通用性低、容错能力差、难以预测复杂建筑形体的性能等，还有很大的改进与提升空间，因此新的性能模拟软件不断出现，已有的模拟软件也在持续更新。

关于模拟软件功能及适用范围的研究成果很多，可以随时登陆B站、知乎、各类公众号等，查看相关教程，学习特殊技巧。作为初步的了解，这里推荐一个在网上看到的PPT文件《绿色建筑的物理性能及模拟》，作者是南京工业大学杨小山老师，网址是：https://www.docin.com/p-1206149034.html，作者简明扼要地介绍了各类主要模拟软件的作用及适用范围，结合模拟实例深入浅出地加以阐释。

这里无意讨论各种性能模拟软件的功能和优劣，仅就本书案例分析中用到的相关模拟软件进行简述，作为案例分析部分的工具基础。

ECOTECT

ECOTECT最初由英国Square One公司研制开发，后来被AUTODESK公司买断，更名为ECOTECT Analysis，是一款全面分析建筑热环境、光环境、声环境及经济环境影响、造价分析、气象数据等重要建筑性能的计算机模拟分析软件。自 2015 年 3 月 20 日起，AUTODESK 将 ECOTECT Analysis 的相关功能整合至 REVIT 产品系列中，不再独立销售 ECOTECT Analysis 许可账号[4]。

尽管 ECOTECT 已经不再推出独立的新版本，但迄今为止 ECOTECT 仍然是建筑师最喜爱、应用最普遍的建筑性能模拟软件之一。主要原因是它可视化的模型可以直接看到建筑形式变化引起的性能变化情况。在较新的版本中可以导入 SketchUp 和 CAD 模型，避免重复建模，还可以将模拟结果导出到其他性能模拟软件。ECOTECT 可以调用气象数据库，分析设计项目所在地的高效设计策略，提供建筑光环境、热环境、声环境分析结果，初步进行建筑造价、能耗和环境影响分析。

对应方案设计流程，在设计策略阶段 ECOTECT 可以提供特定地点的最佳朝向和气象参数，根据气候特点提供高效的被动式设计策略，从而保证在方案构思阶段整合敏感度高的气候策略（图 11）；在刚刚建立概念设计模型时就可以快速获得建筑得热、太阳辐射、日照及阴影、天然采光状况、室内声学效果

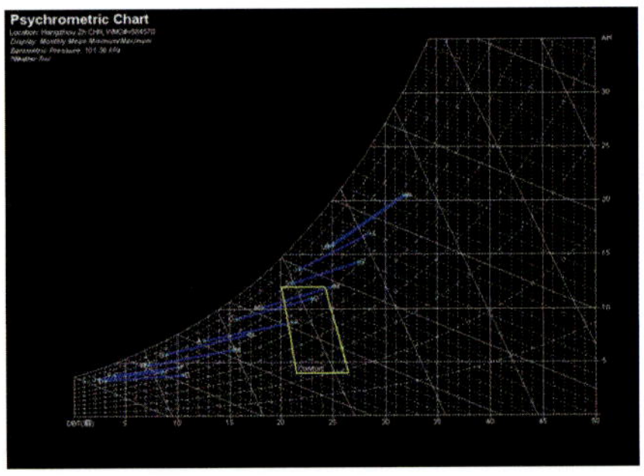

未采用任何策略的舒适时段

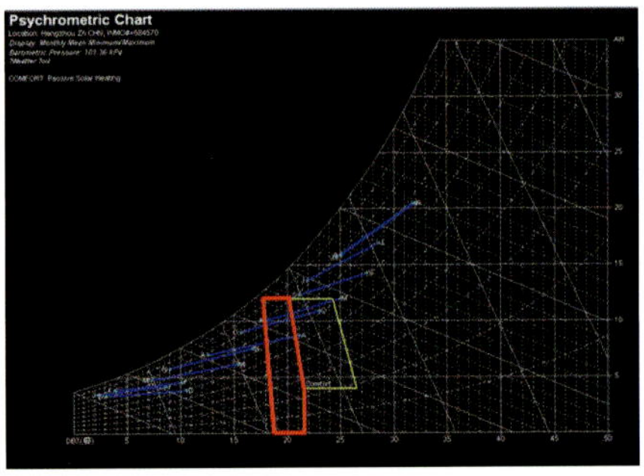

采用太阳得热策略增加的舒适时段

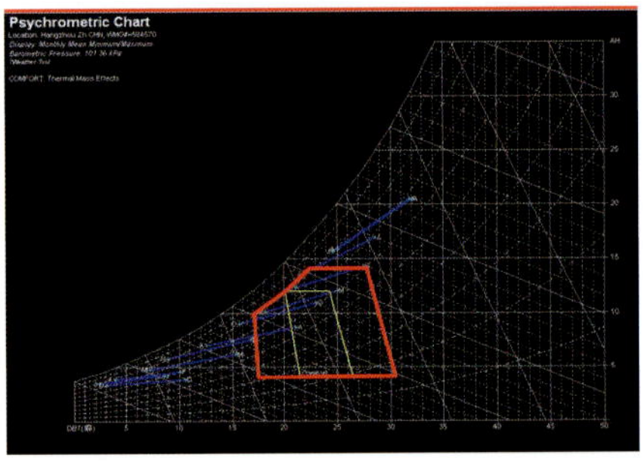

采用其他高效策略增加的舒适时段

图 11　低碳科技馆利用 ECOTECT 焓湿图分析得到高效的气候应对策略

图片来源：本工作室设计文本——2010 年 REVIT 竞赛获奖方案

等性能参数反馈（图 12），借助软件内部已有的数据可以粗略计算建筑能耗和造价。多项性能参数的及时反馈，符合建筑方案设计的综合性思维特征，有利于在优化方案过程中，协同功能、形式和重要性能，直至达成满意结果。

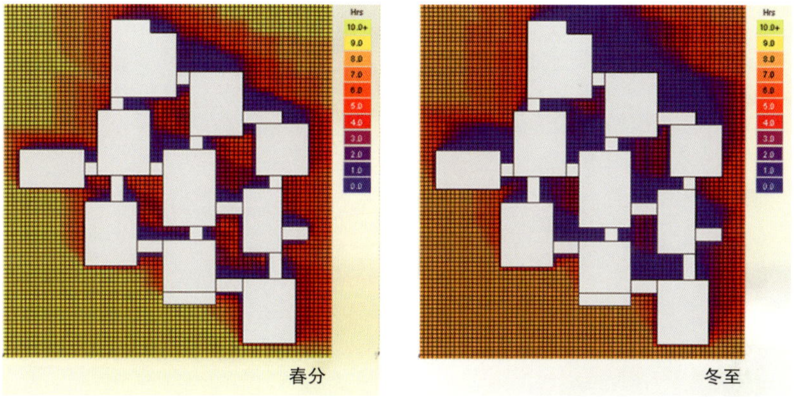

图 12 日照时数模拟结果（方案设计阶段推敲建筑空间组合在不同季节的日照情况，据此优选或调整方案）

图片来源：本工作室设计文本——2010 年 REVIT 竞赛获奖方案

AIRPAK

AIRPAK 是计算流体力学（CFD）的一个应用软件，是在更专业的 FLUENT 软件基础上发展起来的一个工具软件。主要是针对通风系统的空气品质、热舒适性、空气调节及污染物控制进行气流状况的模拟。AIRPAK 主要面向工程师、建筑师和室内设计师进行人工环境系统分析，特别是 HVAC 领域[5]。

在方案设计阶段，AIRPAK 可以用来分析设计区域内气流状况和污染物聚集情况，通过模拟结果判定规划区域内风环境是否舒适、是否存在不利的涡流和静风区、重要位置是否因为空间形态导致狭管效应等，以便在规划布局阶段及时调整和优化方案；AIRPAK 还可以对建筑室内通风状况、温湿度分布、室内空气质量等进行预测。由于气流环境的复杂性，应用软件时计算区域不能仅仅限定在规划设计范围内，因此相关边界条件的设定、计算网格的划分等都需要一定的经验和专业技巧。

应用 AIRPAK 进行模拟分析之前，一般需要在软件中建立模型，也可以导入三维的 CAD 模型，但容错率有限。软件能够输出可视化的速度矢量图、云图、粒子流线动画等，可以保存为静态的文件格式，如 JPEG 格式；也可以制成动画，保存为 AVI、GIF 等格式的多媒体文件，输出结果具有比较丰富的表现力（图 13）。

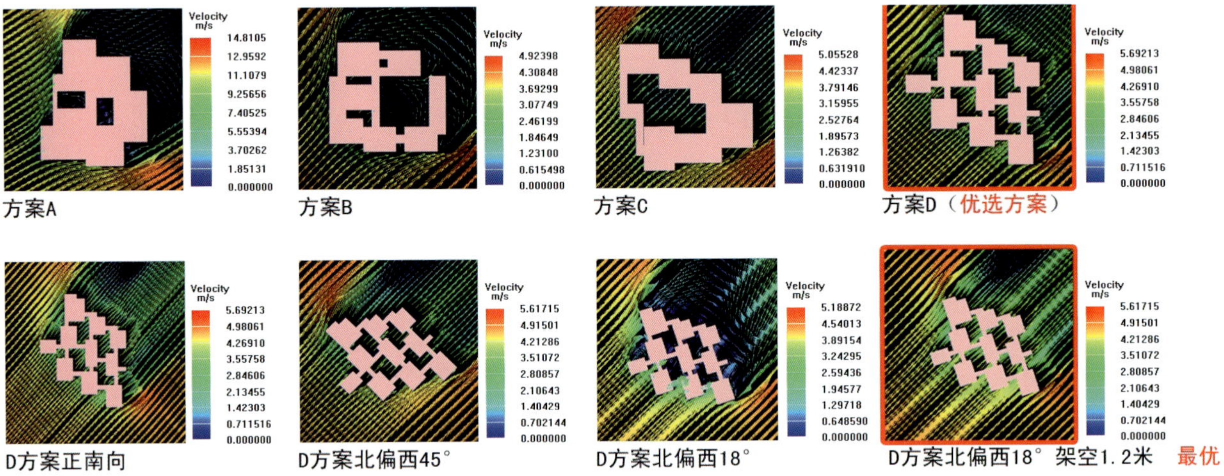

图 13 室外风环境模拟结果（应用 AIRPAK 软件推敲不同空间组合的室外风环境状况，优选方案，深化设计）

图片来源：本工作室设计文本——2010 年 REVIT 竞赛获奖方案

PHOENICS

PHOENICS 是著名的计算流体与计算传热学的商业软件，它是花费英国皇家工程院院士 D.B.Spalding 教授及 40 多位博士 20 多年心血的典范之作，常被用来在方案设计阶段模拟室内外气流环境和热湿环境状况。PHOENICS 具有开放性，用户可以根据需要修改、添加用户程序；PHOENICS 可以导入常用绘图软件的模型，从而减少建模的工作量，比如可以导入建筑师常用的绘图软件 CAD 图形文件、SketchUp 模型，但对导入模型有严格的要求，否则会导致模拟计算失败。该软件具有 20 多种湍流模型、多种流体模型以及燃烧模型、辐射模型，可模拟多种场景并给出量化计算结果。PHOENICS 的模拟结果可以通过等值面图、流线图等可视化方式输出，一目了然地看到量化结果和分布情况（图 14），符合建筑师的工作习惯和思维方式；模拟结果也能够以文本形式输出，以数字形式记录在文件中，可以提取出来进行分析或用于进一步计算。另外，PHOENICS 还拓展了利用 VR（虚拟现实）系统设定边界条件，进行模拟并输出结果，尽管目前还不成熟但前景可期[6]。

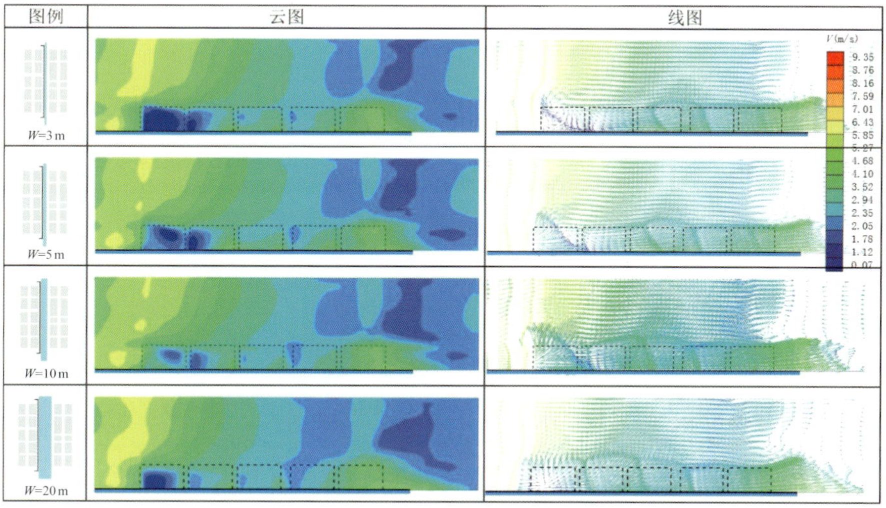

图 14 PHOENICS 软件模拟结果——江南水乡河道宽度对热环境的影响

图片来源：天津大学硕士论文《太湖流域水乡城镇空间形态的量化研究及对当代滨水住区的启示》，作者：程嗣闲，指导教师：刘丛红

VIRTUAL WIND

VIRTUAL WIND 是 SketchUp 软件的一个插件，通过 SketchUp 建模或导入模型后调用该插件即可快速获得气流状况模拟结果，其特点是使用方便、输入参数少、可视化程度高、计算速度快，但准确性差，适用于快速比选方案，获得定性分析结果。该软件的官网已经关闭多年，软件已不再更新（图 15）。

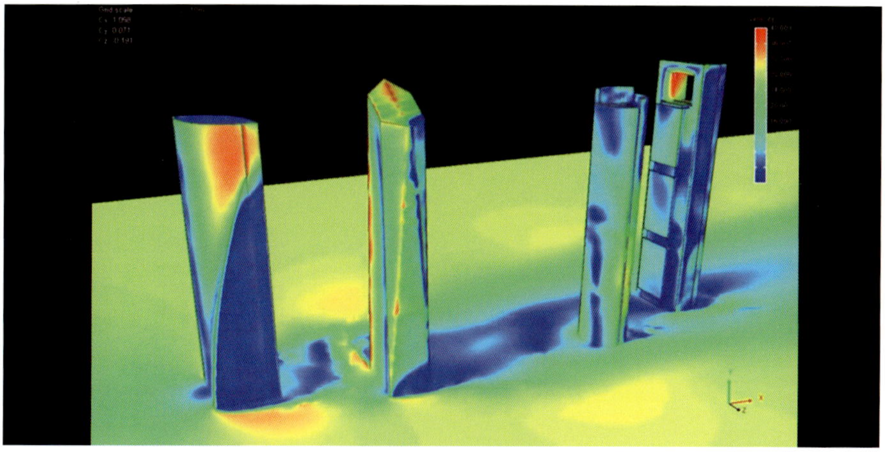

图 15 应用 VIRTUAL WIND 演示高层建筑表面气流环境状况

图片来源：https://www.bilibili.com/video/BV1cg4y1q72s/

HTB2

HTB2 能耗模拟软件是由英国卡迪夫大学威尔士建筑学院自主研发的全能耗模拟软件，主要用于建筑热工性能的动态模拟。它基于一个简单的有限差分热传导模型，可以模拟建筑的围护结构传热与蓄热、室内外热辐射交换、通风与空气渗透所引起的热量与水分传递、采暖与制冷设备及其控制参数、附带的内部热源、在室人员控制与干扰等，模拟准确率高；通过模拟可以确定室内的空气温度与辐射温度、舒适性参数、围护结构温度、相对湿度、通风效率、区域间能量流动及采暖与制冷负荷等性能参数。HTB2 可以模拟预测城市尺度、建筑单体以及设备系统的能耗或温室气体排放量。软件参数输入一般采用文本编辑的形式，以表格形式输出能量需求与室内热环境模拟结果。建模形式虽然不够直观，但逻辑严谨、模拟结果可靠，可进行定性或定量分析[7]。HTB2 最初开发是作为科研工具，使用者一般是与建筑研究或设计团队合作的专业编程人员，基于 Windows 开发的 WHTB2 版本降低了操作难度，使其得以用于设计与教学，但依然需要像编程一样输入模拟对象的形体尺寸、材料及逻辑关系（图 16）。

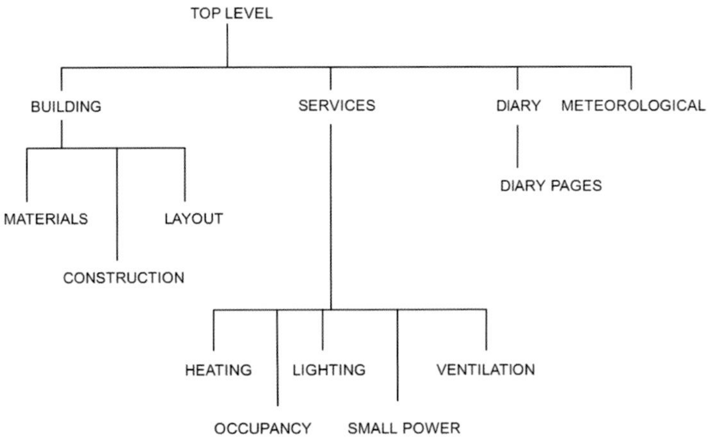

图 16 HTB2 文件树状图

图片来源：D. K. Alexander, HTB2 User manual 2.0c, Cardiff: Welsh School of Architecture, Cardiff University, UK, 1996, 转引自：天津大学博士论文《基于能耗模拟的建筑节能整合设计方法研究》，作者：李晓俊，指导教师：刘丛红

VIRVIL 插件也是威尔士建筑学院自主研发的软件，作为 Google SketchUp 的插件，将 SketchUp 模型输出到 HTB2 进行城市尺度的能耗模拟，通过对模

拟结果进行图表处理，获得规划设计方案总体的运行能耗与碳排放、可再生能源利用潜力、隐含能耗及隐含碳排放（图 17）。

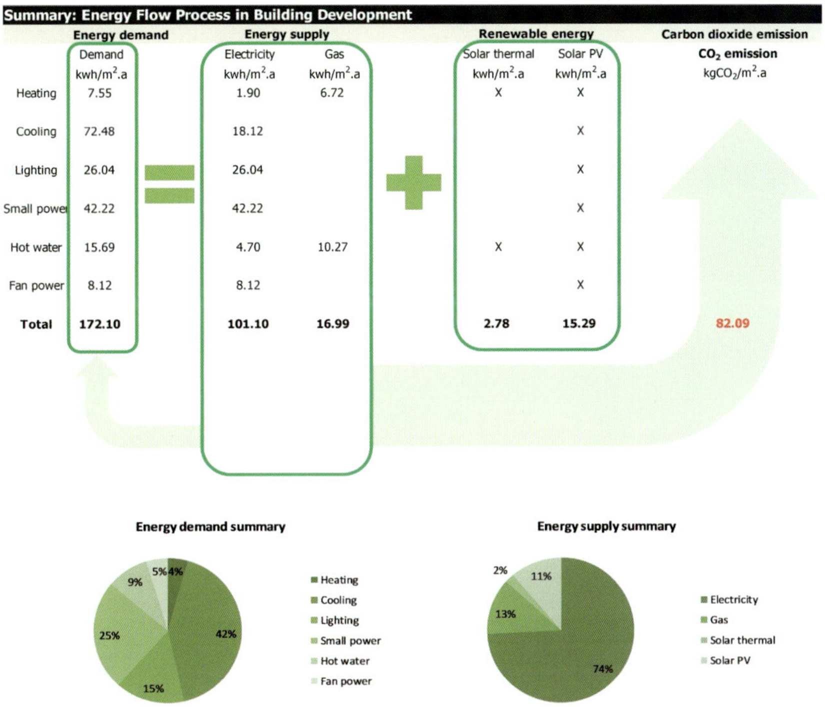

图 17 VIRVIL for SkecthUp 针对城市设计方案的能量及碳排放模拟输出的结果
图片来源：天津大学博士论文《基于能耗模拟的建筑节能整合设计方法研究》，
作者：李晓俊，指导教师：刘丛红

HTB2 及 VIRVIL 插件虽然普及率不像商用软件那样高，但是有其自身特点和优势。本工作室长期与英国卡迪夫大学建筑学院合作科研，很多项目是应用 HTB2 及 VirVil Plugin 完成的，因此将两款软件的功能呈现于此。

DESIGN-BUILDER

DESIGNBUILDER 软件是在更专业的能耗模拟软件 ENERGYPLUS 的基础上开发的一款综合图形界面软件，使用者在 DESIGNBUILDER 中完成几何建模和模拟参数设置后，软件将调用 ENERGYPLUS 计算，并输出模拟结果。DESIGNBUILDER 软件的图形化建模过程比较直观，参数设置面板多采用滑杆或下拉列表等选择方式，并提供了大量参数设置模板可供参考，整体而言用户的交互性较强。使用 DESIGNBUILDER 软件开展建筑能耗模拟研究一般包含 3 个步骤：首先，建立几何模型，并设定模拟需要的气象数据、人员活动情况、围护结构构造、外窗、照明、HVAC（供热通风与空气调节）系统等参数；进而，由 ENERGYPLUS 依据热平衡法逐时计算负荷；最后，由 DESIGNBUILDER 输出模拟结果，比如能耗、通风和热舒适指标等（图 18）。

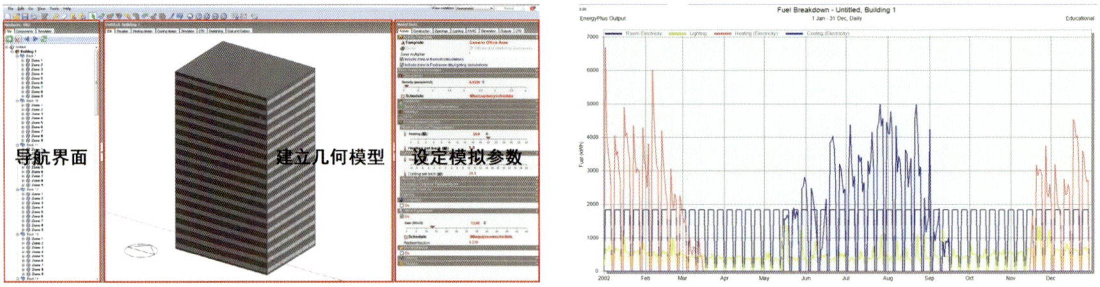

图 18 DESIGNBUILDER 软件界面（左）及逐日能耗模拟结果（右）

图片来源：天津大学博士论文《基于能耗模拟的寒冷地区高层办公建筑节能整合设计研究》，作者：刘立，指导教师：刘丛红

2015 年，DESIGNBUILDER 软件增加了优化设计模块（DESIGNBUILDER Optimazation），该模块以碳排放量、不舒适小时数和造价为可选的 3 个目标项，使用遗传算法，实现了计算机自动寻优；在变量选择方面，软件已经预设可供优化选择的变量种类，在空间设计变量方面相对涉及较少[8]。

PKPM

PKPM 系列软件是中国自主创新研发的成果集成，产品涵盖了建筑、结构、机电、绿色建筑全专业应用以及面向设计、生产、施工、运维各阶段的应用软件或系统。PKPM“绿建设计”产品包括辅助设计软件，如：绿色建筑设计助手、绿色建筑方案设计智能优化软件、绿色建筑计算工具箱；性能模拟软件，如：室内外风环境模拟软件、天然采光模拟软件、室内外声环境模拟软件、建筑能耗模拟分析软件、碳排放计算与城市热环境；设计评价软件，如：绿色建筑施工图设计评价软件、建筑节能设计软件、建筑能效测评软件、住区热环境设计评价软件、室内热舒适性设计评价软件、室内空气质量设计评价软件、绿色建筑动态评价系统、工业节能设计软件；运维管理平台，如：智慧城区绿色健康运维管理平台、BIM（建筑信息模型）审查管理系统、健康空间智能管理系统、绿色建筑运维智慧管理系统、节能审查管理系统；以及专门服务于绿色建筑评价的线上评估软件——建筑评星智能协同平台。

其中，PKPM 的公共建筑节能设计计算软件 PBEC 模块（图 19），已将室内环境节能设计计算参数和围护结构热工性能的权衡计算约束条件内置在软件的计算法则中，通过在软件中建模，设置建筑类型、围护结构参数、房间类型，设定采暖分区，就可比较方便地得到审查部门认可的建筑节能计算书，据此判定围护结构热工参数是否达标，并生成报告书[9]。

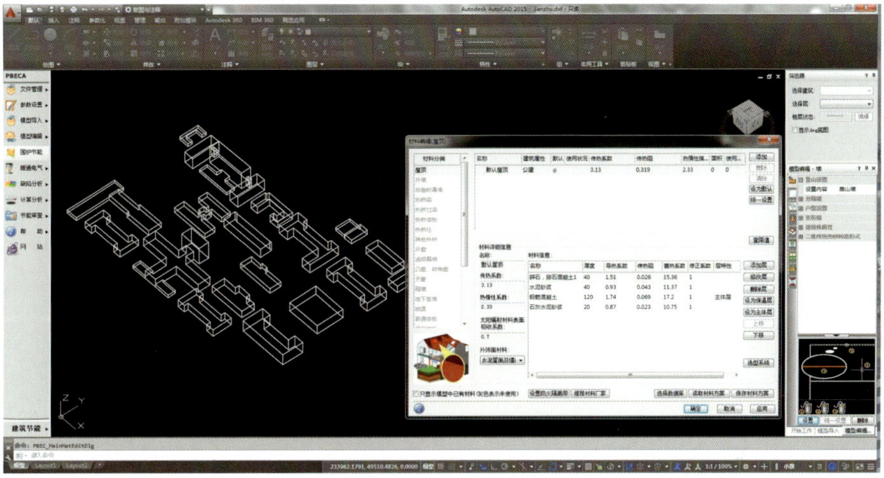

图 19 PKPM 系列中的节能计算模块 PBEC 软件界面

图片来源：程兰在 PBEC 软件中建模绘制

PKPM 系列软件内置了中国的相关规范和标准，针对比较规整形体的设计方案，进行相关性能计算，判定是否达标简便快速，并能自动生成官方认可的计算书和报告。

斯维尔

“清华斯维尔”是多年前进行日照分析的专业软件，其分析结果被很多城市的规划部门认可，作为判定日照是否满足标准的依据。经过 20 年的发展，早先的“清华斯维尔”已经更名为“绿建斯维尔”，提供基于 BIM 技术的绿色建筑设计全过程性能模拟分析软件和策划评价系统，从风环境、光环境、热环境和声环境等多方位对建筑性能进行分析和优化，为绿色建筑的设计和评价提供技术支撑。绿建斯维尔的“绿色建筑 2022 版软件系列”，内置 CAD 平台、多省市的《绿色建筑评价标准》指标数据和建筑能耗标准，在绿建评价、能耗计算、建筑风环境模拟、声环境模拟及室内热环境分析等模块均有更新（图 20）[10]。

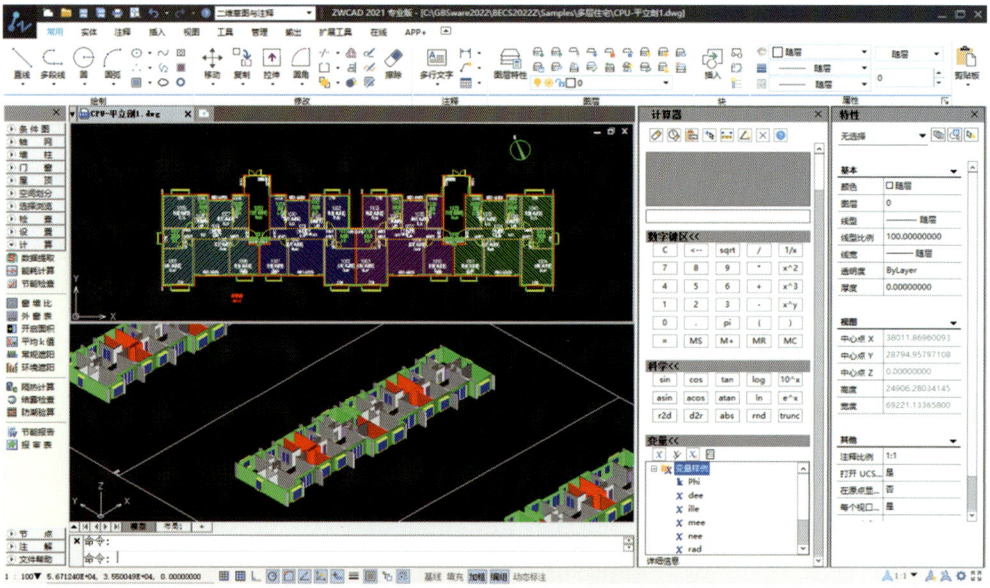

图 20 绿建斯维尔 2022 版软件界面

图片来源：绿建斯维尔官网

CADNA/A

CADNA/A 是室外噪声级预测软件，用于计算、评估、预测、显示噪声污染和空气污染状况。软件基于 ISO 9613 及中国 HJ 2.4–2009 等技术导则为计算原理，适用于多种噪声源的预测评估、设计和研究，具有知名度高、使用方便、针对性强等特点，已广泛应用于绿色建筑、工业厂房、变电站、交通（公路 / 铁路 / 机场）环评及城市规划等噪声评价及预测。最新版本为 CADNA/A 2020，软件可以导入 CAD 或 SketchUp 模型，容错率高，可以用来进行噪声评价，显示建筑物立面噪声最大值，并直接与标准值对比，显示超标楼层。其官网软件介绍中提到 CADNA/A 中的空气污染预测模块，可以进行空气污染分布的计算、评估和展示（图 21）[11]。

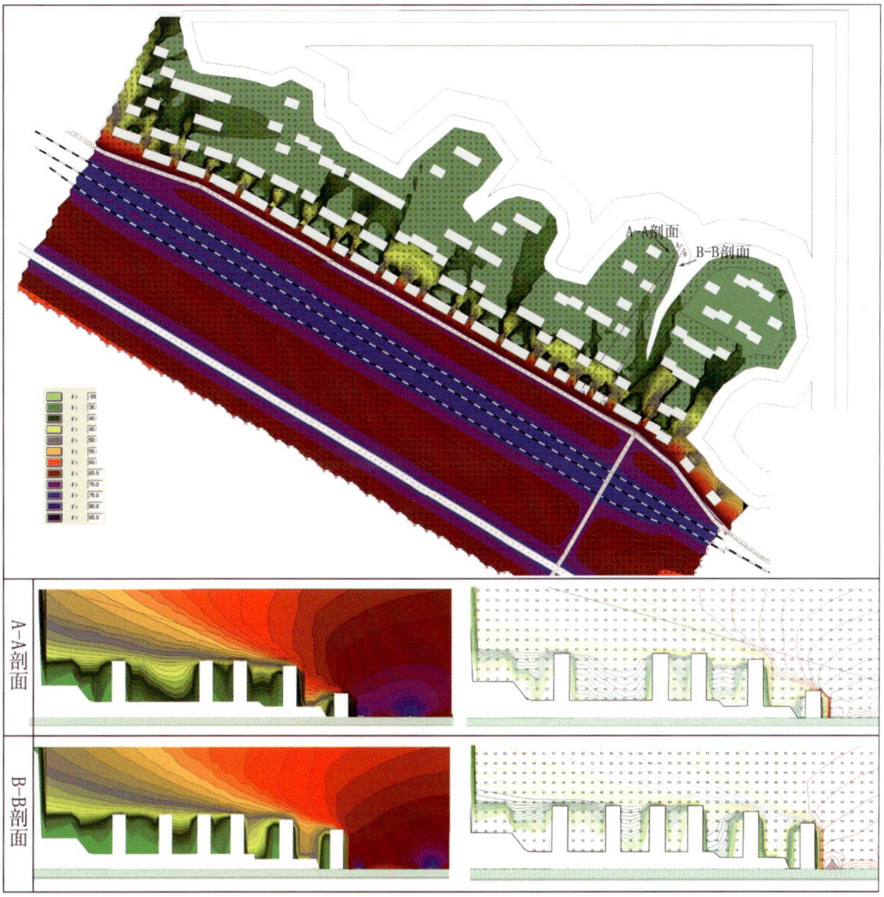

图 21 应用 CADNA/A 软件模拟某山地居住区室外噪声环境

图片来源：本工作室设计文本

LADYBUG+ HONEYBEE

LADYBUG+HONEYBEE（简称 L+H）是参数化设计软件 GRASSHOPPER 下的两个插件，是以“建筑性能自动寻优”为目标的参数化设计工具，核心研发者是美国宾夕法尼亚大学的客座教授 M.S. 娄德萨利（Mostapha Sadeghipour Roudsari）和毕业于美国麻省理工学院的建筑师 C. 麦基（Chris Mackey），他们具有出色的参数化编程能力、绿色建筑设计经验和性能模拟知识背景。L+H 高效整合了成熟的物理环境模拟工具计算内核，涵盖能耗计算以及风、光、热环境分析等功能，可为建筑设计整个流程提供全面的性能优化技术支持。同时，L+H 可基于同一模型进行多项参数的耦合模拟分析，还可借助 GRASSHOPPER 的进化算法，控制计算机自动完成复杂模拟和寻优计算，将建筑师从烦冗的模拟工作中解放出来，使建筑师专注于设计过程本身，专注于以节能为目标的形式创新[12]。LADYBUG 工具可对设计项目所处地点进行气候和环境分析，提供风环境、光环境、日照及温湿度等被动式设计的参数；HONEYBEE 能够在上述参数背景下自动调用性能模拟软件分析不同方案形体的性能指标并自动寻优。L+H 同时具有界面可视化、结果交互式、程序可拓展的特点，与建筑师方案设计的思维习惯和形式结果高度吻合（图 22）。

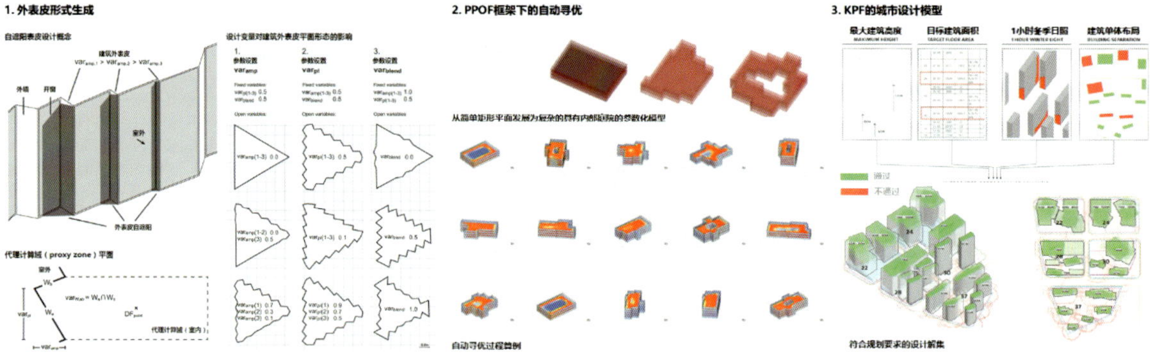

图 22 L+H 在设计研究和实践中的应用案例

图片来源：毕晓健，刘丛红．基于 Ladybug+Honeybee 的参数化节能设计研究——以寒冷地区办公综合体为例 [J]. 建筑学报，2018（02）：44-49.

时至今日，各种建筑环境性能模拟与评价软件层出不穷，是一个性能模拟的群雄逐鹿时代。这里列出的模拟软件仅是本书案例分析中用到的工具，其中有些软件或部分软件功能已经被淘汰或被其他工具整合。这里的梳理不仅是为本书后面的内容做好铺垫，还想说明设计工具与方案创意存在互动性，这是建筑师学习和应用模拟工具更为重要的所在！在某种新理念下的设计工具的突破，会触动设计观念和美学思想的改变，就像现代建筑技术的进步带来了崇尚功能、少就是多的形式结果一样。

性能模拟与方案设计过程互动

这里还要探讨一个问题，就是建筑师为什么要了解性能模拟工具，或者说在建筑方案设计阶段建筑师是否掌握性能模拟的原理和逻辑会有怎样不同的效果？

可能有人会说，在实际工作中，由绿色建筑咨询部门完成相关的性能模拟和节能报告，提供优化建议，保证设计方案达成相关评价标准的分值和级别，因此方案设计阶段建筑师无须考虑建筑性能模拟。尽管绿色建筑咨询机构通过提升材料和构件的等级，应用多种主动技术，几乎可以保证任何方案通过高等级的绿色建筑评价。然而，绿色建筑咨询团队多由熟悉各种评价标准、来自各个专业的人员构成，虽然其中也有建筑学专业背景的咨询师，但总体来讲绿色建筑咨询团队的成员一般不是设计项目的主创建筑师。在设计主创团队提出基本构思的过程中，如果没有特别给力、熟悉建筑方案设计流程和方案设计特征的绿建咨询团队深度介入，往往难以在基本构思产生的过程中有效整合系统化的绿色策略。如果设计主创人员在提出最初构思的时候从解决功能问题和形式美的原则出发，较少考虑性能问题和环境友好的绿色策略，那么只能在设计方案完成后，通过绿建咨询，附加技术措施或者局部调整优化，虽然可以达成评价标准的要求，却难以实现高效率，难以保证形式、功能和性能恰到好处地配合，失去绿色创新的最好时机。相反，如果设计主创人员洞悉绿色设计原理，精于建筑性能模拟的逻辑，甚至对模拟工具有较好的掌控能力，那么就基本实现了方案设计与绿建咨询的一体化，不仅设计视角、过程和结果会不一样，与绿建咨询团队的沟通也会更加便捷高效。建筑性能模拟对建筑方案设计的作用至少体现在以下 3 个方面。

引导绿色理念内化

建筑全寿命周期、节约资源、保护环境、减少污染、人与自然和谐共生等绿色理念虽然已经成为全社会共识，但是在建筑设计领域，将这些比较抽象的理念转变为可操作的设计流程，获得绿色设计成果还有距离。建筑师在学习和应用建筑性能模拟软件的过程中，涉及气候区、建筑类型、运行工况等背景参数，这些参数在一定范围内变化，引发建筑方案中的虚拟空间在风、光、热、能耗、碳排放等性能指标方面发生变化，这种链接关系会潜移默化地影响到设计师，将绿色原理与空间设计的各类形式要素关联起来，有的放矢地关注气候特征、运行特点、空间尺度等具体内容对于性能和环境的影响，从中找到绿色设计的切入点，将抽象理念在性能模拟与优化的过程中内化为具体的设计思路。从而，在方案构思与决策中时刻关照性能，使建筑性能和环境影响与常规的功能美学等诉求高效整合。简而言之，方案设计阶段建筑师对性能模拟的认知程度能够开发设计中的绿色视角，将抽象的绿色理念转化为具体的形式语汇，以最为经济高效的方法获得功能和性能的协同。

提高绿色设计效率

在设计实践中经常会遇到设计师与绿建咨询机构的沟通障碍，特别是在方案设计阶段，因为方案设计在很大程度上决定了未来建筑的实际性能，而且方案设计阶段时间紧，需要同时整合业主要求、决策者意愿、设计标准规范、预算控制以及文脉创意等诸多要素。设计主创团队如果不熟悉建筑绿色性能的原理和性能模拟的逻辑，就很难与非建筑学专业的绿建咨询人员有效沟通，经常会觉得对方听不懂或者难以领会关键点。等到一个方案构思基本完成，再通过绿建咨询发现性能问题从而提出优化建议，不仅需要投入更多时间和精力来调整方案，可能还会抱怨原方案中的关键创意因为性能优化而打了折扣。反之，如果设计主创人员熟悉建筑性能模拟的逻辑和重要参数，与绿建咨询机构的沟通毫无疑问会更加顺利，不仅能在构思阶段的沟通中获得灵感，还会因为精于性能模拟而积累绿色设计的经验，提高设计决策的准确性，减少后期绿色性能优化带来的返工，少走弯路，避免后期通过技术措施叠加造成的不必要浪费。可以想见，当建筑方案主创与绿建咨询融为一体的时候，绿色理念就会与常规设计原理在最初的构思中相遇相融，绿色设计过程就能高效顺畅。

促成绿色美学创新

建筑设计最终要落实在群体、单体和建筑细部的具体形式上，就像古典时期的柱式、现代建筑时期的“新建筑五点”一样，在可持续发展、节能减排的背景下也会产生与之相匹配的绿色建筑的新形式和新空间。然而，与以往不同的是绿色建筑虽有通用的原理却没有通用的形式，比如中庭空间在不同气候区中的作用可能是引导通风，也可能是为了获得更多的阳光，目标不同决定了中庭空间不一样的形态和尺度。因此，遮阳板、拔风井、中庭、屋顶绿化、不规则曲面抑或规整的体量等形式因素都不能必然成为绿色建筑的标志。绿色建筑及其相关的美学创新源自方案设计中定性或定量的性能目标，它们可能是绿色建筑评价的某些要点，如能耗、碳排放、风光热湿等舒适度指标，也可能是更为广义的建筑师的主动追求。绿色建筑的创新过程是在特定性能目标引导下，通过有效的工具方法及理性推衍，生成建筑形体和空间的过程。在此过程中，建筑性能模拟作为有效的方法工具，用逻辑理性的步骤和工具控制性能目标的达成，助力绿色美学创新。同时，建筑师的积极尝试，也会促进性能模拟技术的持续发展，使其更接近于建筑设计的思维方式和设计过程，直至演变为建筑设计的基本方法。

这里借用崔愷院士在《绿色建筑设计导则》序言中的一段话作为本章的结尾：君不知当今绿色发展不仅是全世界的共识，更是我们国家的战略决策；君不知绿色健康是人民获得幸福感的最重要的要素；君不知绿色创新不仅是学术论坛上讲的大道理，更是许多专家评委在评审竞赛时的重要标尺；君不知绿色设计在职业教育、资质考试、工程评优的行业体系中层层推进，已成为基本的学术语境[13]。尽管绿色建筑成为一种成熟的体系需要时间和经验的不断积累，但建筑师朝着绿色设计方向的努力顺应发展趋势，终将促成现代建筑之后的一次飞跃。

最后，希望本书中的案例研究能够抛砖引玉，对性能模拟在建筑方案设计中的作用加以印证，使建筑师的绿色创新实践获得有益的启发。

注：

1.《绿色建筑评价标准》（GB/T 50378-2019）。

2. 2016 年 2 月，中共中央、国务院发布的《关于进一步加强城市规划建设管理工作的若干意见》中新时期建筑方针是在 2015 年 12 月中央工作会议上提出的。

3. 参见毕晓健《目标导向的参数化建筑节能设计方法研究——以寒冷地区为例》，天津大学博士论文，2019 年 6 月。

4. 参见“建环视界”https://www.buildenvi.com/software/beea/ecotect。

5. 参见“建环视界”https://www.buildenvi.com/software/beea/airpak，HVAC 是 Heating, Ventilation and Air Conditioning 的缩写，即供热、通风与空调。

6. 参见上海飞熠官网 http://www.shanghaifeiyi.cn/。

7. 参见卡迪夫大学官网：http://www.cardiff.ac.uk/architecture。

8. 参见 DESIGNBUILDER 软件官网 http://www.designbuilder.co.uk，转引自刘立《基于能耗模拟的寒冷地区高层办公建筑节能整合设计研究》，天津大学博士论文，2017 年 6 月。

9. 参见 PKPM 官网 http://www.pkpm.cn/。

10. 参见绿建斯维尔官网 http://www.gbsware.cn/。

11. 参见上海飞熠官网 http://www.shanghaifeiyi.cn/。
12. 参见毕晓健《目标导向的参数化建筑节能设计方法研究——以寒冷地区为例》，天津大学博士论文，2019 年 6 月。
13. 参见崔愷《建筑设计是需要引导的》，崔愷、刘恒主编《绿色建筑设计导则——建筑专业》序言，中国建筑工业出版社，2021 年 5 月。

■ 绿色设计案例研究

本书呈现的设计案例都是本工作室师生共同完成的研究成果，很多案例是在实际设计任务完成之后，继续深化的设计研究，希望弥补实际项目因为时间短、甲方偏好等因素受到的限制及存在的不足，更好地体现绿色设计的整合性思维，以及基于模拟技术完成绿色目标的逻辑过程。受书籍篇幅所限，希望这些案例能够简明地展现工作室多年来对于绿色设计研究的持续性探索。这里的设计案例没有按照时间顺序排列，而是按照建筑功能分类，从住宅到公建、再到城市设计、既有建筑改造及农村住宅，希望说明绿色设计作为一种思想，适用于任何建筑类型和规模，基于模拟技术的绿色建筑设计与优化方法，是落实可持续发展思想和绿色理念的有效工具，是建筑创新的理性支撑。

案例研究部分涉及的图表，除了注明来源的以外，均出自本工作室研究论文或工作室设计项目文本。

案例 1 住宅区室外环境优化与居住单元节能设计研究（2005 年）
——以天津某高层住宅小区为例

这是我们与英国卡迪夫大学建筑学院合作的欧盟研究项目的第一个案例研究，项目名称是“国际合作项目：可持续建筑设计及其操作，由英国卡迪夫大学和中国天津大学共同完成（International Network: Sustainable Building Design and Its Operation between Cardiff University UK and Tianjin University China 2005-2008）”。案例研究的内容和思路由中英研究团队共同商定，通过这个项目，我们对气流、采光、能耗等原本关注不足的性能问题有了比较深刻的认知，特别强烈地意识到：建筑师对建筑性能的导控不仅是一个设计方案技术优化的过程，也是一种设计方法，一种可以用于建筑设计初始阶段积极应对环境的方法，进而会影响到设计思想的转变。

项目概况

该研究针对一个已经建成的高层住宅区展开，项目位于天津，建筑用地呈方形，场地平坦，共包括 7 幢高层住宅和配套公建（图 1、图 2），除了“一字形”楼体为 9 层以外，其他均为 26~28 层的高层住宅。根据设计单位提供的

图 1 项目总体鸟瞰图

图片来源：天津大学建筑设计研究院

图 2 项目总平面图

图片来源：天津大学建筑设计研究院

住宅标准层平面图确定了 3 个研究单元（图 3、图 4）和相关材料信息（表 1），依据基地的气象资料，研究团队运用多种性能模拟软件对建筑内外部的通风、采光、日照、能耗进行深入分析，同时使用多种仪器进行实地测试，校正软件模拟的参数设定。在此基础上通过分析性能模拟的量化数据，提出优化建议，以期用于未来的建筑方案设计过程。

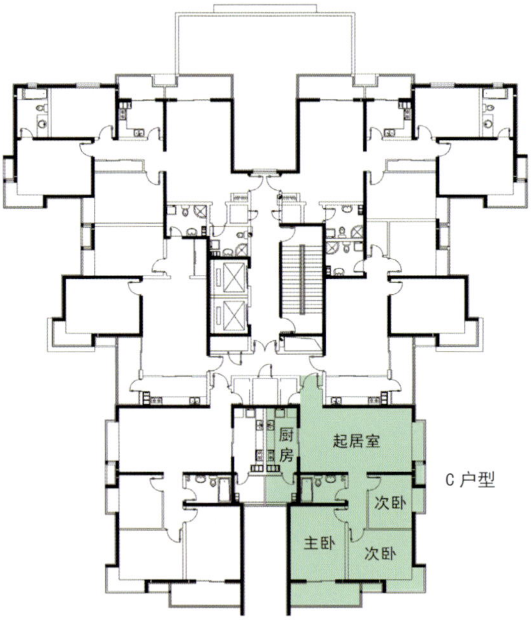

图 3 典型建筑单体平面图，C 为实测户型

图片来源：天津大学建筑设计研究院

图 4 典型建筑单体平面图，A 和 B 为研究户型（研究步骤为：首先对 C 户型进行测试，根据测试结果调整软件参数、校正模拟结果，然后将获得验证的参数用于其他户型的模拟分析。A、B 户型包含了各个朝向。应用校正后的参数获得性能模拟结果，从而对整栋建筑获得全面的认知，提出优化建议）

图片来源：天津大学建筑设计研究院

表 1 建筑材料信息表

户型	窗地比	外窗材料	遮阳设置	外墙建筑材料	内墙建筑材料
A	15.2%~30.2%	铝合金框，中空玻璃门窗，气密性指标：$QL \leqslant 1.5\,m^3/m$ 传热系数：$h \leqslant 3.0\,W/(m^2 \cdot K)$	无遮阳措施	墙外贴 50 mm 厚聚苯板的钢筋混凝土墙体或陶粒混凝土空心砌块，厚 200 mm，传热系数 $0.69\,W/(m^2 \cdot K)$	钢筋混凝土墙体，部分填充墙为陶粒混凝土空心砌块，厚 200 mm 或 100 mm
B	15.5%~32.5%				

（来源：根据天津大学建筑设计研究院提供的信息整理）

室外环境模拟

针对小区总体布局，模拟了冬季和夏季不同高度的风环境状况、日照状况，模拟的目的是发现小区规划布局中存在的问题，探讨未来设计中室外环境模拟与优化的方法，以下是部分模拟结果及设计分析（图 5~图 12）。

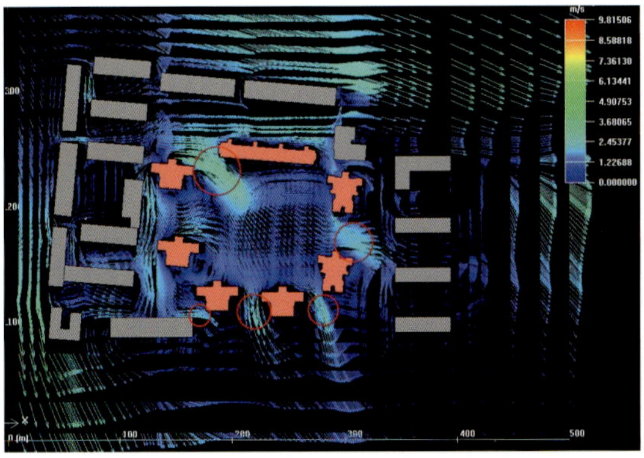

图 5 冬季 1.5 m 高度（人行高度）风环境模拟（AIRPAK 软件模拟）

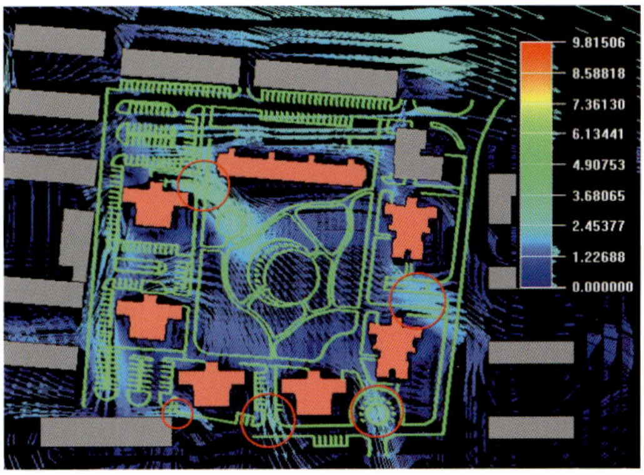

图 6 冬季 1.5 m 高度风环境模拟（叠加总平面图可以发现风环境不利的位置）

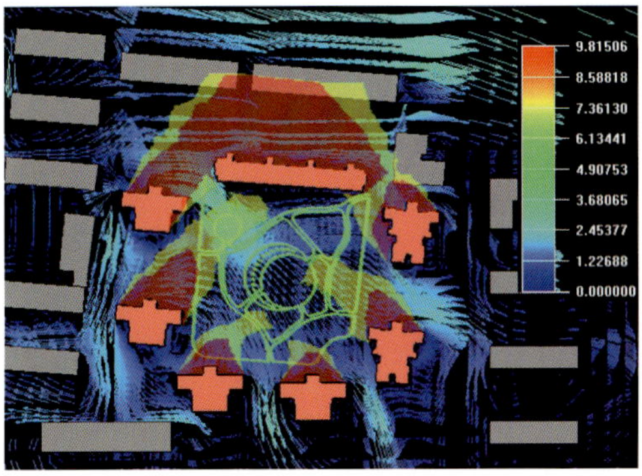

图 7 冬季 1.5 m 高度风环境模拟（叠加冬季日照模拟，用来判定室外活动区域的气流和日照状况，日照模拟软件为斯维尔）

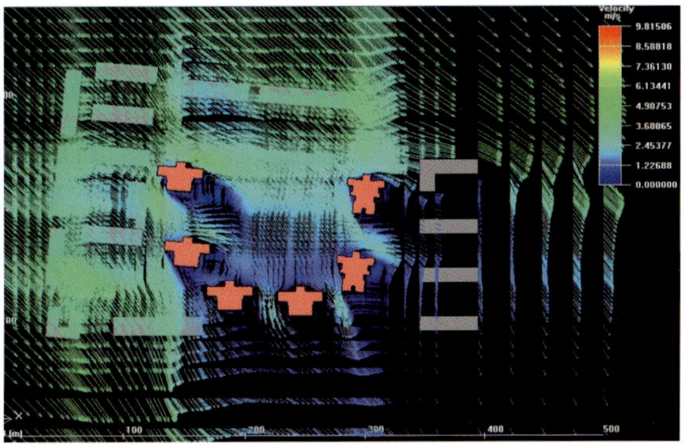

图 8 冬季 50 m 高度风环境模拟（AIRPAK 软件模拟，可以看到风速远高于近地面处）

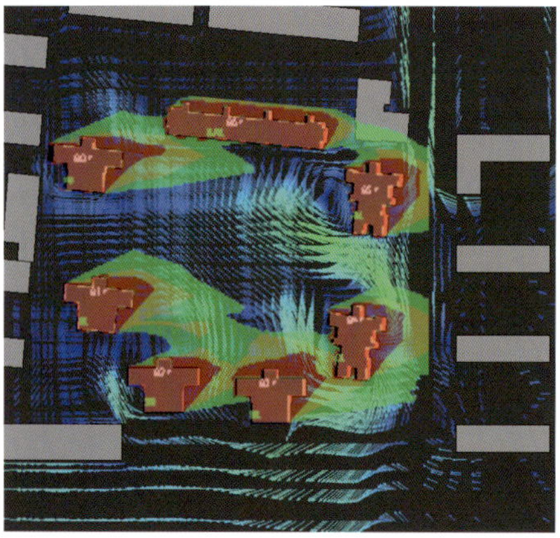

图 9　夏季 1.5 m 高度风环境模拟（AIRPAK 软件模拟，叠加夏季日照模拟结果，用来推敲适宜的夏季室外活动场地的位置）

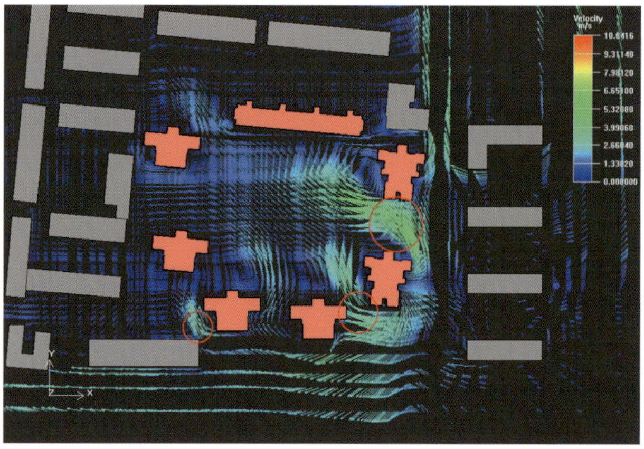

图 10　夏季 10 m 高度风环境模拟（AIRPAK 软件模拟）

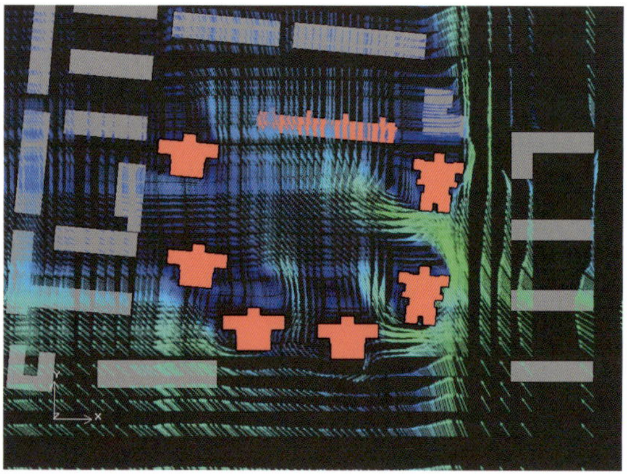

图 11　夏季 50 m 高度风环境模拟（AIRPAK 软件模拟，不同高度的气流模拟为合理利用自然通风提供依据）

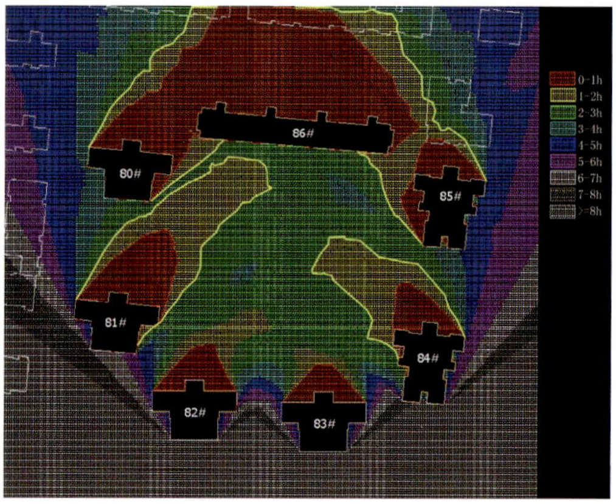

图 12　冬至日日照时间模拟（斯维尔软件模拟，用于分析住宅设计是否满足日照要求及优化方法）

利用软件模拟判定住宅是否满足日照要求，已经是一种常用的方法。但是，基于优化设计的视角，日照状况的模拟不仅可以判定住宅是否满足日照时数，还可以用来确定小区内部景观及活动场所的设计，比如：将老人、儿童的室外活动场地设置于冬季日照时间较多的区域，对于夏季太阳辐射过强区域利用景观设施及植物做好遮阳等。风环境模拟可以直观地看到小区各个位置风压和风速情况，据此调整总体布局，避免小区出入口、主要活动场地等重要位置设于冬季的不利风场中，同时尽量引导和利用夏季通风，达到降温除湿的目的。

单体能耗模拟及优化建议

针对图 3 和图 4 所示的典型住宅标准层平面，在实地测试校准 HTB2 软件[1]参数的基础上，应用该软件分析住宅夏季得热和冬季散热的主要途径（图 13），根据模拟结果选择节能效果明显的措施。

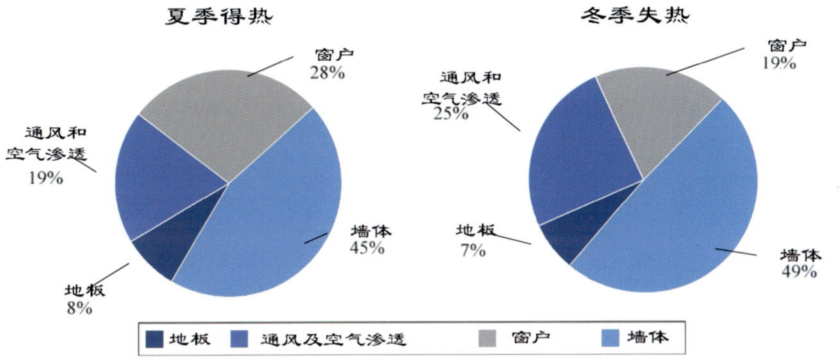

图 13 HTB2 软件模拟全年失热和得热情况

根据图 13 分析可知住宅通过窗户、墙体、通风和空气渗透、地板而得失热量，其中通过窗户和墙体得失热量占主要部分，因此后续研究主要针对窗户和墙体展开，下面是部分模拟结果（图 14~图 18）。

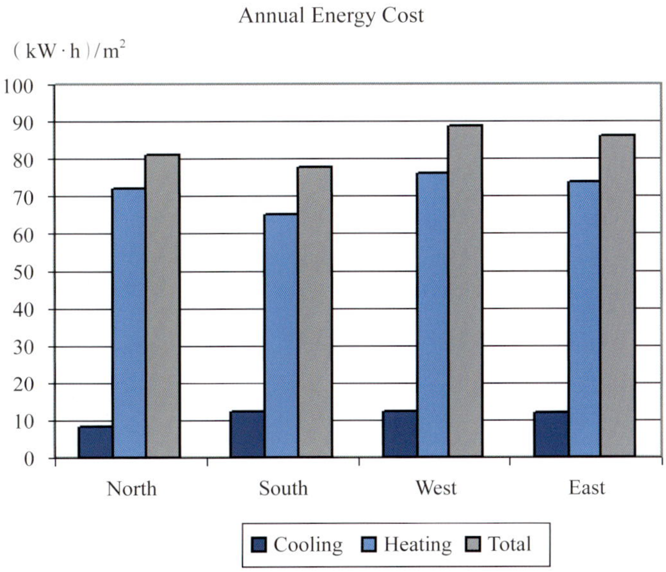

图 14 现状年能耗水平（依次为不同朝向房间的制冷能耗、采暖能耗和年总能耗，HTB2 软件模拟）

1.HTB2 软件为英国卡迪夫大学建筑学院自主开发的能耗模拟软件。

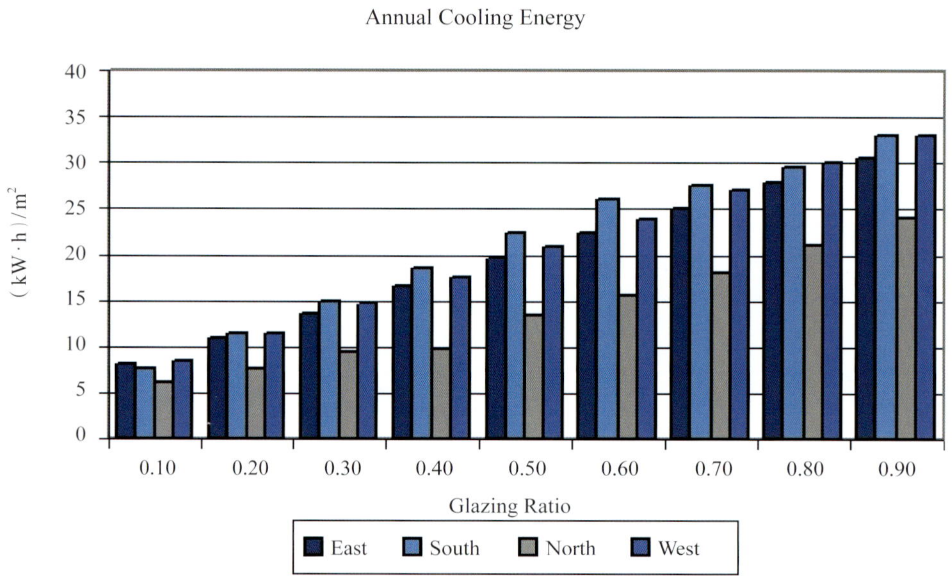

图 15 各朝向房间的年制冷能耗随窗地比变化的情况（HTB2 软件模拟）

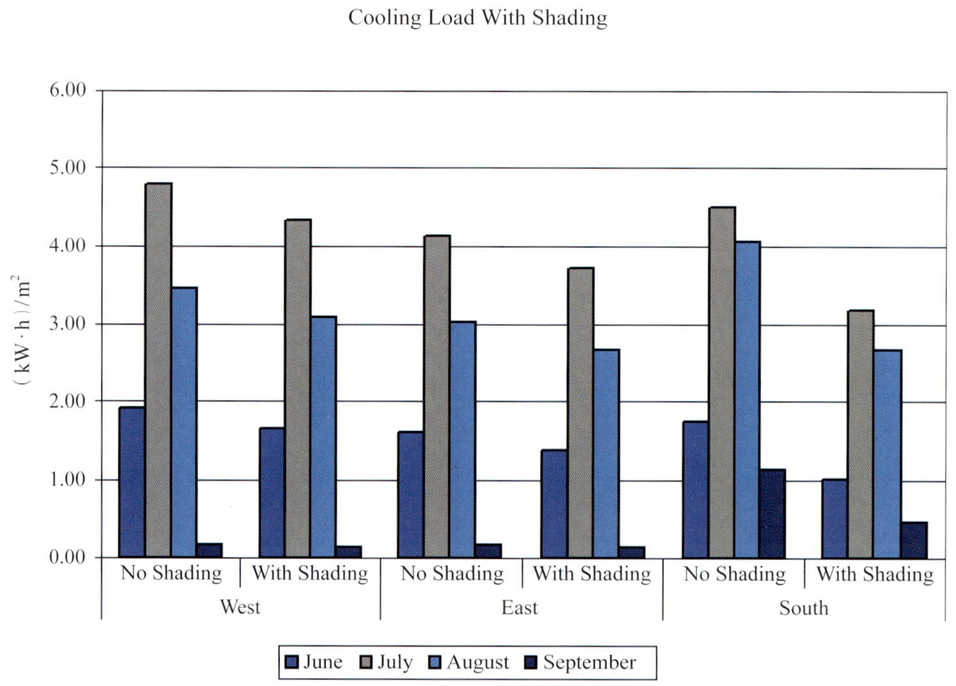

图 16 6 月至 9 月，在有无遮阳设计的状况下，各朝向房间制冷负荷的比较（可以看到通过遮阳设计可以有效降低各房间的制冷负荷，HTB2 软件模拟）

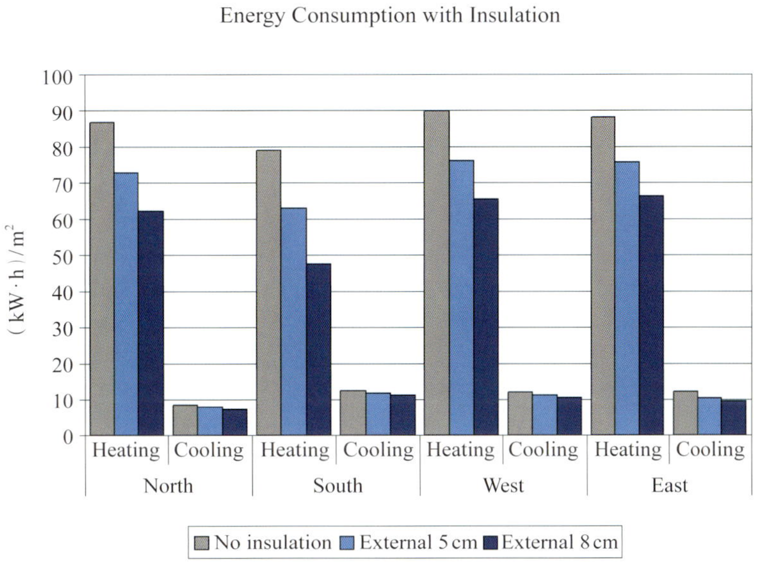

图 17 保温层厚度变化对采暖和制冷能耗的影响（HTB2 软件模拟）

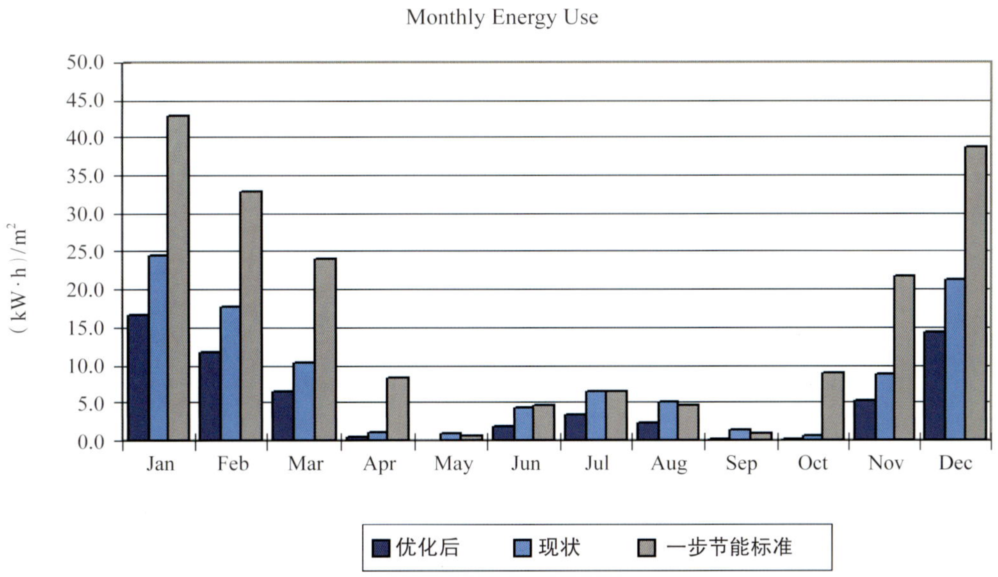

图 18 建筑能耗比较（HTB2 软件模拟）

在建筑师的眼中，这类模拟图表难免抽象冷漠，因此这里只呈现了案例研究的一小部分工作，具体研究结论如下（表 2）。

表 2 节能措施及优化建议

研究部位	节能措施	节能效果	优化建议
窗地比	由 30% 减少到 15%	节能约 15%	避免设计面积过大的窗户，特别是高楼层区域
遮阳设计	南向窗采用水平遮阳板，*VSA*=50.9°；东西向窗采用竖直遮阳板，*HAS*=35°~45°	制冷能耗减少 25%；对采暖能耗基本无影响	采用遮阳板并依当地日照条件及不同朝向调整遮阳形式
窗体材质	采用双层玻璃	减少 15% 热损失	高性能的玻璃窗能够有效提升节能效果
	传热系数由≤ 3.0 W/（$m^2 \cdot K$）减至≤ 2.2 W/（$m^2 \cdot K$）	制冷能耗减少 10%~12%	采用传热系数低的窗体材质，需与遮阳系统结合设计
墙体保温	使用墙体外保温并适当增厚外保温层	节约 20% 以上采暖能耗	采用 50~80 mm 厚聚苯板外保温，有利于节能
	使用热滞时间长的墙体材料	提高室内舒适度，降低制冷能耗	建议选用热滞时间长的墙体材料

总之，在规范允许的范围内适当减少窗地比、使用低传热性窗体并结合遮阳设计、采用保温隔热性能好的墙体材料，综合能耗会大幅降低。

结语

该研究虽在项目建成之后，但这种分析方法完全可以用于设计方案推敲阶段，从而使建筑设计建立在更科学、更理性的基础之上，良好的被动式设计不仅能够实现节能目标而且能够创造更为舒适的室内外环境。

致谢：
感谢天津大学建筑设计研究院吴放总建筑师为本项目提供基础资料；
感谢威尔士建筑学院 Phillip Jones 教授、王燕副研究员、博士研究生李堑对项目研究的贡献；
感谢天津大学建筑学院王爱英副教授、硕士研究生黄成对项目研究的贡献。

资料来源：
1. 中英国际合作项目研究报告“International Network: Sustainable Building Design and Its Operation between Cardiff University UK and Tianjin University China，2005-2008”，supported by Leverhulme Trust

■ 案例 2　承德偏岭小区外部空间规划设计研究（2009 年）

随着城镇用地紧张，高层住区成为常态，平衡容积率与室内外环境质量成为设计重点之一。常规的住宅区规划设计一般是根据基地所在区域的地理气候和基地的地质地貌，综合考虑周边道路、人流等因素，确定小区入口位置和道路系统，确定小区布局形式和景观风格。为了满足住宅建筑的日照要求，设计过程中已经普遍采用日照分析软件判定设计方案是否达到日照规范。事实上，住区外部空间质量还关系到小区气流通风状况、声环境质量以及各类场地布局的合理性，充分利用被动式设计，尽可能达成良好的日照环境、理想的自然通风、有效的噪声控制，可在不增加投入的情况下提高居住空间外部环境质量，对于健康宜居、节能减排同样具有重要意义。

项目概况

规划区域位于承德市大石庙镇偏岭东山（图 1），西临城市道路和铁路，东临山体，基地整体形态为西低东高，南北高低起伏变化复杂。规划用地面积 23.2 ha，基地内有一条高压线穿过。规划部门要求，住宅建筑以 11 层的小高层为主，设计需满足日照、高压安全走廊和风景保护等要求，高度不超过东侧山脊。配套设施包括一所 12 班小学、一所 6 班幼儿园、会所以及其他必备的公建和市政设施。

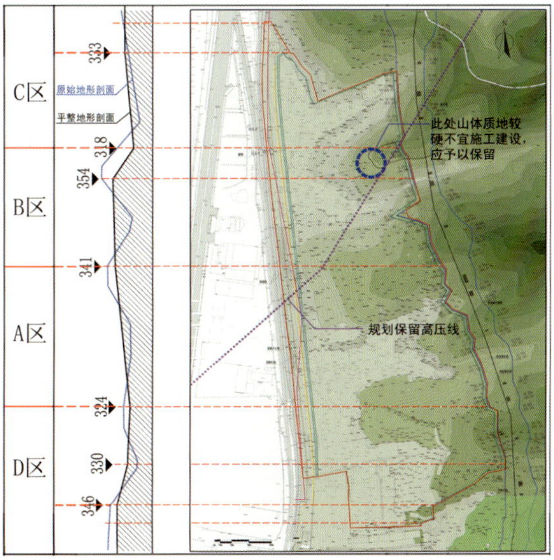

图 1　基地地形分析图

根据高差变化，基地分为 4 个区，由南到北依次为：地势较高的 D 区、中间低南北高的 A 区、地势最高的 B 区、地势南低北高的 C 区。用地整体为南偏东约 15° 的南北向狭长地带，与该地区日照最佳朝向基本吻合。根据承德气象资料可知，该地区属于温带大陆季风性山地气候，夏季东南风的最佳风向投射角[1]范围是 15°~30°，这些地理和气候因素在设计中应得到充分考虑。

初步方案

根据每个区域的不同特点和对其他区域的影响程度合理选择建筑形态和排列方式。小区内 D 区的全部和 C 区南侧布置多层建筑，减少对住区内部通风、采光的干扰。因 B 区内有石质坚硬的山丘不宜建设，故保留下来作为小区原始山地景观。结合日照特点和最佳风向投射角范围，住宅呈南偏东 15° 布置，小区整体垂直于西侧城市道路布局。建筑单体以 11 层小高层为主，同时根据当地日照间距系数 1.6 这一经验数据，在单元组合设计中避免连续的行列式布局，尽量采用错列式和点式布局相结合。方案设计中根据地形起伏合理布置不同层高的建筑物，减小南面建筑对北面建筑采光和通风的影响。由于小区西面城市道路和铁路噪声的影响，在用地西侧边界布置公建和隔声墙，结合小区内部建筑物和绿化的布局形态，最大限度地阻止噪声在小区内的传播。

根据小区周边和小区内地形情况，结合规划设计要求形成最初方案（图 2），此时小区的容积率为 1.6 左右，相邻两列建筑的南北间距 L=10.0 m。

光环境模拟

在最初方案的基础上，使用斯维尔 6.0 软件进行日照环境模拟（见图 2 中右图），从计算结果中可以得出如下情况。

A 区虽然采用了错列式布局，但仍然有 1/3 的住户不能满足日照规范，于是将 A 区调整为错列式和点式结合的方式，同时加大相邻两列建筑的南北间距 L（图 2 中左图），楼宇间形成更大的间隙，有利于阳光的射入。同时每个台地上由建筑围合成一个日照良好的室外平台供居民活动，在冬季依然会有较好的阳光。

1. 风向投射角（α）是风向投射线与墙面法线的夹角。

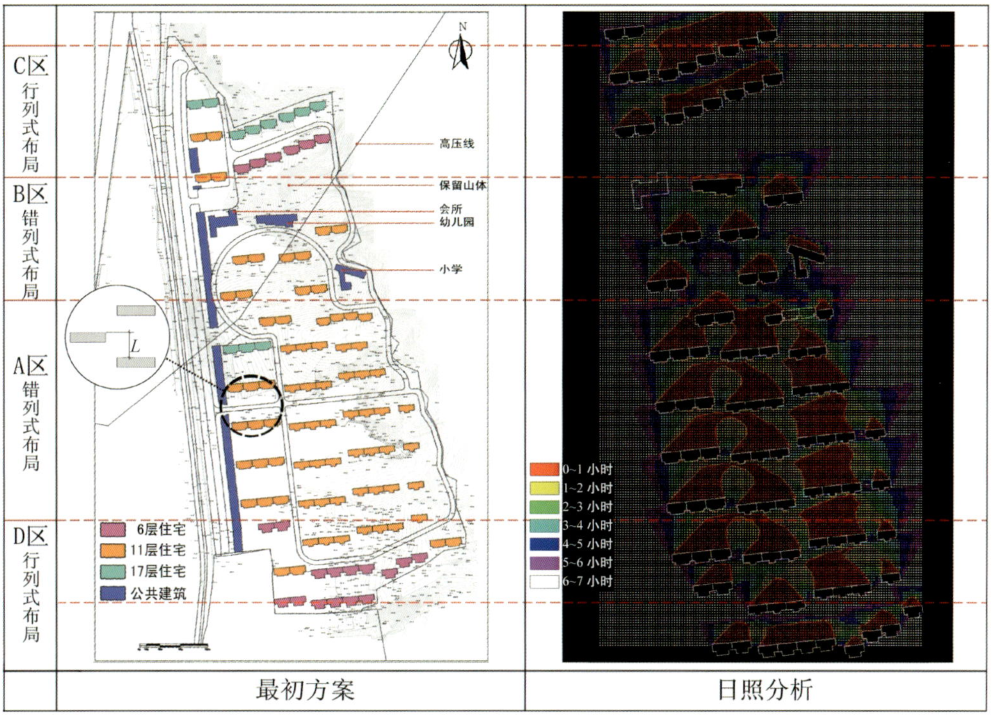

图 2 最初方案及其日照模拟图

B 区内点式高层围合的居民广场日照条件理想，适合居民活动。小区内小学和幼儿园选择在地势较高的位置，且背靠山体，位于小区道路的尽端，在保证光环境质量的同时，避免对小区交通的干扰。

C 区靠近山体的住宅不影响其他建筑的采光，可以进一步增加层数。

D 区位于小区最南端且地势较高，为避免对其他建筑的影响选择多层住宅。根据分析结果调整最初方案，形成修改后的方案 1（见图 3），此时小区的容积率为 1.59，相邻两列建筑的南北间距 L=14.5 m。

风环境模拟

在方案 1 的基础上，使用 AIRPAK 2.0 软件进行风环境模拟（图 3 中右图），从模拟结果中可以得出如下情况。

A 区错列式排布较密集，受山体影响风速较弱且风向投射角较小，故将 A 区建筑向西偏转 3°～5°，使风向投射角增大；或者加大相邻两列建筑的南北间距 L，使夏季风更加通畅。A 区南北向道路较长，冬季易形成风廊，对行人和车行不利，可在道路两侧密植高大长青树木，缓解冬季风的不利影响。

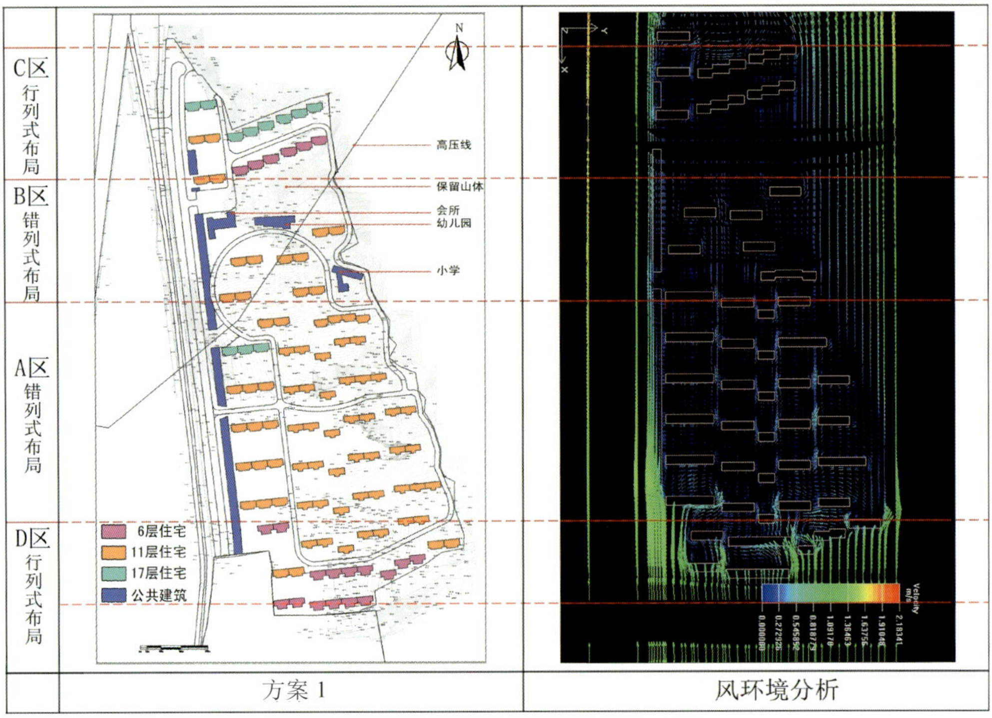

图 3 方案 1 及其夏季风环境模拟图

B 区域虽然采用了两个单元组合的小高层错列式布局，但是由于受到南面住宅的遮挡，其风环境较差，又遮挡了北部 C 区的夏季风；同时考虑高压线安全间距的需要，我们将其改为点式布局，减小建筑迎风面的宽度，降低对夏季风的阻挡，同时为了保证小区的容积率，将 11 层住宅调整为 17 层。

C 区山体位置风环境较好，适合人们户外运动。

D 区地势较高又是整个小区的夏季迎风面，所以控制层数和高度，减小对风的阻碍作用，同时少量种植落叶乔木，遮挡夏季直射阳光且不影响季风的穿越。

根据分析结果继续调整方案，形成修改方案 2（图 4），此时小区的容积率为 1.59，相邻两列建筑的南北间距 L=18.0 m。

声环境模拟

在方案 2 的基础上，使用 CADNA/A 软件进行声环境模拟，从模拟结果中可以得出如下情况。

小区内部建筑垂直于城市道路布局，所以小区相邻的两行建筑之间会形成通廊（图 4 中右图），小区内部的声环境有待改善。于是通过加大相邻两列建

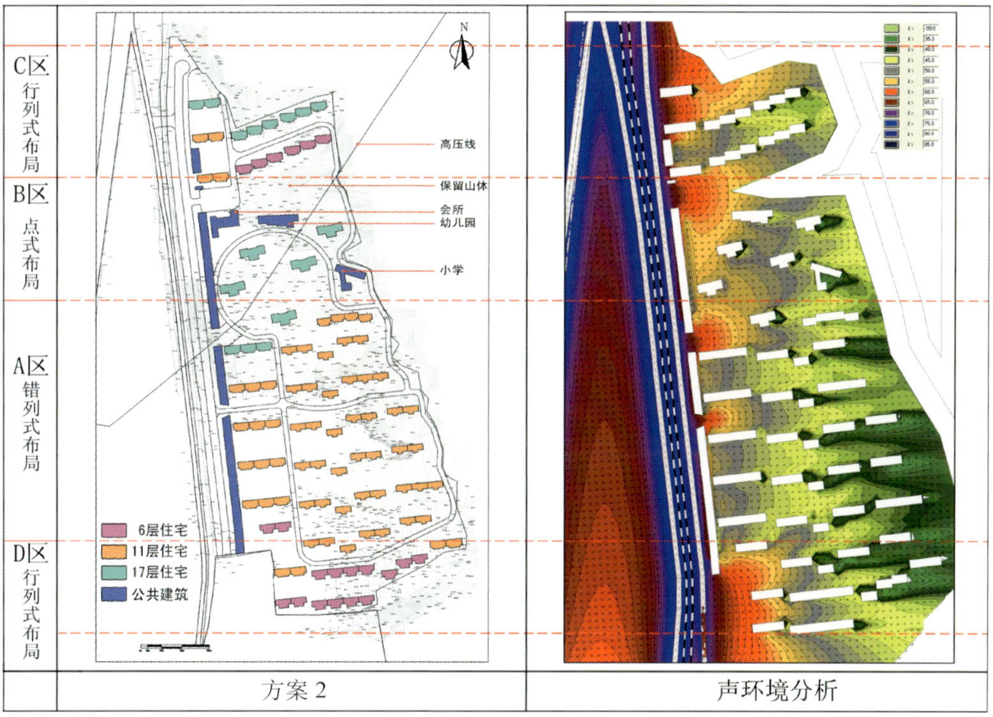

图 4 方案 2 及其声环境模拟图

筑的南北间距，打破噪声传播走廊；同时山墙面尽量不开窗，避免噪声直接传入室内。对于高层上部的居室，受噪声影响较大，可进行特别处理，例如适当减小开窗面积，在阳台设置吸声材料等。沿西侧铁路布置隔声墙和两层高的商铺，形成噪声屏障，同时沿道路方向密植高大乔木和灌木，吸收噪声。

最终方案

根据以上模拟结果的综合分析，形成最终方案（图 5），此时小区的容积率为 1.59，相邻两列建筑的南北间距 L=19.5 m。

通过模拟可以清楚地看到：

• 小区每栋建筑在大寒日的日照时数全部大于 3 h，而且小区内教育建筑和活动场地采光充足（图 6）；

• 小区借助隔声墙和沿街商铺阻挡噪声，同时通过调整建筑布局和绿化布置减弱噪声的传播（图 6）；

• 小区风环境较为理想，根据基地高差合理选择点式、错列式和行列式布局，夏季风环境得到优化（图 7）。

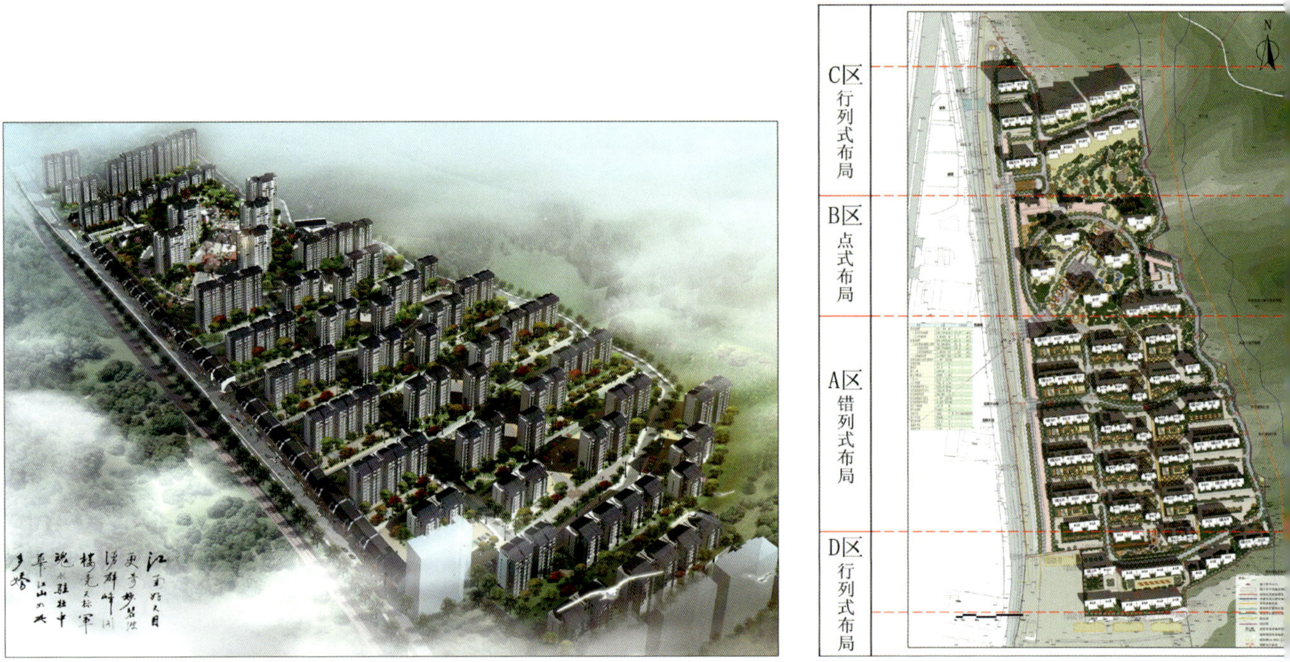

图 5 最终方案：鸟瞰图和总平面图

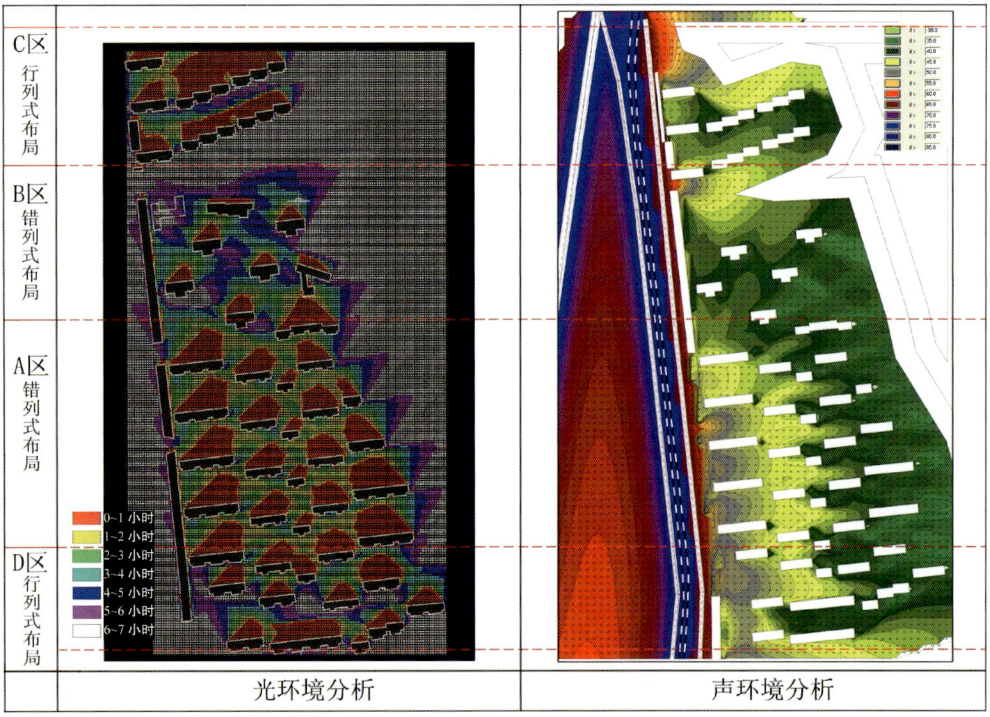

图 6 光环境模拟和声环境模拟图（根据性能模拟进一步优化，获得较为理想的室外环境）

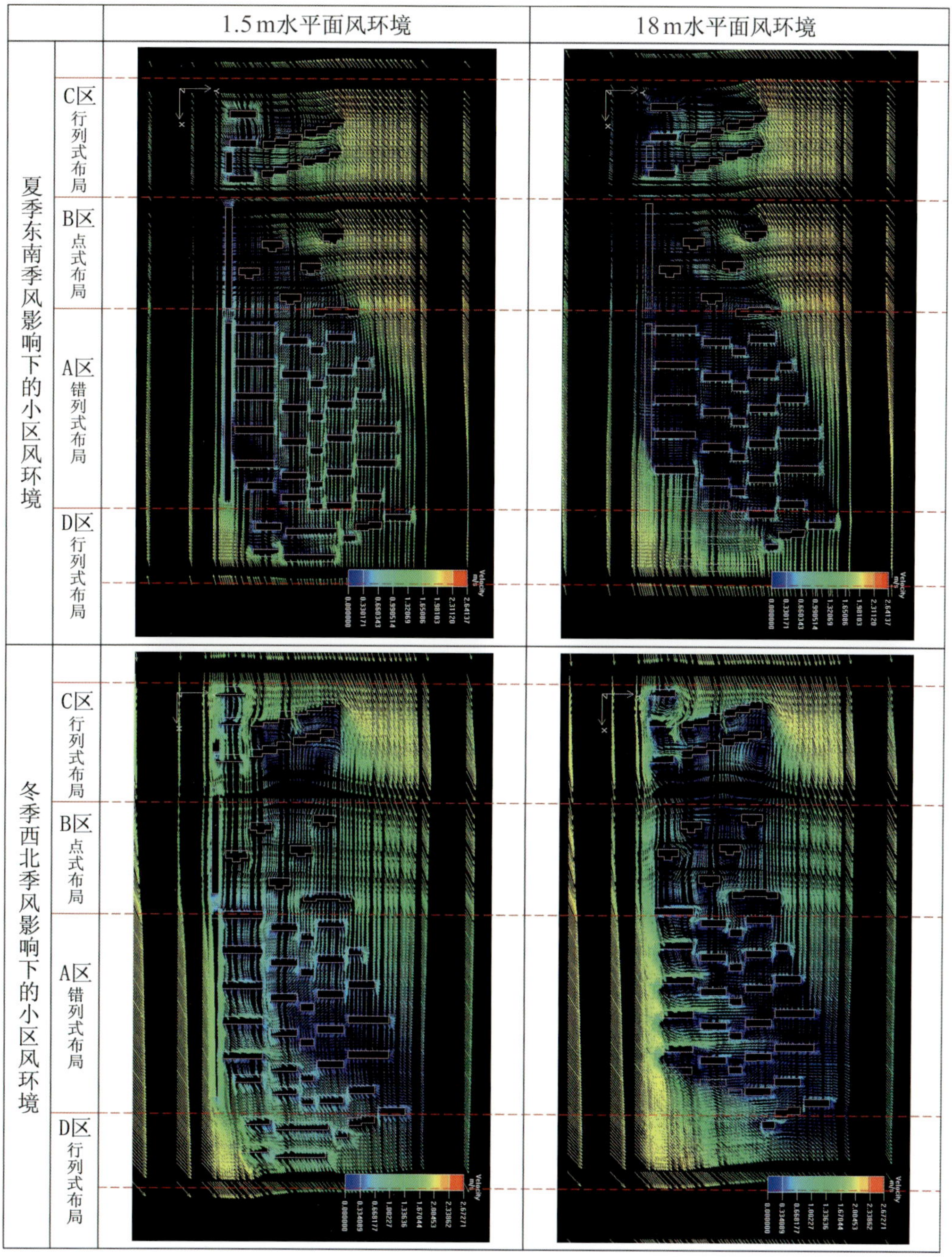

图 7 最终方案的夏季风环境和冬季风环境模拟图

结语

在方案设计过程中，设计师最难把控的是住区综合环境质量，尤其是面对地形复杂的项目时，只凭设计经验可能无法保证设计质量，因此需要科学有效的设计方法和设计流程辅助解决。数字模拟在方案设计过程中根据不同区域的城市环境特点，借助软件计算模拟住区微气候环境，作为进一步调整方案的可靠依据。通过对住区环境的多次模拟和调整优化，综合考虑光环境、风环境和声环境等各项因素，生成最终的设计方案。软件模拟可以预测建成环境的质量，帮助设计人员据此进行方案调整，达到最佳平衡。根据软件模拟提出的设计目标不仅保证了小区综合环境质量，也为建筑师的创作留有充分的余地，甚至给创作带来新的灵感。同时可以看到，在性能模拟软件的早期阶段，需要按照不同软件的规则分别建模，降低了设计效率，也在一定程度上影响了多性能综合优化的结果。不过，这种基于性能提升的优化过程，对于设计思路的拓展和设计方案的理性推衍是值得肯定的。

致谢：
感谢天津大学建筑学院严建伟教授在设计过程中的指导。

资料来源：

1. 本工作室设计文本 . 承德偏岭东山经济适用房地块规划设计 . 2008.
2. 杨华 . 华北地区山地城镇居住小区外部空间设计研究——以承德市为例 . 天津大学硕士学位论文，2009.

案例 3　潍坊科技学院中文图书馆设计研究（2008 年）

学校建筑在改革开放后得到了长足发展。由于存在寒暑假，学校建筑的运行规律特殊，为节能减排带来优势；同时随着生活水平的提高，校园建筑的性能，特别是健康属性受到全社会更多关注，使得在学校建筑设计中推行绿色理念获得广泛支持，另外校园中的绿色设计也是绿色教育的重要方面，学生们体验到的舒适性能、耳濡目染获得的绿色理念，将成为国家绿色发展的持续动力。

大学中的图书馆一般都是校园中的重要建筑，绿色理念必须与形象突出和功能完备等要求高度整合才能达成建筑方案设计追求的理想目标，在潍坊科技学院图书馆设计中，我们在造价有限的情况下，对上述目标进行了一些探索。

项目概况

潍坊科技学院位于山东省寿光市，是一所专门培养各类高级专业技术人才的高等学校。图书馆位于校区主轴线上，定位为校区的标志性建筑，包括中文图书馆和外文图书馆。中文图书馆及其北面的景观广场是校园中轴线上的重要节点，中文图书馆南面为外文图书馆，两座图书馆以通廊相连。中文图书馆建筑面积约 3 万平方米，共 5 层，周边为各院系教学楼（图 1）。通过案例调研、

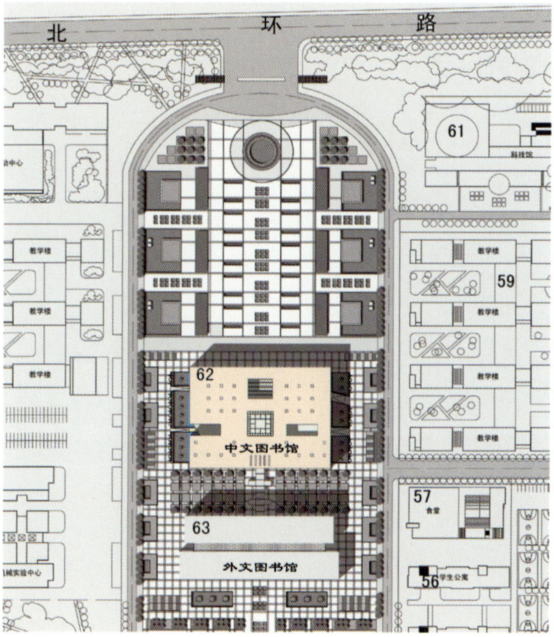

图 1　图书馆及周边环境总平面图

需求研究、气候分析获得相关绿色设计策略，综合考虑建设方的要求和经济技术条件，在建筑方案设计的过程中，我们力求体现21世纪校园风貌，表达绿色、科技、人文的设计理念，在营造庄重学府气氛的同时，探索经济适用的绿色设计方法。

绿色策略与形体生成

由于寒暑假大部分师生离校，图书馆在每年的1月、2月、7月、8月，即最冷和最热的季节使用率较低，为建筑节能带来一定的便利，因此在设计中力求运用简单有效的“被动式设计”来满足建筑的采光、通风、遮阳等要求，同时达成节能的效果。根据当地的气候特点，本着“高性能、低能耗”的目标，主要采取了以下策略。

平衡采光与能耗的建筑形体

规整的形体具有较低的体形系数，有利于建筑节能，但体量较大则不利于建筑的天然采光，特别是图书馆这类建筑，人工采光会显著增加建筑的采光能耗。为了在体形系数与天然采光之间达成平衡，建筑总体采用比较规整的形态来减少外围护结构的传热损失。同时建筑形体局部“切口”，旨在满足大尺度阅览空间的天然采光与自然通风（图2）。

图2 中文图书馆设计方案

便于功能调整的模数化设计

为了获得通用性强、功能可变的使用空间，延长图书馆建筑的生命周期，图书馆设计采用“统一层高、统一荷载、统一柱网”的“三统一”原则，便于藏书、阅览、办公、会议等功能的调整，提高建筑的适用性。为此，设计中综合考虑多种功能的需要，确定了 10 m × 10 m 的柱网结构，形成可灵活分隔的大空间（图 3）。将固定功能变为动态功能，各类空间可以根据需要进行调整；尽量减少室内固定不变的结构墙体，必要时可以使用轻质隔音材料或书架等家具作灵活分隔。大空间的开放格局，流程简单直接，为“借藏阅”“人机书”一体化以及提高馆员的工作效率创造了条件。

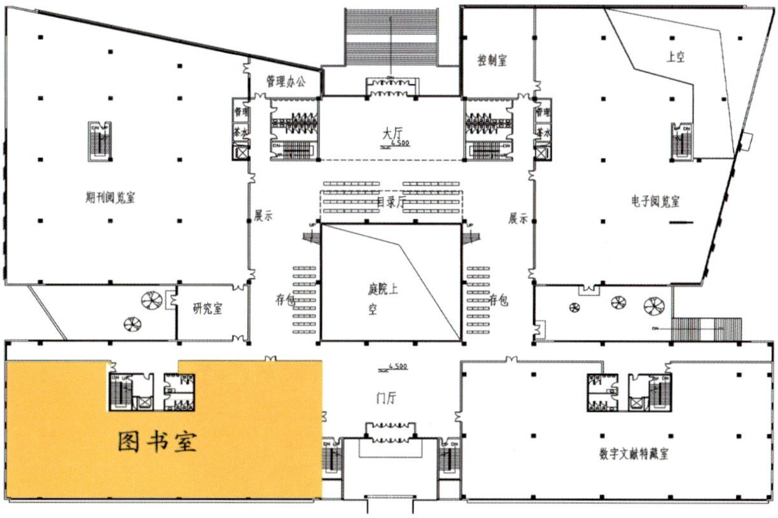

图 3 中文图书馆二层平面图

减少能耗、提高舒适度的屋顶阳伞

20 世纪 60 年代，柯布西耶在印度昌迪加尔的建筑设计中提出了著名的“阳伞原则”。平屋顶上的“阳伞”，能够有效减少屋顶获得的太阳辐射，一方面利用上层面板遮挡直射阳光，另一方面双层屋面之间的空气被加热，在热压作用的影响下，产生空气流动，加速空气循环。

为了证实双层屋面对建筑能耗的影响，我们选取顶层的一间图书室，运用热工环境模拟软件 HTB2 模拟单层屋顶与双层屋顶，在不同条件下的室内温度变化情况。因为 7 月到 8 月一般为暑假，所以，模拟过程选取的时间是 6 月 30 号。该阅览室位于建筑西南角顶层（图 3 的黄色位置），使用时间为每天上午 8：00 到晚上 22：00，模拟所采用的气象数据来自中国典型年气候（CTYW），下载于 ENERGYPLUS 网站。

由图 4 所示的模拟结果可知，采用双层屋盖后，房间气温平均下降 1.5℃，中午以后，温差更为明显。此种设计较好地缓解了夏季炎热的状况。在这种条件下，即便使用空调，也会明显减少空调的开机时间，降低了建筑的整体能耗。

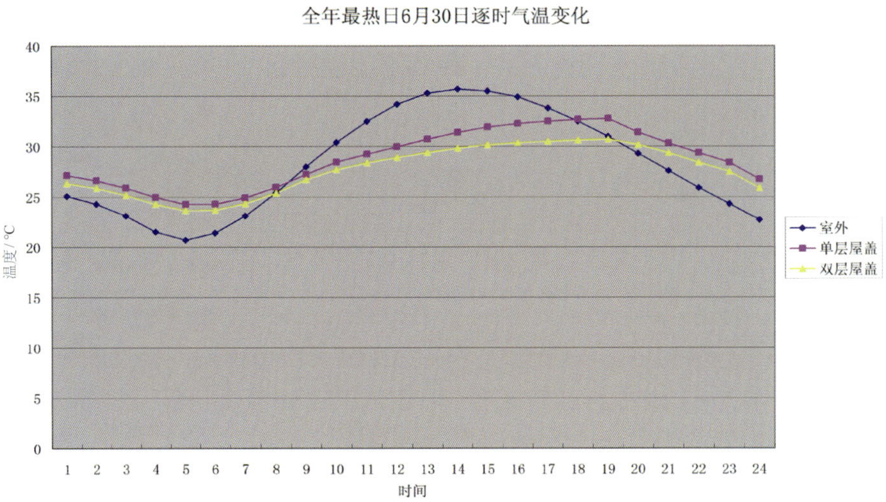

图 4 顶层阅览室 6 月 30 日逐时气温变化（HTB2）

改善采光、控制气流的绿色中庭

建筑中心植入中庭，而且中庭底层通过可开启的门窗与室外庭院相连（图 5），中庭的介入进一步改善了各层阅览空间的采光状况，同时使建筑获得可控的自然通风。中庭顶部采用可调节的外百叶遮阳，可有效抵挡夏季强烈的直射阳光，防止中庭内部过热；而在冬季，通过调整百叶的角度，可使阳光照入室内，增强整体中庭空间的热舒适性。同时，中庭受热压影响产生“烟囱效应”，通过控制底层开窗可以导入夏季风。在夏季，中庭底层和顶部的百叶窗打开，受热压和风压的双重作用，可以极大地促进建筑的自然通风。

为了更好地利用中庭的“烟囱效应”获得适宜通风，我们运用 AIRPAK 软件模拟不同形态的中庭在夏季时的自然通风状况，通过分析比较，选择最佳的中庭形状。设计过程中分别模拟了四棱柱、圆柱体、锥体、倒锥体及组合形体的中庭气流状况。通过反复模拟，结合建筑功能要求，最终确定了中庭形态，即锥体在上、倒锥体在下的枣核形态（图 6、图 7），既实现了比较理想的风环境，又创造出独特的室内空间感受。

图 5 中庭局部：周边为可控制开启的百叶窗体，通过绿化和水体改变局部小气候

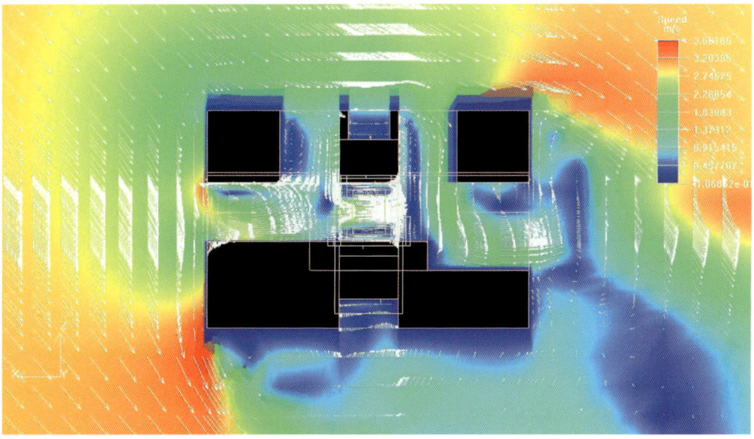

图 6 中庭夏季风环境模拟结果（锥体和倒锥体组合）——水平剖面（AIRPAK 软件模拟）

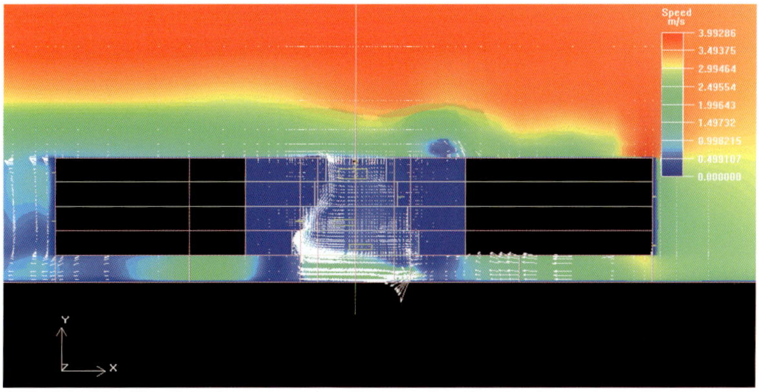

图 7 中庭夏季风环境模拟结果（锥体和倒锥体组合）——东西向横剖面（AIRPAK 软件模拟）

调节局部“气候”的底层架空

建筑首层平面部分架空，中庭部分以可开启的百叶窗围合（图 8），形成从室外空间到中庭屋顶的气流通畅空间，在夏季炎热的时候打开百叶窗，促进“烟囱效应”的形成。架空层的设置还可以加强书库通风，防止书本潮湿霉变。另外，建筑底层部分空间下沉，夏天蓄水可形成景观水面，在美化环境的同时，降低中庭底部进风口的空气温度，改善通风效果；冬天将水排掉，可作为室外活动场地，扩大师生的活动范围，体现节地的思想。室外空间结合绿化、水景设计，移步换景，赏心悦目，为师生提供舒适宜人的室外阅读环境，塑造大学校园的场所精神。

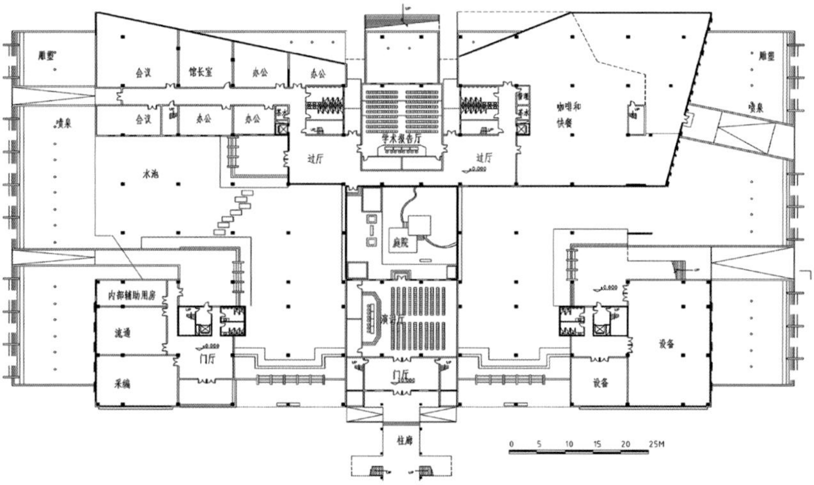

图 8 建筑首层平面部分架空

建筑细部的绿色设计

在细部设计中，我们遵循的原则是：尊重建筑结构和物理环境的实际要求，将形式创新与绿色设计有机结合。

作为校园的标志性建筑，图书馆的体量较大，东西朝向的功能空间难以避免。为了在遮阳的同时，很好地利用太阳光，我们依据潍坊的气候资料，运用 ECOTECT 软件分析不同角度遮阳板的实际效果，希望能够通过软件模拟确定遮阳板的角度，实现夏季完全遮阳、冬季阳光入射室内的效果。在日照模拟软件的帮助下，我们确定了东西向遮阳板的最佳角度：建筑西侧的遮阳板与东西向轴线成 53° 夹角；建筑东侧的遮阳板与东西向轴线成 57° 夹角。综合考虑建筑遮阳、室内布局、形式美原则、建筑寓意等因素，确定最终形式，仿佛一组组书籍陈列在书架上，形成整齐且富有韵律的阴影，契合图书馆的寓意（图 9）。

底层架空部分采用无梁楼板与树状支柱相结合，柱子自下而上有收分（图 10）。模仿树的形态，给人以挺拔向上的生命力，软化钢筋混凝土柱的视觉感受，体现绿色的形式理念。同时，架空层采用无梁楼盖增加了建筑的底层净高，使空间更加开阔舒适。

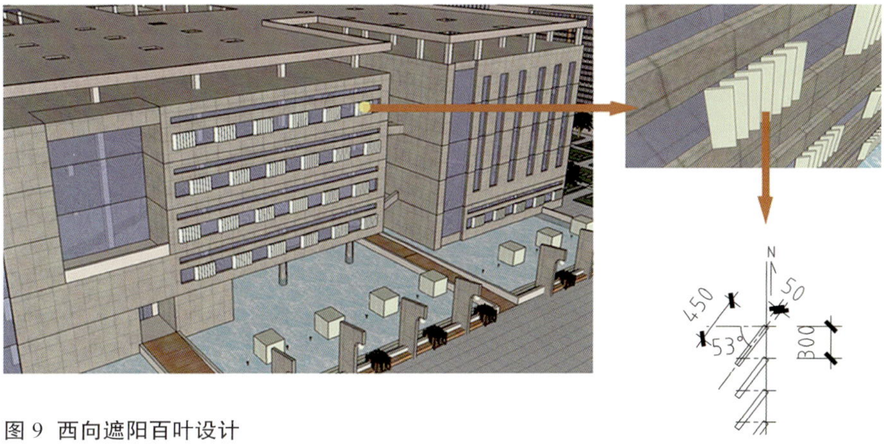

图 9 西向遮阳百叶设计

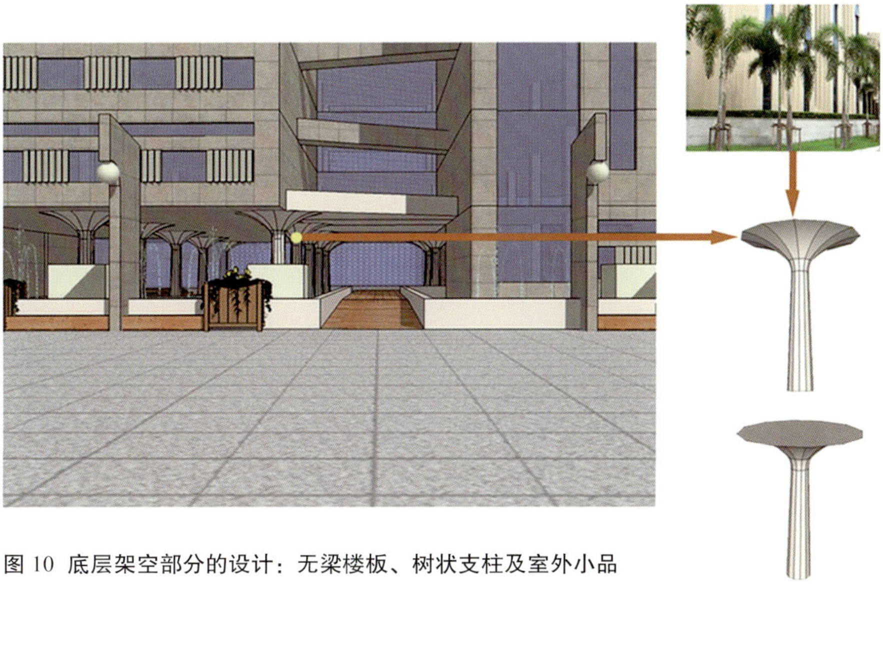

图 10 底层架空部分的设计：无梁楼板、树状支柱及室外小品

环境设计将绿化引入建筑中庭室内，可调节室温，改善小气候，美化室内环境，为读者提供一个照度均匀、舒适宁静的视觉环境，使图书馆充满生气，更贴近自然。另外，室外空间中水的引入、景观家具结合绿化的设计方式，活跃了环境气氛。

结语

在潍坊科技学院图书馆设计中，我们力求采用经济可行的被动式策略，创造适应当地气候特点、体现当代大学图书馆内涵的建筑形象，将绿色设计策略转化成新颖的形式语言。值得提到的是，设计中运用 HTB2、AIRPAK、ECOTECT 等模拟软件，直观量化地分析设计手法的实际效果，优化设计方案，实现形式创新。在此过程中，我们深切体会到绿色理念与数字化模拟技术结合给建筑设计带来的新动力。

致谢：
感谢项目甲方潍坊科技学院在图书馆设计过程中给予的信任、理解和支持；
感谢天津大学建筑学院张向炜老师对方案设计的指导。

资料来源：
1. 本工作室设计文本 . 潍坊科技学院扩建及软件园规划设计方案——图书信息中心方案设计，2008.
2. 李晓俊 . 基于可持续思想的大学图书馆设计 . 天津大学硕士学位论文，2009.

案例 4　寿光职教中心学生公寓设计研究（2013 年）

学生公寓是校园建筑中学生驻留时间最长的建筑，是同学们睡眠、休憩、交流、自学的空间，公寓区的室外场地还是同学们日常活动的主要空间。学生公寓同时也是学校建筑中造价控制相对较严的建筑。高性能、低造价是宿舍楼设计中应该特别关注的要点，因此应用常规的、经济的建造方式，通过精细化的性能设计，营造高品质的室内外空间，创造健康舒适、令人愉悦的场所环境成为本项目研究的目标。

项目概况

寿光职教中心位于山东省寿光市羊口镇，是落实“海上潍坊”战略、依托羊口镇已有产业而建设的高标准职业教育中心。该区域处于寒冷地区，季节差异明显，昼夜温差大，太阳能和风能资源丰富。项目建设基地为临海的盐碱地，规划占地 40 万平方米，总建筑面积 25 万平方米，计划容纳在校生 1.2 万人。投标方案中考虑了建筑南北朝向、屋顶北向退台、南侧屋顶敷设光热板、建筑窗体遮阳、空间组合阻挡冬季寒风等主、被动措施（图 1）。图 2 为规划设计总平面图，学生公寓位于基地北侧。本研究是“寿光职教中心规划”方案中标后进行的设计深化研究，以一期建设的公寓楼为例进行基于模拟分析的精细化绿色设计研究。

图 1　学生公寓效果图

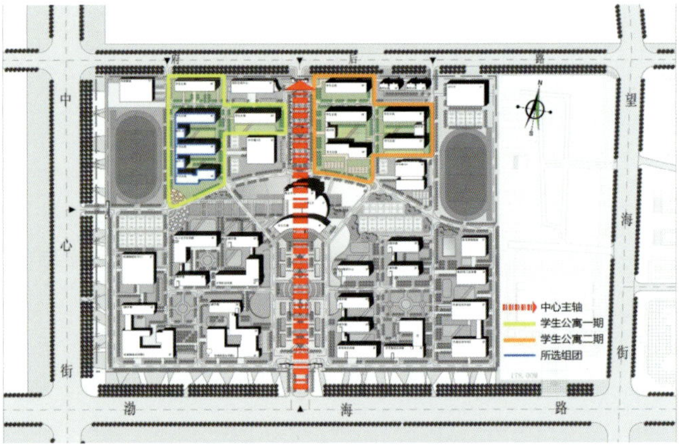

图 2 中标方案规划设计总平面图，北面为宿舍区，分两期建设

应对气候的设计策略

方案研究中利用 ECOTECT 软件 WEATHER TOOL 工具对该地区的气象数据进行分析，得到最佳朝向、高效的主被动设计措施等对方案设计有重要影响的因素（表 1）。

表 1 基地所在环境的气象数据分析表

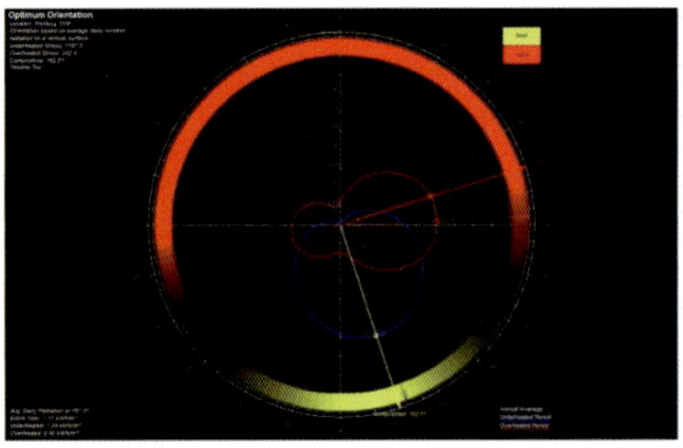	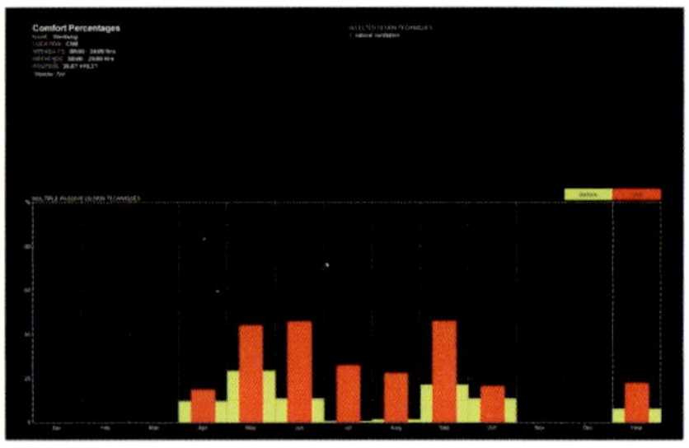
由最佳朝向分析可以看出，该地区的最佳朝向为南偏东 17.5°	自然通风策略在各月施用前后对比可知，自然通风是夏季和过渡季效果突出的被动式策略
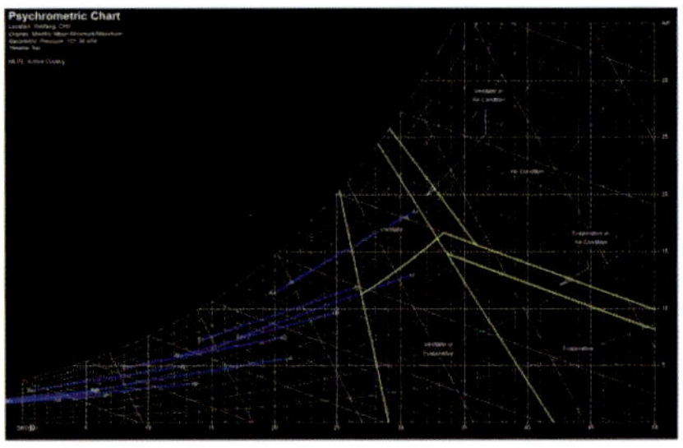	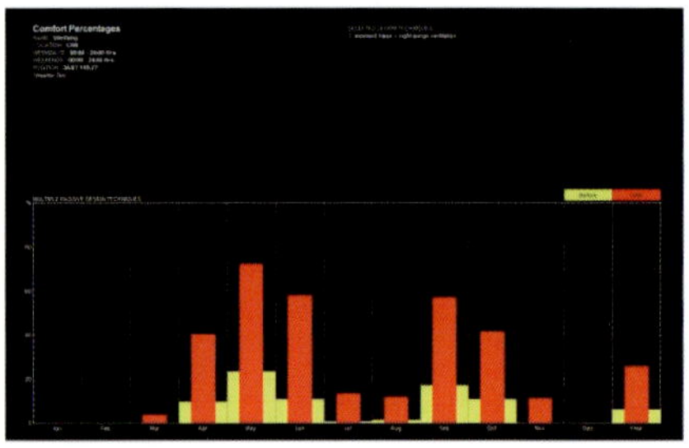
主动策略分析图：6、7、8 月仍需借助主动通风策略，达到适宜舒适度	高热容的围护结构和夜间通风策略对过渡季和 3、11 月等采暖月份有明显优化效果

运行模式综合分析

对于学校建筑而言，每年最冷和最热的季节基本上是寒暑假期，使用率相对较低。由前面气候分析可知，虽然6、7、8月需要借助主动措施达到舒适度要求，但是7、8月为暑假时段，学生公寓及其他校园建筑使用率较低，因此主动措施的运行时间被大幅缩减。每年11月到翌年3月的采暖季节中，由于1、2月大部分时间放寒假，学生公寓对于采暖需求显著降低。

从每天的运行模式来看，学生公寓的运行模式比较规律，表2为学生公寓室内外主要活动内容时间表，室内空间的主要使用时间为中午和夜晚，室外空间灵活多变，因人而异。因此丰富适宜的室外场地和注重品质的室内空间是设计研究的重点。

表2 学生公寓室内外空间平日活动时间表

时间段	室外主要活动	室内主要行为
6:00—8:00	晨读晨练	自习
12:00—14:00	午间运动	午休
16:00—18:00	课后运动	—
19:00—21:00	聚会、散步	自习、交流
22:00— 转天 6:00	—	休息

空间设计与形体生成

总体布局

建筑的总体布局应充分考虑太阳辐射，根据日照时数对比调整建筑布局，从而达到控制布局形态、合理提升容积率和营造舒适室外环境的目的。首先用ECOTECT软件模拟投标方案中学生公寓在大寒日的日照时数，将方案进行不断调整优化，形成如表3的建筑布局推演过程，研究方案与中标方案比较，提高了容积率，日照得到优化，同时丰富了建筑造型（图3为研究方案建筑体量示意）。

体量生成

在方案研究过程中，我们利用ECOTECT软件中的极限容积模拟，精确分析南面建筑对其北面建筑的遮挡情况，从而确定建筑的体量（表4）。

借助数字模拟工具，能够准确定位各建筑单体之间的相互关系，明确不利因素并准确找到其具体位置，以此为逻辑生成变化丰富的空间与造型，在优化建筑性能的同时，为形式创新提供依据。图4为研究方案在模拟工具帮助下得到的建筑体量，造型更加丰富，容积率得到提升，建筑性能更优。

表 3 总体布局调整优化过程

1. 中标方案布局整齐，结合基地形态，布局可以更加灵活，同时增加建筑面积，部分空间日照不够理想，将布局错位并利用空置用地增加一座四层公寓建筑
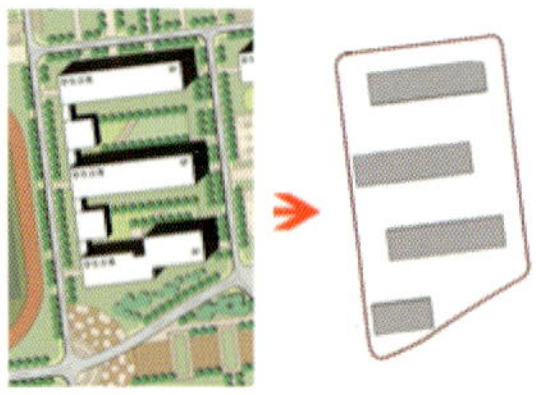 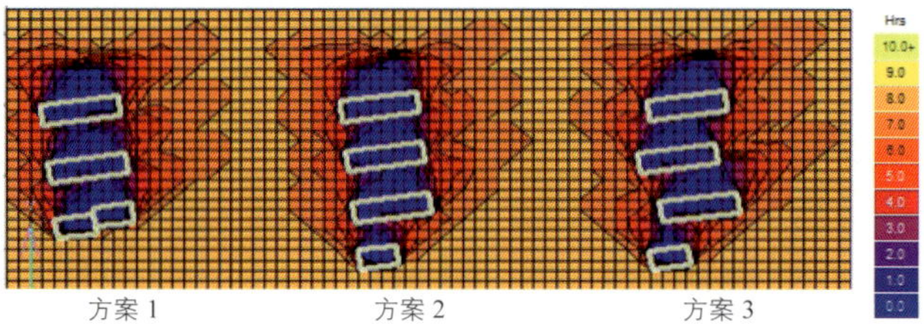
2. 迎合本地最佳朝向将方案 3 旋转角度，在日照间距不变的情况下，大寒日日照时数情况有明显改善
 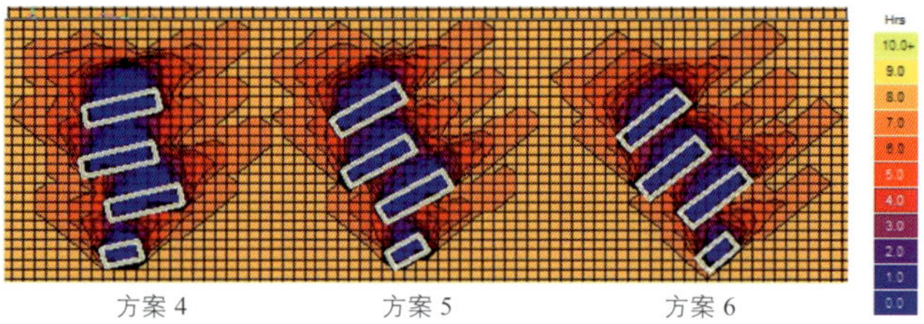
3. 将优化后的方案与基地结合，形成灵活布局形式，优化的方案有效节地，在保证日照的前提下减小间距并形成丰富的院落围合空间（方案 9）
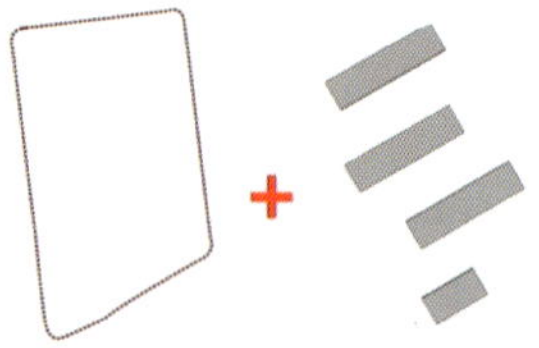 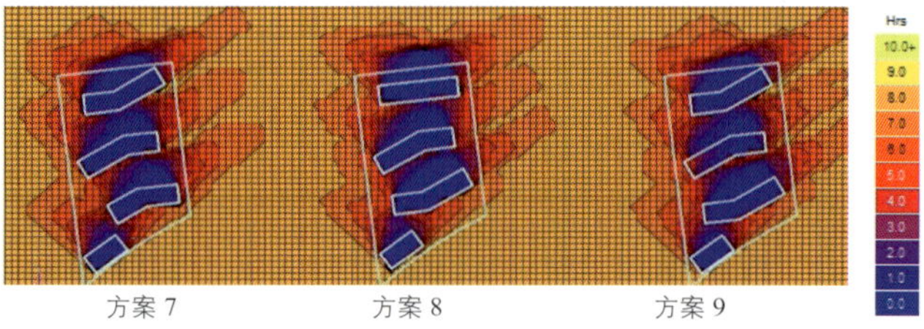
4. 调整方案，在保证规范要求的前提下提高容积率；将建筑屋顶北面退台，得到最终方案的总平面布局
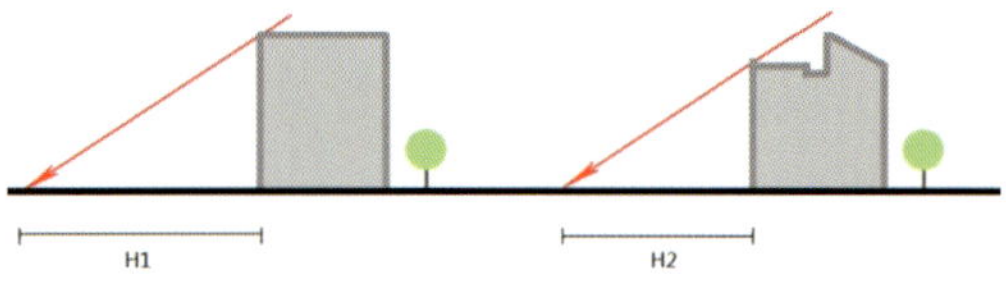 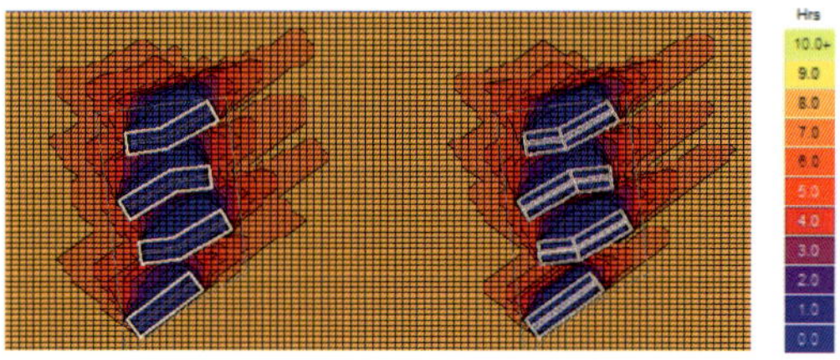

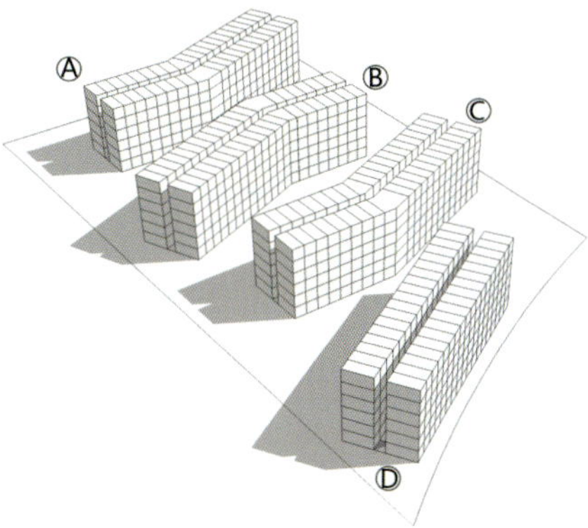

图 3 研究方案建筑体量示意图

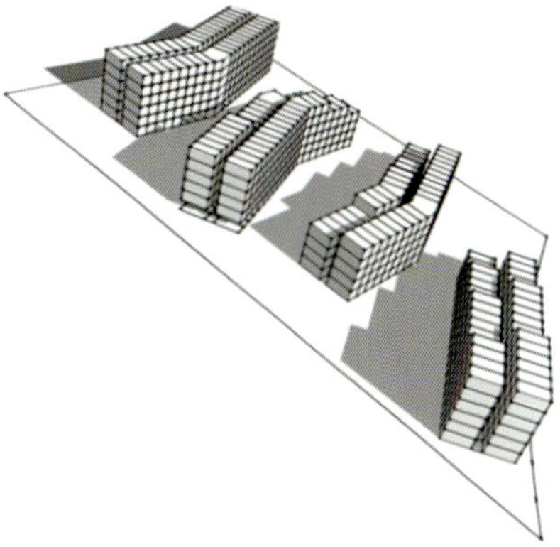

图 4 研究方案通过极限模拟推演出的建筑体量

表 4 建筑体量生成过程

立面日照时数分析	三维遮挡分析	极限容积确定
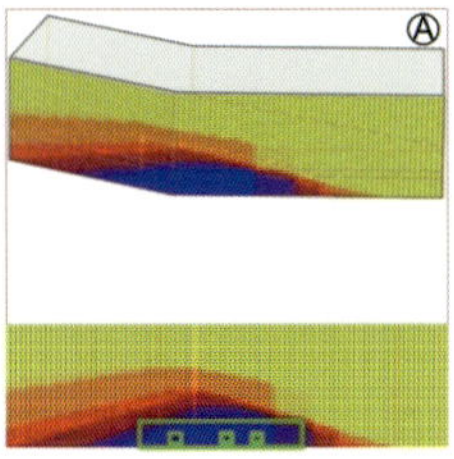	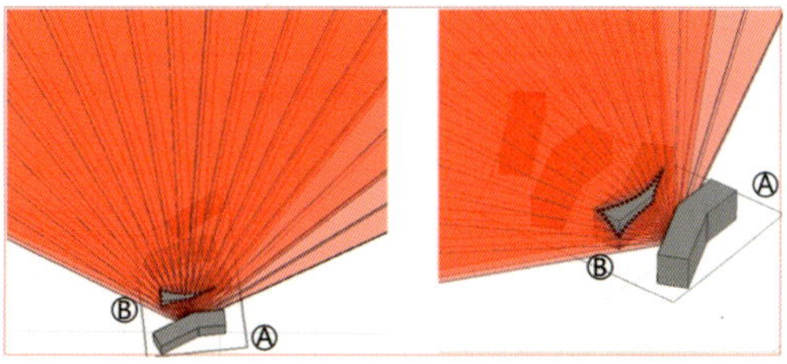	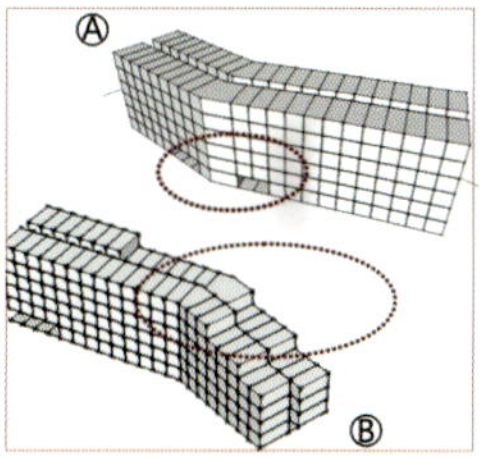
A 的立面日照展开图	用 ECOTECT 做三维遮挡分析，可以得知，B 的东北角会造成 A 南向局部日照问题	对 A 的日照不利区域做架空处理，对 B 东北角做退台处理，可以解决问题
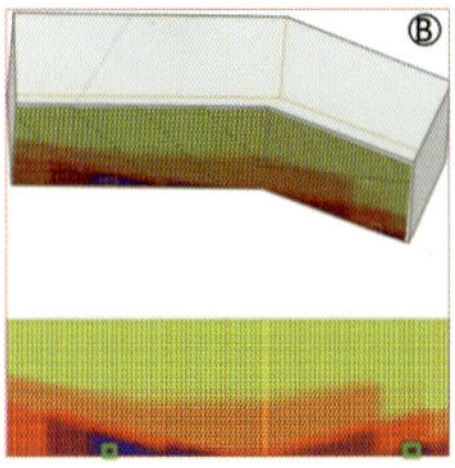	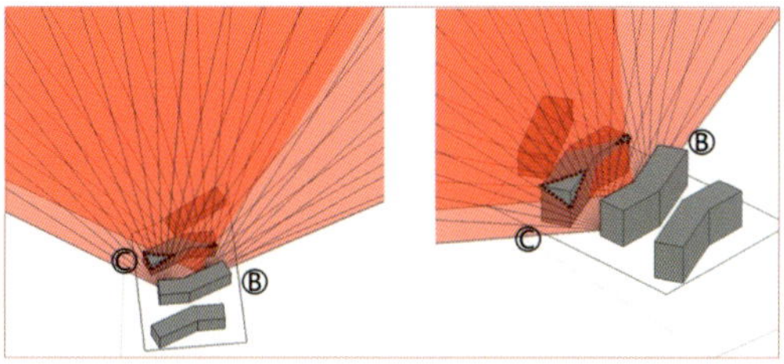	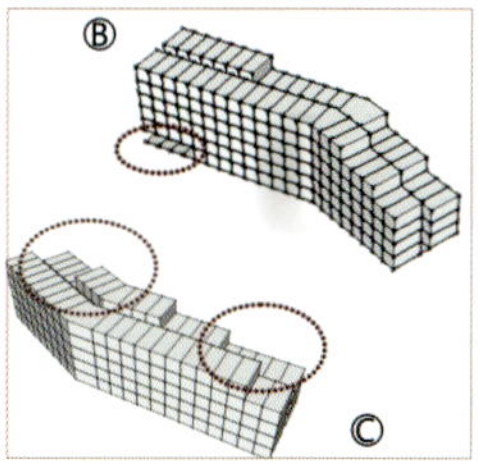
B 的立面日照展开图	用 ECOTECT 做三维遮挡分析，可以得知，C 的东北角和西北角会造成 B 南向局部日照问题	对 B 的日照不利区域做架空处理，C 东北角和西北角退台，可以解决问题
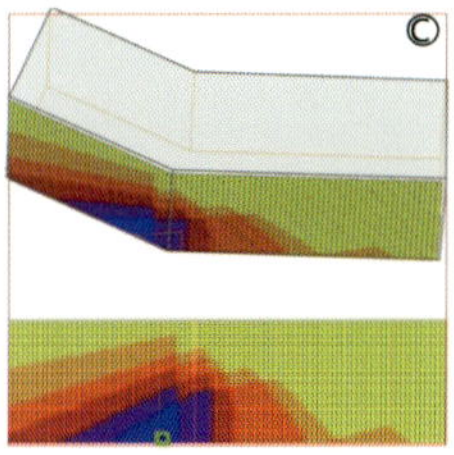	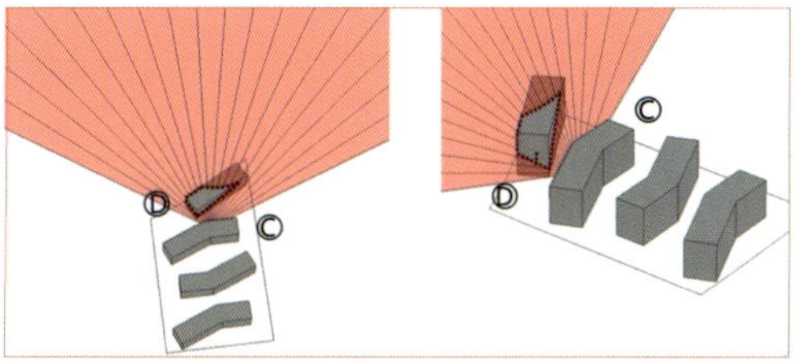	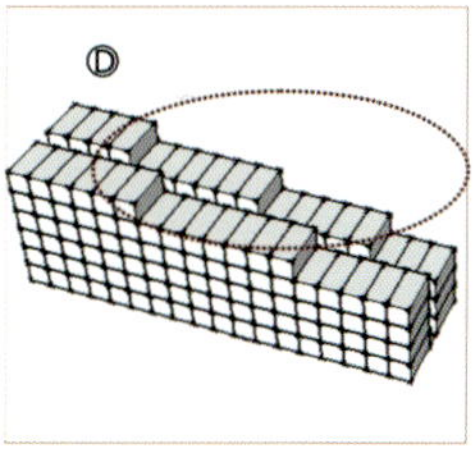
C 的立面日照展开图	用 ECOTECT 做三维遮挡分析，可以得知，D 的东北角遮挡了 C 南向的局部房间	对 D 东北角做相应错位处理，解决日照问题

细部设计

在建筑单体形态基本确定的基础上，进一步分析学生公寓中存在的问题及各类空间的性能要求，在数字模拟工具的帮助下通过精细化的设计，达成性能提升、形式新颖的目的。比如：南北向的学生公寓有利于日照和自然通风，但朝南的房间需要考虑夏季遮阳；公寓中的活动室面积大，活动内容不同于普通公寓房间，其立面形式和遮阳方式也应有别于普通房间；公寓中的走廊一般光线较暗，植入天井或小型中庭可以有效改善走廊的采光，也有利于通风的组织。图 5 为通过 ECOTECT 软件模拟确定的综合遮阳形式，根据全年需要遮阳的时间段，可以细化到遮阳构件的具体尺寸，综合遮阳和阳台整合设计，实现建筑自遮阳。

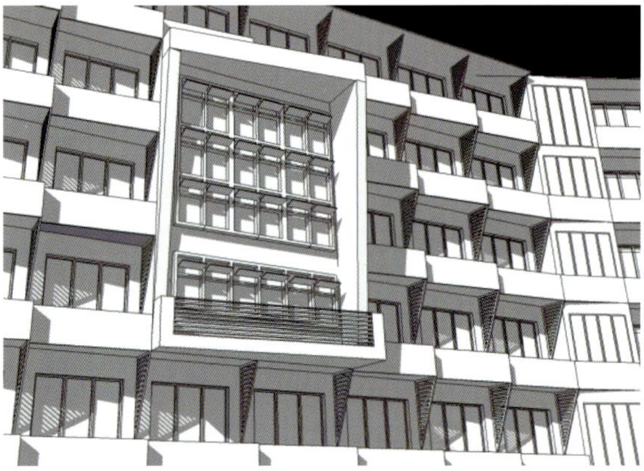

图 5　在 ECOTECT 软件辅助下确定活动室与公寓房间的遮阳形式

关照室外活动的环境设计

室外环境设计对于学生公寓非常重要，能够为课余活动提供高品质的空间。本着行为模式与空间属性相适应的原则，对场地的阴影遮挡情况和风环境进行数字模拟分析，优化有利因素，规避或改善不利因素。①、②、③、④、⑤是建筑围合成的五块不同场地。对设计地点而言，冬季户外活动应争取更多的直接太阳辐射，同时避免风速过大。夏季户外活动宜避免直接的太阳辐射。软件模拟冬季和夏季阴影情况，可以得到各庭院在不同时间段的阴影情况（表 5），据此可初步确定不同季节各场地适宜活动的时段。

场地风环境对室外空间品质有很大的影响，因此基于模拟结果预测活动场地的风环境，通过建筑体量或构筑物调整空间围合状态，有利于提升室外活动空间的感受。项目所在基地的冬季室外最大风速为 5.5 m/s，主导风向为北偏东

30°；夏季室外最大风速为 3.5 m/s，主导风向为南偏西 30°。将基本参数导入 PHOENICS 软件，发现布局中存在的不利风场，通过增加连廊、构筑物等方式，优化室外风环境，使室外活动空间能够屏蔽不利的冬季风；加强夏季通风，减少风影区，表 6 为场地风环境模拟及优化的过程。

风环境与光环境因素叠加，推导形成室外场地布局综合设计导则，为景观设计和景观设施的配置提供依据（图 6）。

表 5 冬季和夏季室外场地阴影分析

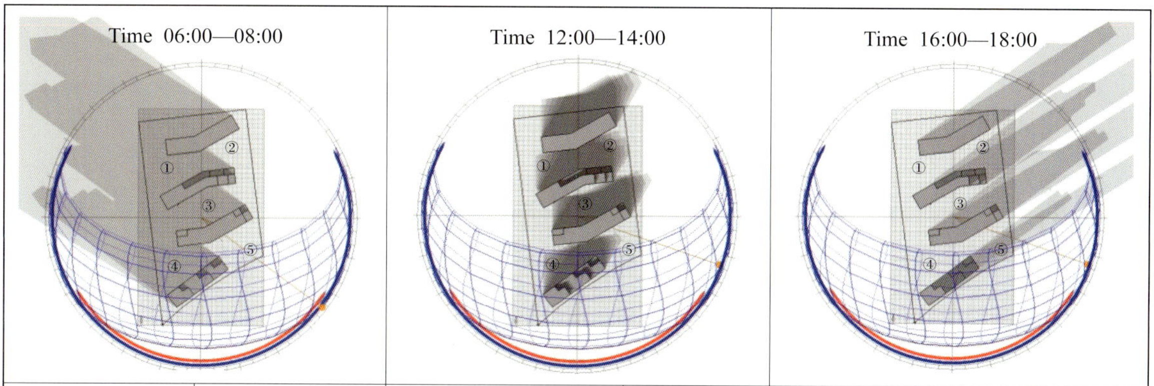

	①	②	③	④	⑤
06:00—08:00		√			√
12:00—14:00					√
16:00—18:00	√		√	√	

黄色所示为冬季不同场地适宜户外活动的时段

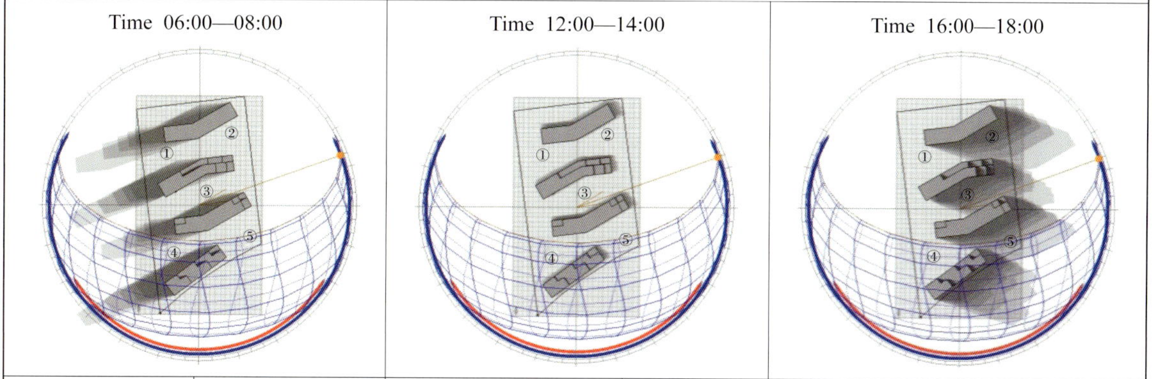

	①	②	③	④	⑤
06:00—08:00	√		√	√	
12:00—14:00					
16:00—18:00		√	√		√

蓝色所示为夏季不同场地适宜户外活动的时段

表 6 利用 PHOENICS 软件模拟分析室外场地风环境及优化过程

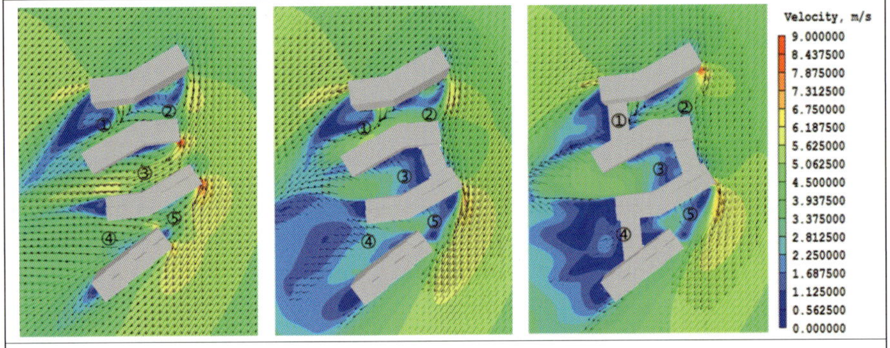

冬季风环境对比

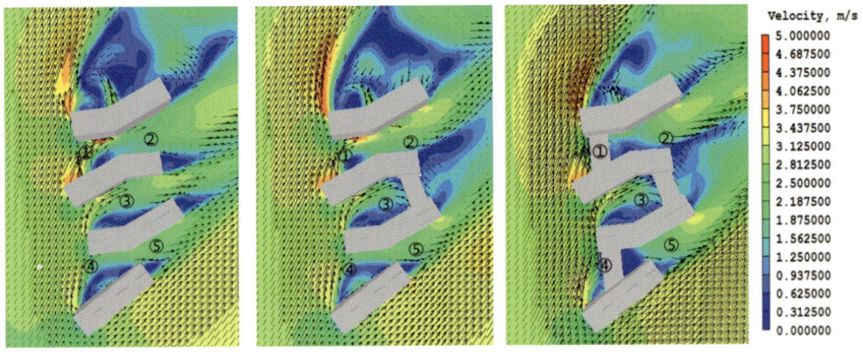

夏季风环境对比

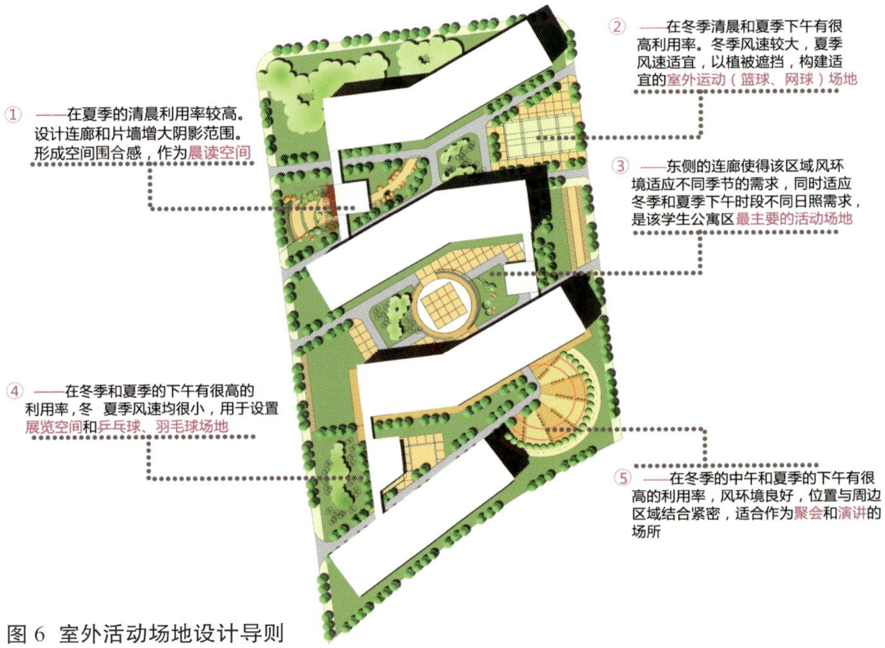

图 6 室外活动场地设计导则

结语

在这个学生公寓的设计研究中，气候特点、运行规律、建筑类型等建筑本体要素为量体裁衣的绿色设计提供了有力的支撑。通过上述分析可以看到，数字模拟在方案设计阶段，从建筑布局、体量生成、细部设计、室外环境设计等层面发挥了至关重要的作用，最终形成造型丰富、错落有致的建筑格局（图7）。在此过程中设计师对于气候、特定建筑类型和运行特点的关注形成了方案设计的主要逻辑，对地域性、建筑功能、性能需求等要素做出了富有创造力的积极回应。

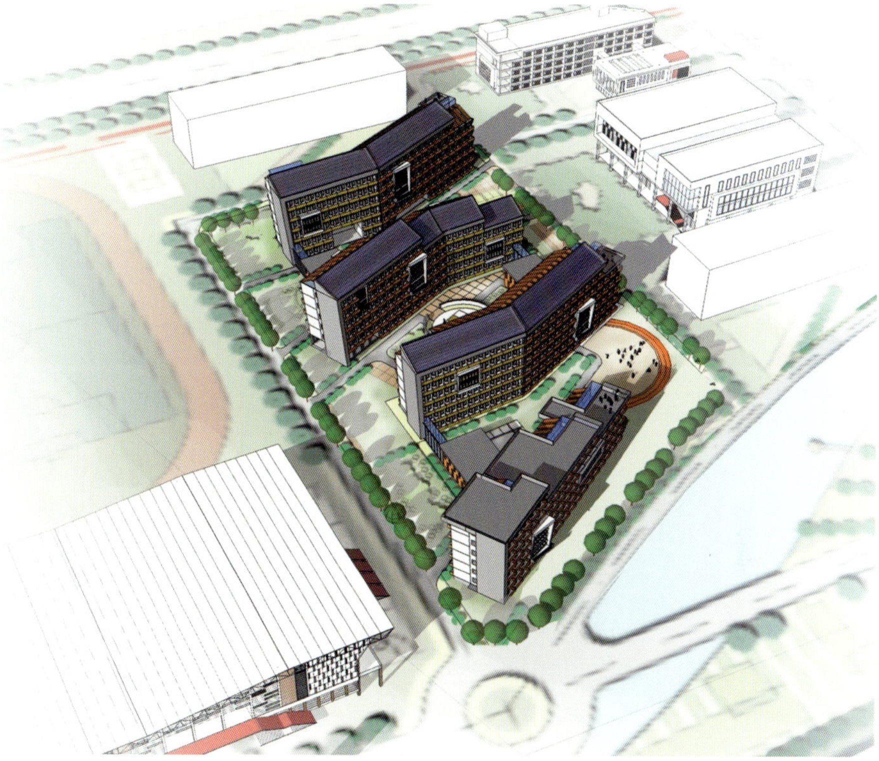

图7 研究方案效果图

资料来源：

1. 本工作室设计文本．山东寿光职教中心校园规划及建筑设计方案．2011.
2. 杨鸿玮，刘丛红．可持续理念下的建筑形式生成逻辑探究：以山东寿光职教中心学生公寓设计为例 [J]. 生态城市与绿色建筑，2013（2）：82-90.
3. 国家自然科学基金面上项目（51178292）《基于模拟技术的系统化低碳建筑设计方法研究》结题报告．

案例 5　寒冷地区中小学教学楼绿色设计研究（2016 年）

教学楼是学校建筑中占比最高的建筑类型，特别是中小学教学楼建设量大、功能明确，日照、采光、通风、室内污染物控制、室外环境安全等舒适性要求高，同时也是绿色教育的重要场所。从设计层面看，单纯的案例研究影响范围有限，针对某类气候区的特定建筑类型进行的绿色策略研究，有利于设计人员获得更系统的绿色知识储备，在方案设计阶段将绿色策略与形式空间和设计规范整合考虑，完成绿色设计方案。

本研究针对寒冷地区中小学教学楼，运用性能模拟技术，提出了从建筑的整体控制、单体设计到细部优化的被动式绿色设计步骤，将适宜的被动式策略应用于场地分析、建筑布局、形体控制、围护结构选择、功能配置以及空间的风光环境优化等设计环节，形成适合寒冷地区中小学教学楼的体系化绿色设计方法，并将该方法用于设计实践。

教学楼绿色设计步骤

常规的建筑方案设计步骤一般是从总体到局部。遵循这一规律，寒冷地区中小学教学楼应从整体控制、单体设计、细部优化等 3 个层面逐级进行绿色设计。整体控制主要通过建筑造型、建筑布局以及材料选择，在保证室内外舒适度的同时降低能耗。单体设计可以通过控制层高、设置热缓冲区、植入中庭等手法尽量减少能耗，提高室内舒适性。细部优化层面则要针对具体问题采取相应措施，如教室空间、公共空间等进行采光遮阳设计和自然通风优化等。这种层级递进的设计思路，于建筑师的方案设计而言，应特别重视被动技术的应用，强调适宜的策略和综合效益的平衡。

寒冷地区教学楼绿色设计方法

按照上述设计步骤，我们在相关模拟工具的支持下，展开各环节的研究工作，期望获得寒冷地区教学楼建筑绿色设计各阶段的有效策略。限于篇幅，这里呈现的仅是设计环节中的部分成果。

整体控制——朝向与布局

在寒冷地区，设计规范要求普通教室应朝南并保证日照时间，因此单一教学楼基本上为南北向的“一字形”，多栋教学楼的组合方式有“匚字形”“工字形”“E 字形”“口字形”“一字形”等多种布局方式。针对寒冷地区气候特点，教学楼设计应尽力保证最佳朝向，在夏季和过渡季获得良好的自然通风，在冬季室内及室外活动空间避免寒风侵袭，同时有效利用天然采光。表 1 为 PHOENICS 软件模拟获得的教学楼不同布局的室外风环境状况，据此提出针对性的设计策略。

表 1 不同形体建筑风环境模拟结果

分类	平面形状	夏季室外风压	夏季室外风速	冬季室外风压	冬季室外风速
组团型	匚字形	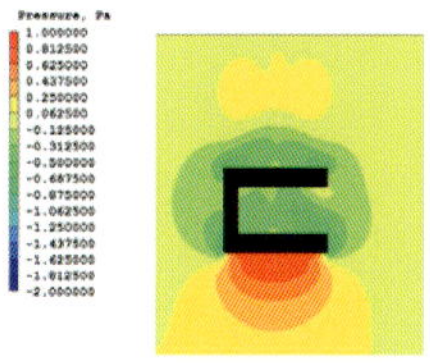	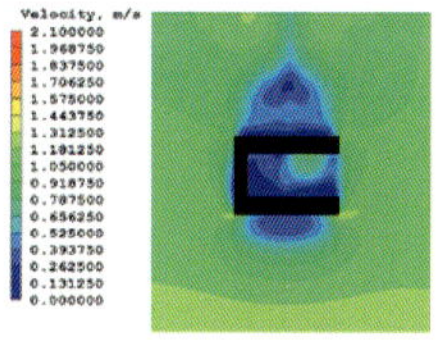	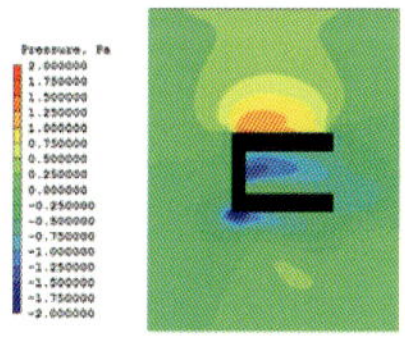	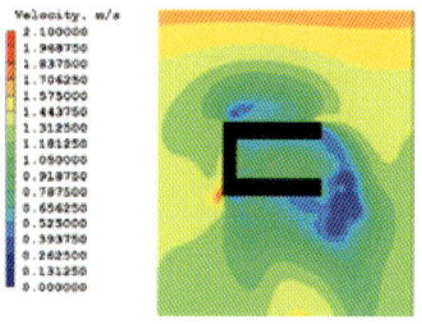
	工字形	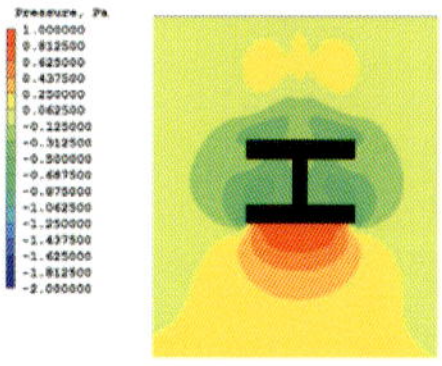	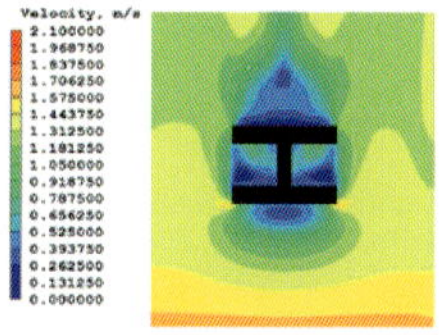	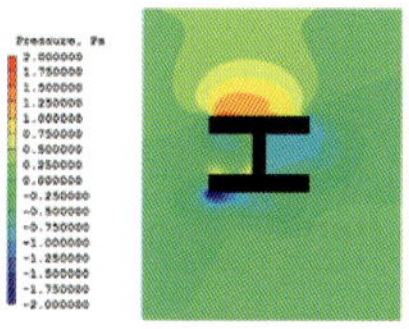	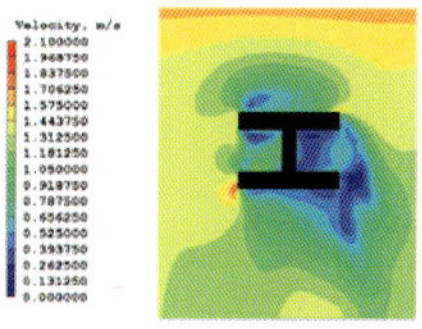
	E 字形	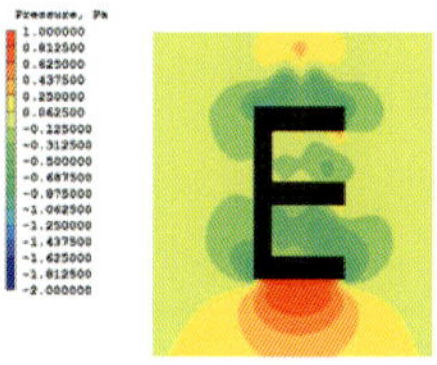	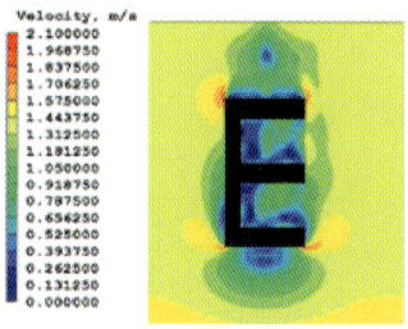	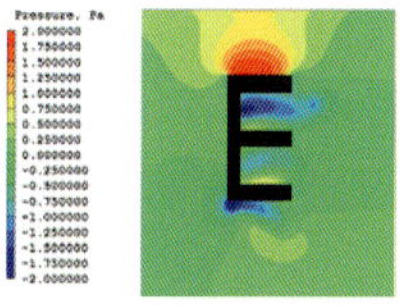	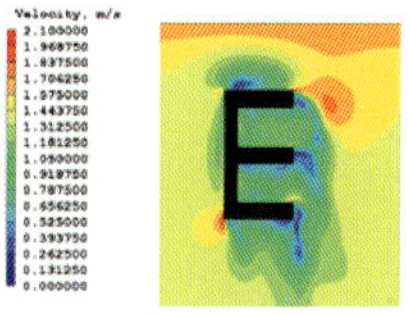
	口字形	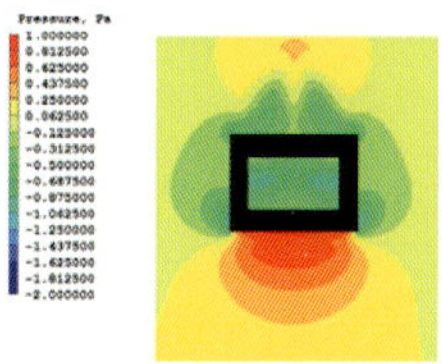	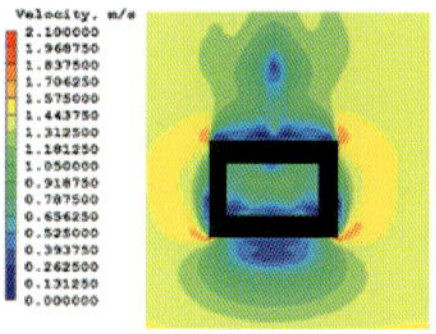	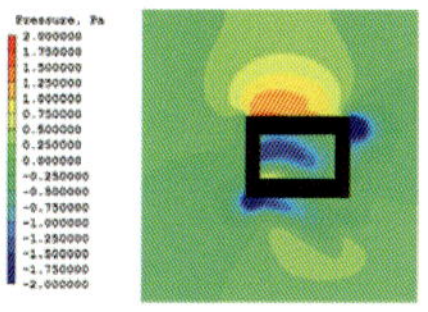	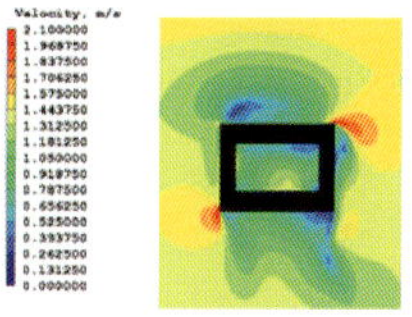
单一型	一字形	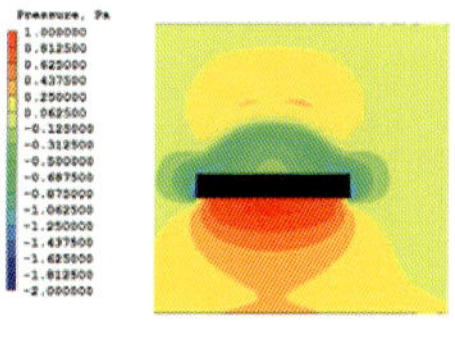	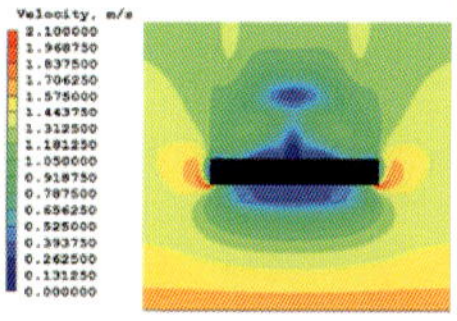	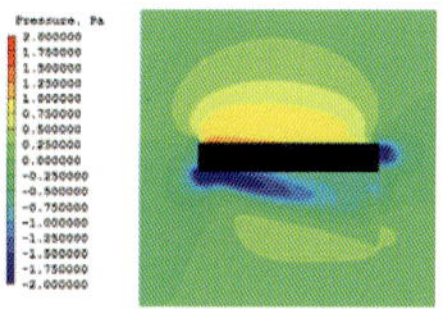	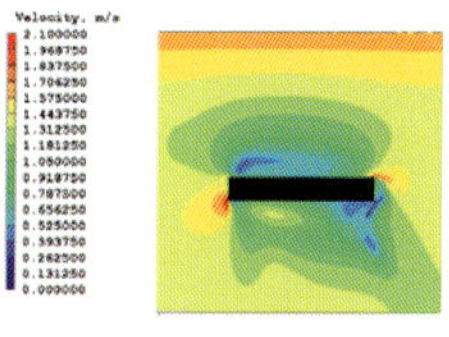

通过以上模拟结果的对比分析，可以发现如下特征。

“匚字形”和“工字形”南侧部分夏季室外风压差较大，有利于室内自然通风，但围合庭院风速较小，应采取相应措施适当提升；冬季室外风速较小，不会形成急速的转角风，风环境较舒适。

“E 字形”夏季室外风压差较大，有利于室内自然通风，而北侧部分风压较小，通风条件较差；冬季东北角转角风明显，需要进行适当调整。

“口字形”南侧部分夏季室外风压差较大，有利于室内自然通风；围合庭院冬季风速较小，风环境较舒适，东北角转角风明显，需要进行适当调整。

“一字形”夏季室外风压差较大，有利于室内自然通风；冬季北侧风速较大，且建筑东北角和西南角转角风明显加速，需要进行适当调整。

单体设计——层高控制

根据《中小学教学楼设计规范》，教学楼层高一般不低于 3.2 m，大量案例研究表明教学楼层高一般在 3.2～4.2 m，使用 DESIGNBUILDER 软件对层高为 3.2 m、3.4 m、3.6 m、3.8 m、4.0 m、4.2 m 的建筑模型进行能耗模拟，分析层高增加带来的建筑能耗变化，模拟结果如表 2 所示。

表 2 DESIGNBUILDER 软件模拟建筑层高与能耗的关系

层高	单位面积照明能耗	单位面积制热能耗	单位面积制冷能耗	单位面积总能耗（照明 + 冷热）
m	kW·h/（m^2·a）	kW·h/（m^2·a）	kW·h/（m^2·a）	kW·h/（m^2·a）
3.2	30.40	39.05	18.41	87.86
3.4	30.40	41.47	18.51	90.38
3.6	30.40	43.89	18.61	92.90
3.8	30.40	46.33	18.72	95.45
4.0	30.40	52.93	19.51	102.84
4.2	30.40	55.41	19.62	105.43

软件模拟结果表明，随着层高增加，建筑能耗明显增加，因此单体设计过程中，应在保证舒适度的前提下，有意识地控制层高。

单体设计——植入中庭

合理设计的中庭空间可以增加天然采光、引导自然通风、调节温湿度、提升空间活力，让师生享受高品质的课间和课余活动。下面为不同中庭形态的楼层照度模拟分析（表 3）和不同中庭空间的气流环境模拟分析（表 4），由此可以初步判定不同形态中庭对教学楼室内空间的影响。

表 3 不同中庭形态的楼层照度模拟分析

照度分布图	中庭形态示意图		
	上下垂直型中庭	上小下大型中庭	上大下小型中庭
	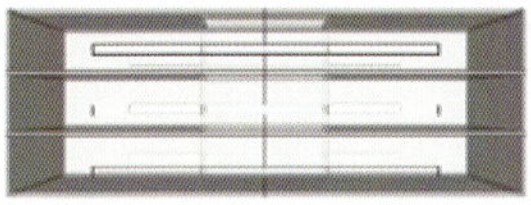	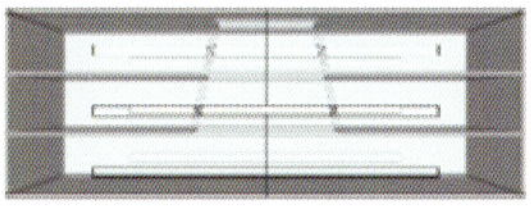	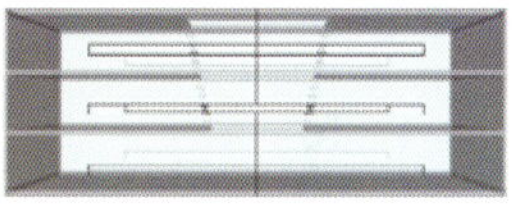
三层照度分布图	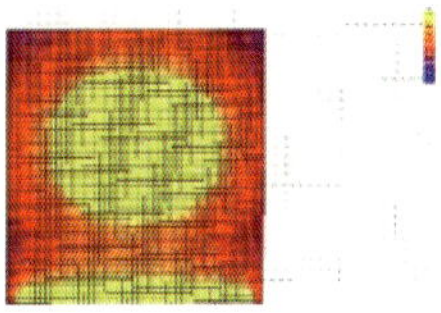	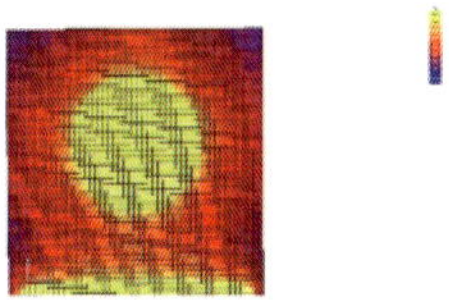	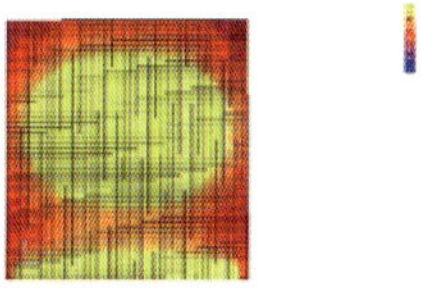
二层照度分布图	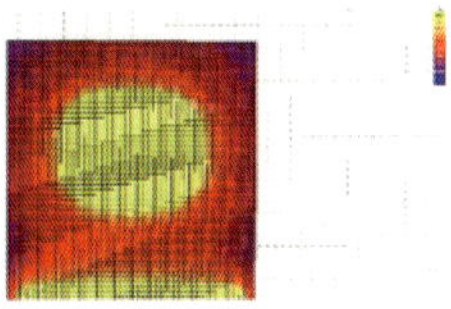	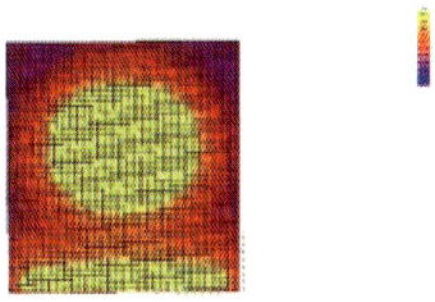	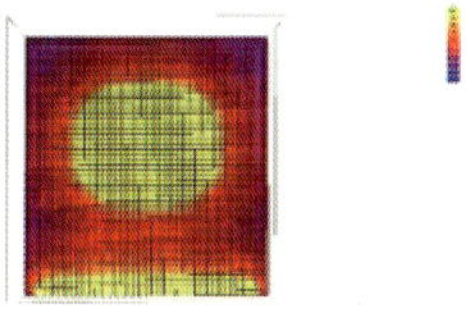
首层照度分布图	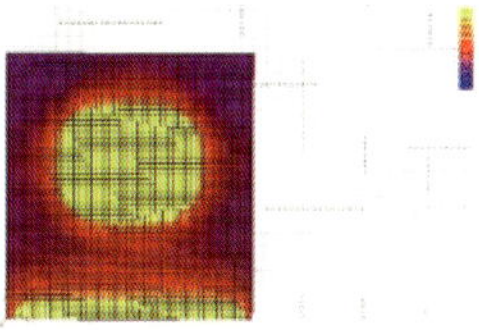	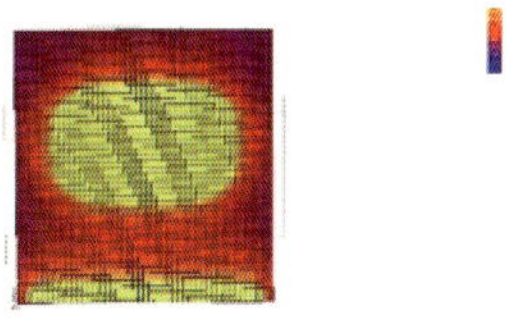	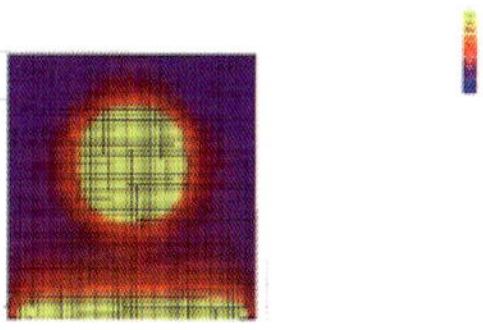

表 4 不同中庭空间的气流环境模拟分析

中庭空间	上下垂直型中庭	上小下大型中庭	上大下小型中庭
模型图片		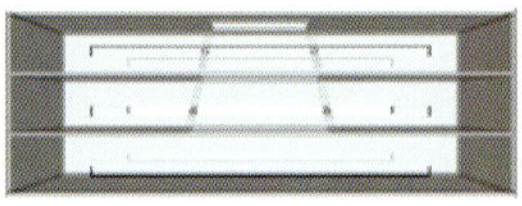	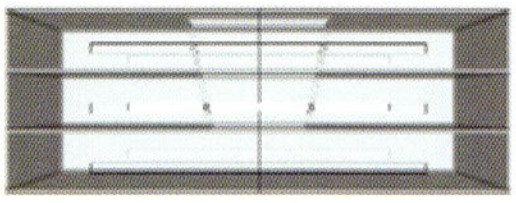
风速	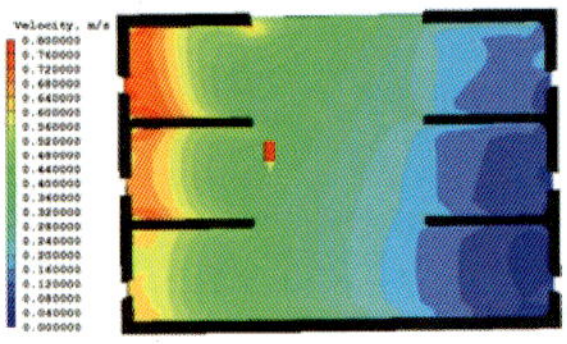	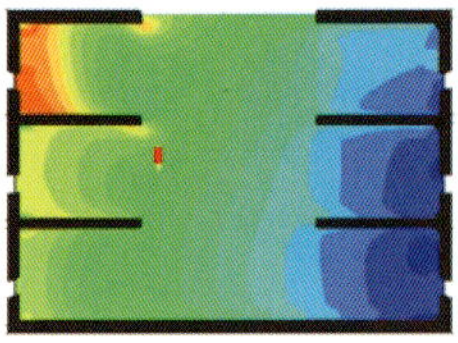	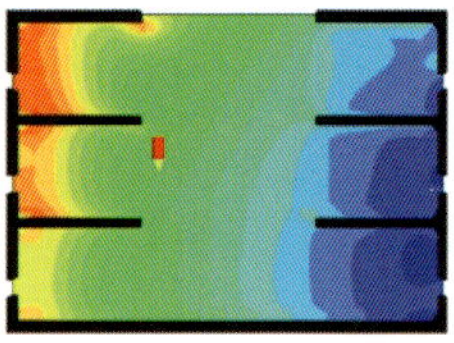
风压	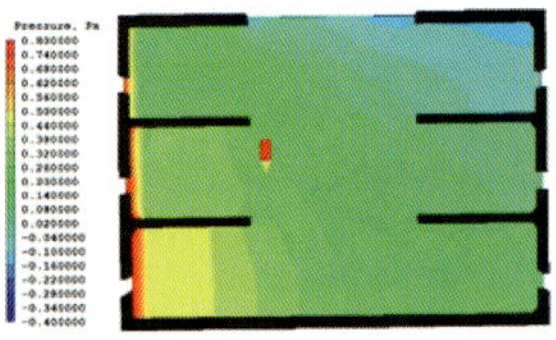		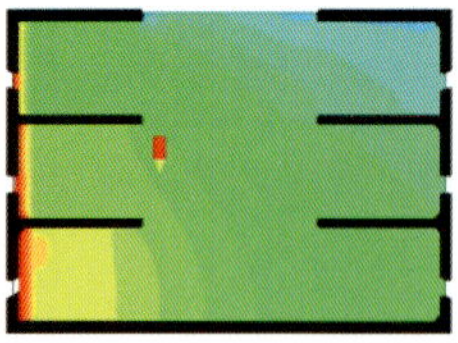
空气龄	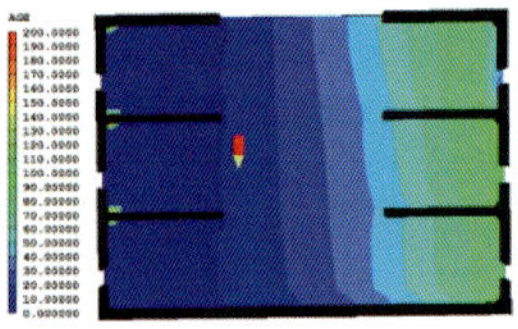	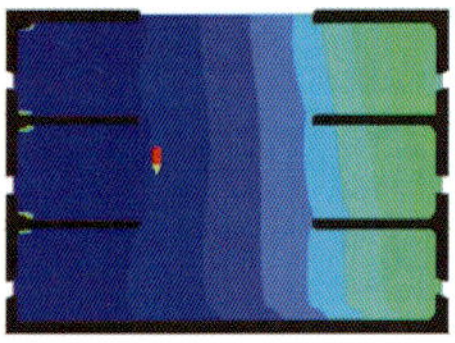	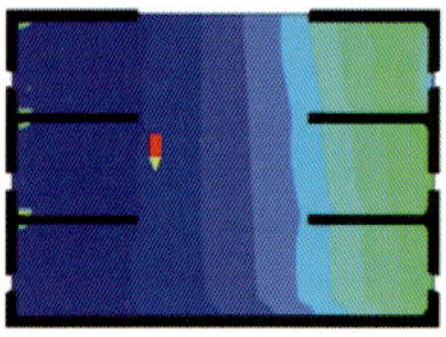

通过模拟分析图的对比可以发现，上小下大型中庭顶部太阳辐射量较少，各楼层获得的天然光照度比较均匀，且“烟囱效应”比较明显，通风效果被强化。

细部优化——开窗方式

由于教室空间进深较大，室内天然采光照度随进深方向降低趋势明显，室内照度均匀性不够。如表 5 所示，运用 ECOTECT 软件模拟可以得出满足室内照度和均匀性要求的侧窗形式。教室侧窗兼具采光和观景功能，在设计中应根据不同功能，将观景窗和采光窗分别设计。

表 5 自然采光模拟对比

标准教室模型面宽 8700mm，进深 8400mm，层高 3.6m，窗台高度 *h*1=1000mm，窗高 *h*2=1800mm，窗宽 8300mm							
模型	模型 1 	模型 2 	模型 3 	模型 4 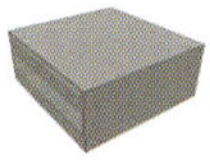	模型 5 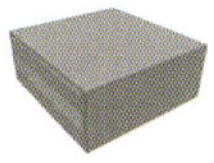	模型 6 	模型 7 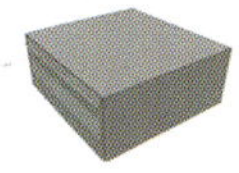
模型设置	不区分观景采光窗，玻璃可见光透过率设定为 0.7	区分观景采光窗，观景窗高 1300mm，可见光透过率 0.7，采光窗高 500mm，可见光透过率 0.9	不改变窗台高度，提高采光窗高度至 750mm	不改变窗台高度，提高采光窗高度至 900mm	在采光窗窗台处设置室内（600×8300）mm 的反光板）	将反光板向室外延长 200mm，即（800×8300）mm	将靠近窗口的天花板适量倾斜
室内照度（≥300 lux）	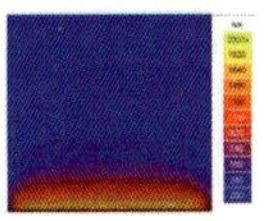	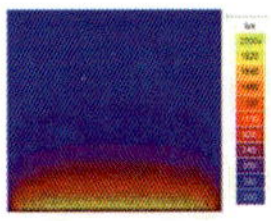	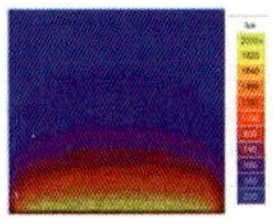	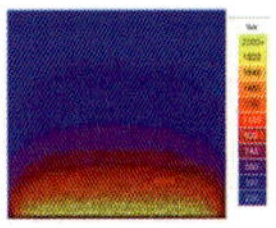	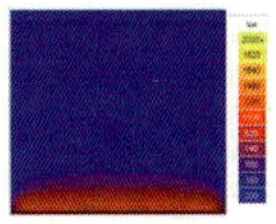	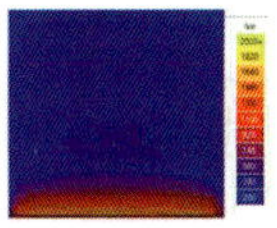	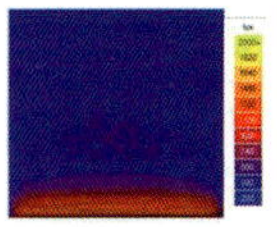
说明	教室深处大部分区域照度并没有达到不小于 300lux 的规定要求	室内仍有近一半区域的照度并没有达到不小于 300lux 的规定要求	提高采光窗上沿高度，能够有效改善教室深处的照度，但是仍然没有办法满足教室全部空间的照度达到规定要求		室内已基本满足照度要求；同时能够起到一定的遮阳效果，减少近窗处的眩光	室内已完全满足照度要求	室内照度条件得到进一步改善

通过模拟发现，采光高窗的设置有利于教室深处的空间更好地获得自然采光；提高采光窗上沿高度，能够有效改善教室深处的照度；在此基础上引入反光板装置，室内已基本能满足照度要求；将靠近窗口的天花板适度倾斜，起到增加反光的作用，室内照度条件得到进一步改善。根据以上分析，可以发现观景窗、采光窗结合反光板的综合侧窗采光形式（如图 1 所示）可以有效改善室内照度不均匀的情况，提高室内天然采光，同时能够达到一定的遮阳效果，减少近窗处的眩光。

另外，从气流组织的角度看，不同高度窗户的组合可以结合风压及热压作用，使室内得到更好的自然通风，表 6 是 3 种不同开窗方式的室内通风状况模拟结果，沿走廊的高侧窗结合沿外墙的采光窗和观景窗，可以获得更好的通风采光效果。

图 1 优化的侧窗采光形式

表 6 3 种开窗方式下教室室内自然通风模拟

天津夏季风向为南向，平均风速为 1.7 m/s	
标准教室模 8 700×8 400 mm，层高 3.6 m，观景窗台高 1 000 mm，窗高 1 200 mm，采光窗台高 2 600 mm，窗高 600 mm，内走廊高侧窗窗台高 2 600 mm，窗高 600 mm	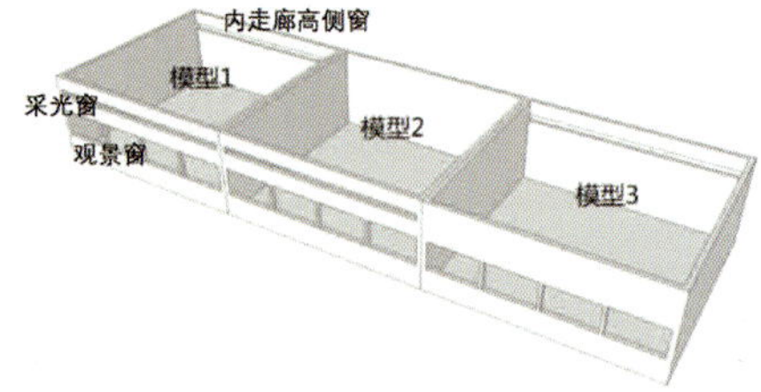
	模型 1 设定开启内走廊高侧窗、采光窗和观景窗；模型 2 设定开启采光窗和观景窗；模型 3 设定开启走廊高侧窗和观景窗
室内风速模拟	
空气龄模拟	
模拟分析	开启内走廊高侧窗、采光窗和观景窗（模型 1）的室内风环境较舒适，且空气换气效果最好；只有单侧通风（模型 2）的室内通风效果较差，换气次数也较低；开启内走廊高侧窗和观景窗的模型 3 临窗气流不太稳定，因此应选择内走廊高侧窗、采光窗和观景窗的组合方式

以调节室内光环境和风环境舒适性为出发点，合理的侧窗形式应该分别考虑观景窗和采光窗的效果，结合反光板和天花板进行设计，同时开启观景窗、采光窗和内走廊高侧窗可以营造较好的室内自然通风效果，如图 2 所示。

图 2 结合开启方式的优化侧窗形式示意图

教学楼绿色设计实证

以天津一座 12 班小学教学楼为例，首先应用 ECOTECT 软件中的 WEATHER TOOL 工具对天津的气候条件进行分析，分析结果如表 7 所示。天津冬季主要为西北风，夏季及过渡季主要为南风和东南风，建筑的较好朝向为南偏西 15° ~ 南偏东 30° 。在进行被动式绿色设计时，围护结构、自然通风结合被动式太阳能技术是优先考虑的被动式措施。

表 7 天津气候条件分析

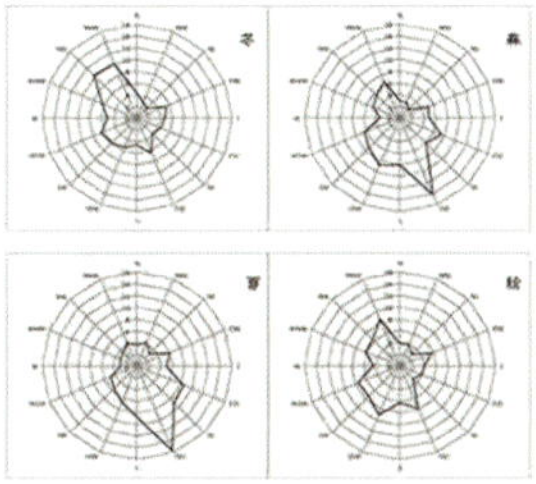	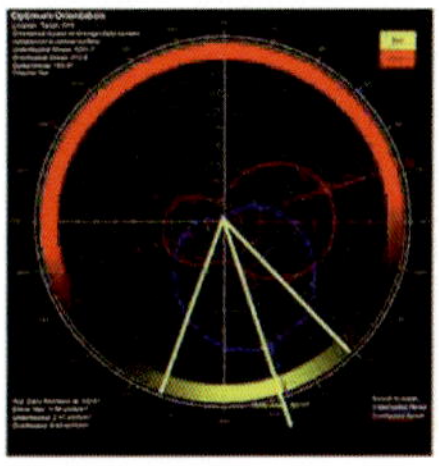
天津风向频率	天津的较好朝向为南偏西 15°~ 南偏东 30°
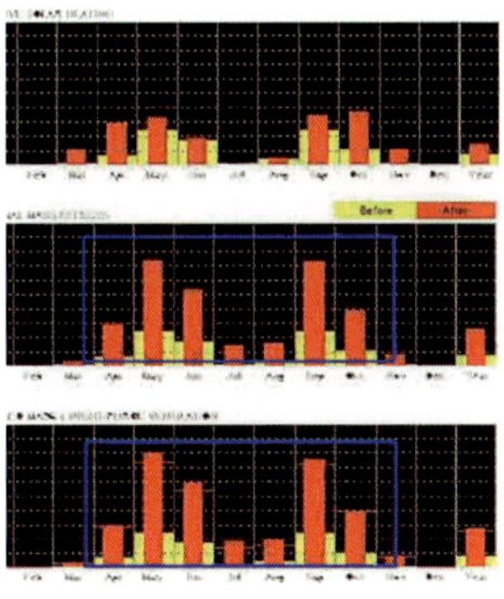	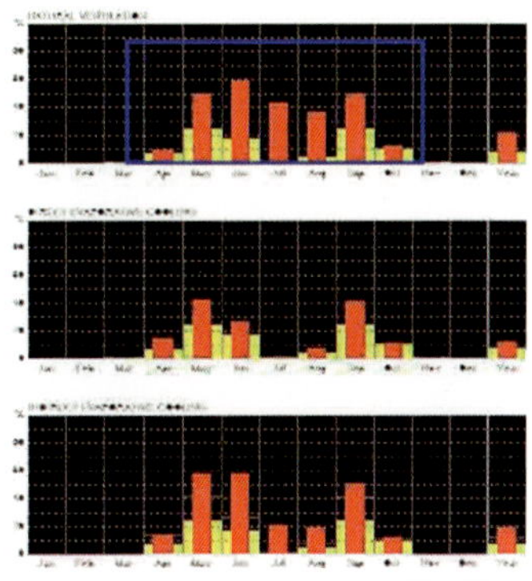
将焓湿图被动节能策略进行组合比对，发现热围护结构 + 自然通风 + 被动式太阳能技术是最有效的措施	

建筑布局

结合基地环境，在总体布局阶段对多种方案进行比选，方案 1 强调围合院落氛围，方案 2 体量丰富灵活，方案 3 整体感强，方案 2、3 都设有中庭空间，可以有效整合各种功能空间。对 3 个方案分别进行风环境模拟和能耗模拟，结果如表 8 所示。

表 8 不同方案模拟结果对比表

建筑性能分析	方案 1	方案 2	方案 3
方案布局示意图	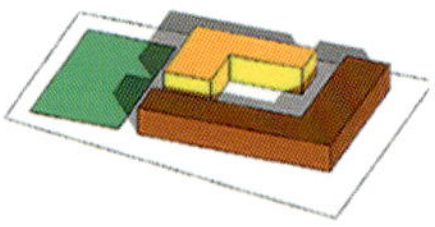	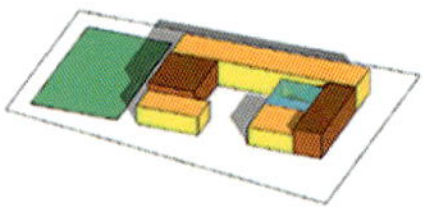	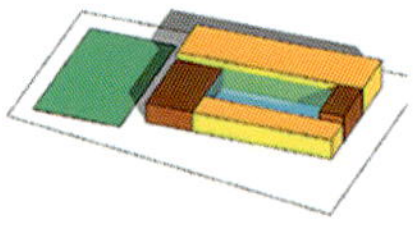
夏季室外风速	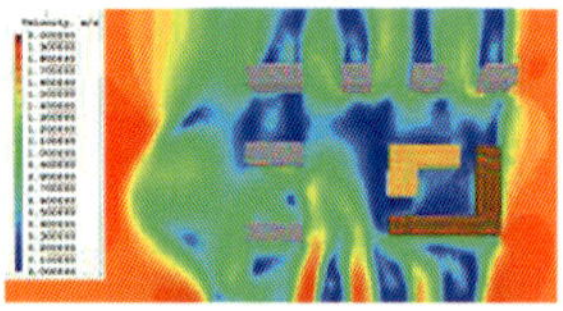	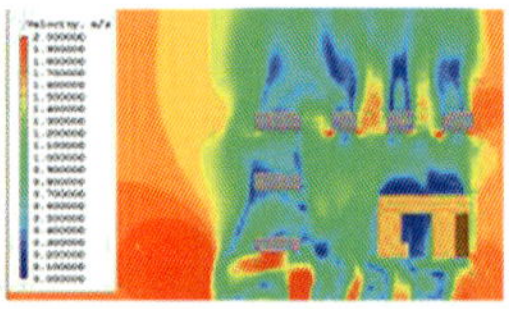	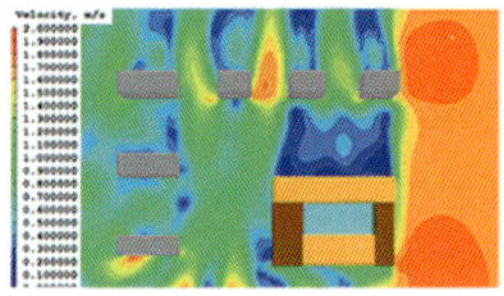
夏季室外风压		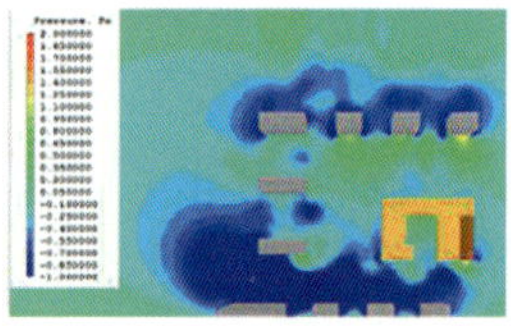	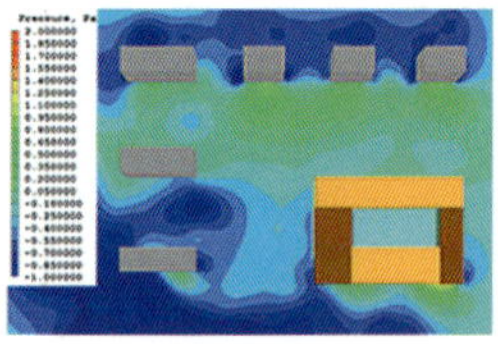
冬季室外风速	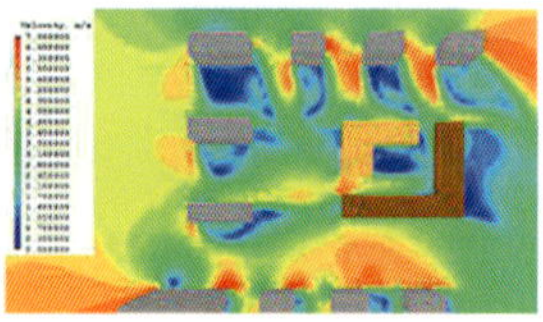	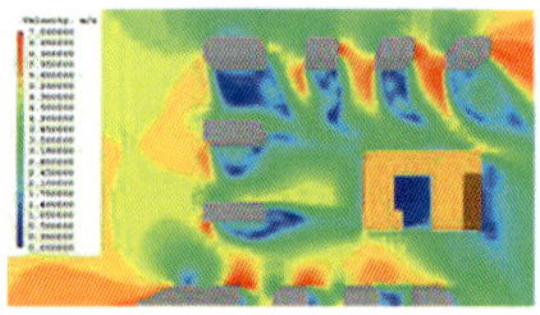	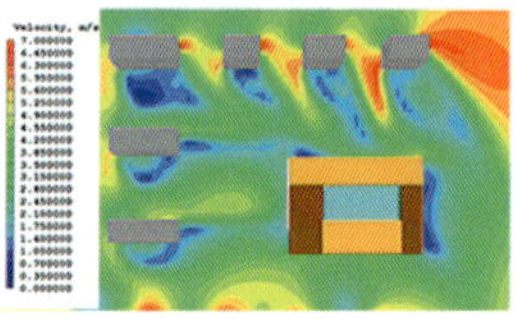
冬季室外风压		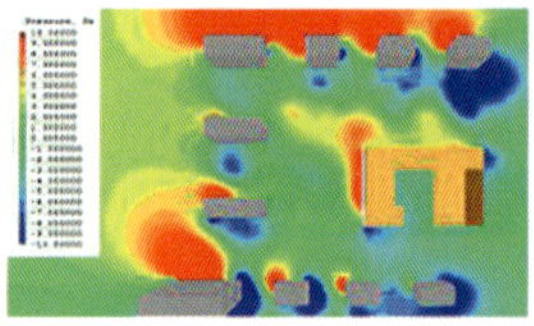	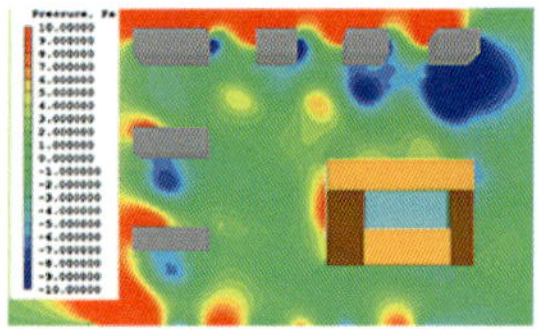
单位面积照明能耗 kW·h/（m^2·a）	29.98	31.50	32.59
单位面积制冷能耗 kW·h/（m^2·a）	20.53	26.43	29.51
单位面积采暖能耗 kW·h/（m^2·a）	47.72	36.21	32.94
单位面积总能耗 kW·h/（m^2·a）	98.23	94.14	95.04
分析	能耗较大；冬季建筑西侧形成涡流；夏季自然通风效果较差	夏季室内外风压差较大，有利于室内自然通风；冬季东侧风影区提供室外活动场地；能耗最低	体量完整；较大面积中庭空间；冬季东侧风影区提供室外活动场地；能耗较低

根据模拟结果显示，方案 3 具有较大面积的庭院空间，适宜该项目多种公共活动空间的功能需求，因此选择方案 3 进行调整和深化——结合功能和风环境模拟结果，在组合体量的西南角和东北角进行切削。建筑形体进行优化后再次进行风环境模拟，发现优化后夏季室外风压差增加，有利于自然通风；冬季无明显转角风，且室外风影区有所扩大，有利于进行室外活动（表 9）。

表 9 方案 3 优化前后室外风环境情况模拟对比

模拟条件	夏季风向为 S，平均风速为 1.7 m/s；冬季风向为 NNW，平均风速为 5.6 m/s	
风环境优化	风速	风压
方案 3 夏季	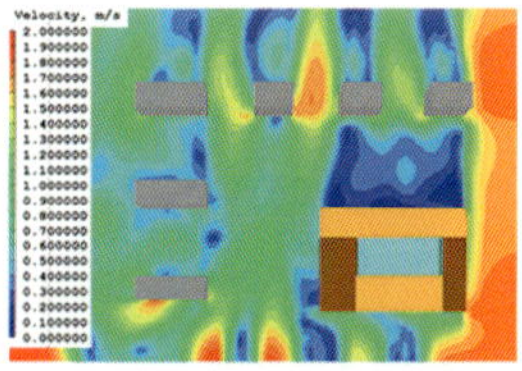	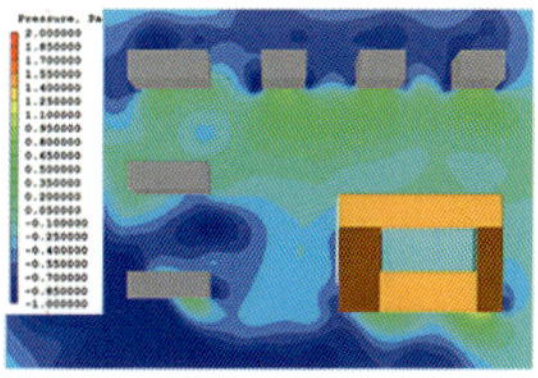
优化方案夏季	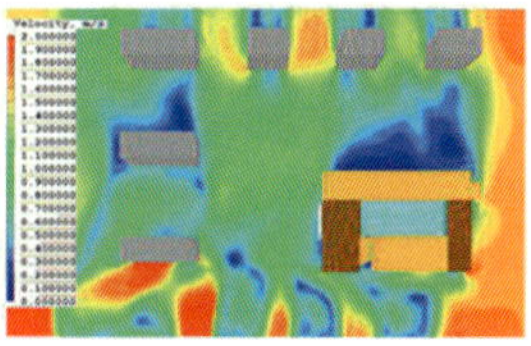	
方案 3 冬季	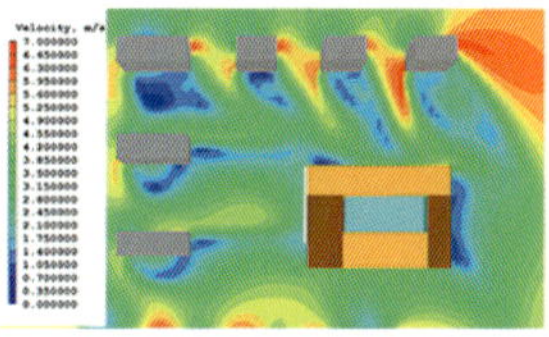	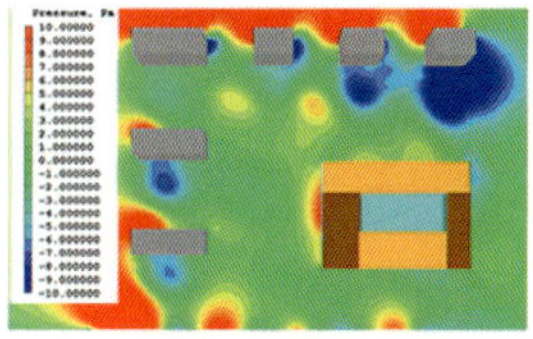
优化方案冬季	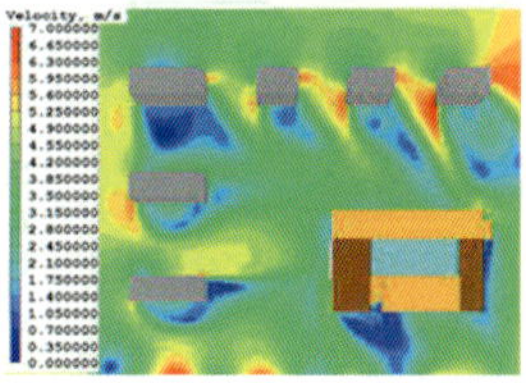	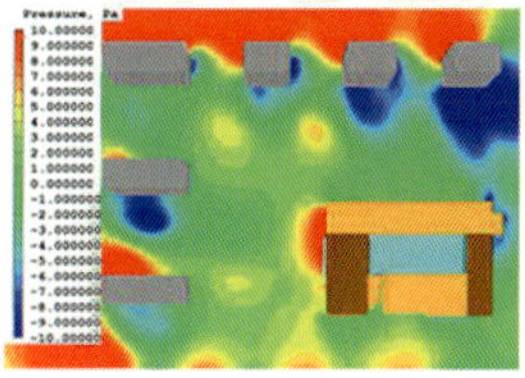

平面组织

教学楼进行分区设计时将教学办公区与活动区按功能需求进行区分，同时将合班教室和活动室按层高要求的不同进行体量上的区分，打破建筑的规整模式，使之更加灵活，建筑平面组织要点见表 10。

表 10 建筑平面组织要点

分区设计：将教学办公区与活动区按功能要求进行区分	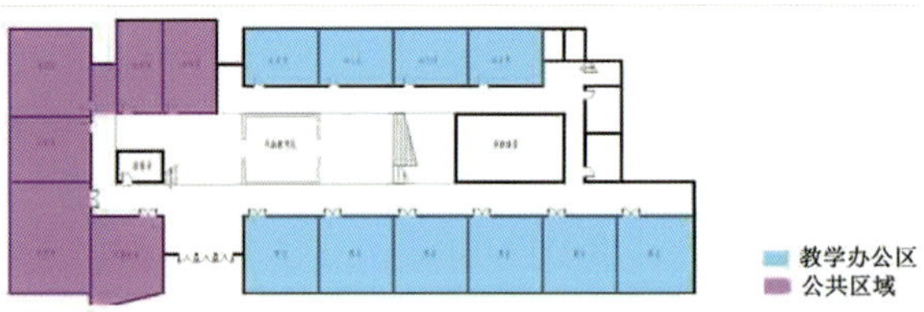
热缓冲空间：将使用效率较低的辅助空间、交通空间等置于北侧、东西侧，作为热缓冲空间，减少外围护体系热损失，提升室内空间热舒适度	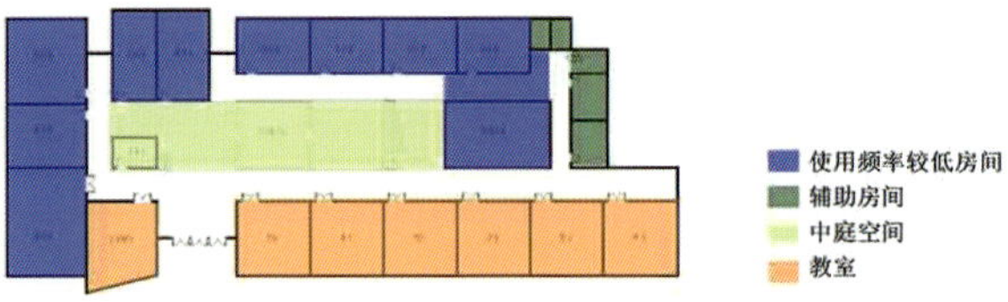
高差设计：建筑体量上北高南低，可以争取到更多的向阳面，利用高差设置侧窗提高室内照度。同时，南侧体量的屋顶可以为太阳能光伏发电提供场地	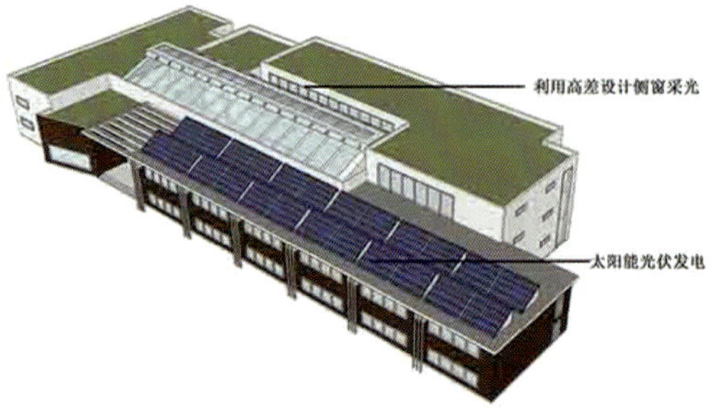

细部设计

教学楼内部结合中庭空间进行绿色设计：中庭设置可开启天窗结合侧窗，提高室内天然采光率，同时促进自然通风，提高中庭空间的舒适性。中庭顶部通过加密梁架结构形成格栅进行自遮阳，结合室内绿植创造良好的室内微气候（图 3）。

标准教室位于建筑南侧，采用采光窗和观景窗相结合的侧窗形式，屋顶悬挑结构可以有效防止太阳光直射，同时防止夏季过热；教室通过开启侧窗进行自然通风，立面设有导风遮阳构件，同时可作为竖向绿化的植物支架。除设置太阳能板的屋顶部分外，其余部分设置屋顶绿化。

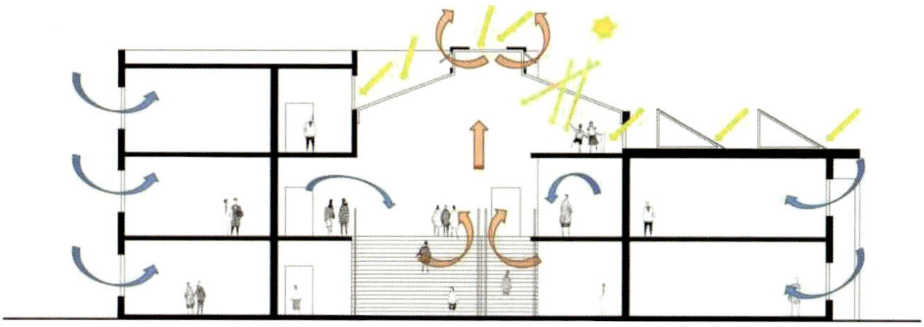

图 3 建筑剖面示意图

结语

中小学校在全年使用过程中，因为寒暑假避开了用能需求最高的时段，这一特点在寒冷地区尤其突出，因此教学楼具备主要依靠被动式设计策略来调节舒适度、营造更好室内外环境、降低能耗、节约建设成本等条件。针对类似建设量大的建筑类型，以气候区为划分依据，通过研究提供有针对性的被动式绿色设计策略，在常规设计步骤中整合绿色策略，对于研究成果的实践转化、促成绿色创新具有特别重要的价值。同时，作为教育基地的中小学校，教学楼的绿色设计潜移默化地培养学生的绿色意识，达成绿色教育的特殊目标。

资料来源：

1. 贾佳．寒冷地区中小学教学楼被动式绿色设计方法研究．天津大学硕士学位论文，2016.
2. 科技部国家国际科技合作专项项目（2014DFE70210）《低碳城市与绿色建筑设计关键技术研究》结题报告．

案例 6　宁德妇女儿童活动中心及图书馆综合体设计研究（2011 年）

在建筑方案设计过程中，地域特色和建筑功能触发的象征性是方案设计概念的依据，同时通过分析气候特征和运行特点能够获得有效的绿色策略。特定的绿色策略与地域特色、建筑功能及其象征性有机整合，在此基础上经由逻辑化的处理方法获得建筑形式和空间，实现基于绿色理念的建筑创新，本项目设计就是在这样的思维逻辑下展开的。

项目背景

该项目位于福建省宁德市新区东兰组团，基地东临华庭路，南临北湖滨路，西与世鸿酒店用地交界，北与宁德艺术馆用地交界。基地位置条件优越，地势平坦，建设条件良好，与城市广场和低密度住宅东西相邻，用地南面紧邻东湖景区，与大门山、塔山等有对景之势，自然环境优美（图 1）。

图 1　基地范围及周边环境

在用地范围内，拟建图书馆约 1.2 万平方米，要求地上 5 层、地下 1 层；拟建妇女儿童活动中心约 1 万平方米，要求地上 7 层，地下 1 层。妇女儿童活动中心综合楼功能复杂，包括独立经营的幼儿园、培训办公部分及公寓。

设计概念

应对气候的被动式设计——通风 + 遮阳

宁德属于夏热冬暖地区，冬季温暖，最冷的 1 月平均温度为 8℃[1]；夏季较热，7 月平均温度一般超过 25℃，由于临海，常年比较潮湿。项目所在基地背山面湖，夏季及全年主导风向均为东南风，冬季最冷时段的西北风受山体阻挡，被大幅削弱。由于基地西南临湖，湖水与地面的蓄热能力不同，在接近地面的高度会形成来自西南方向的湖面风（图 2）。在 ECOTECT 软件中导入基地气象参数，通过 WEATHER TOOL 工具得到该地区最为高效的被动式策略为通风和遮阳，图 3 为被动式技术措施应用前后舒适度效果对比示意图。

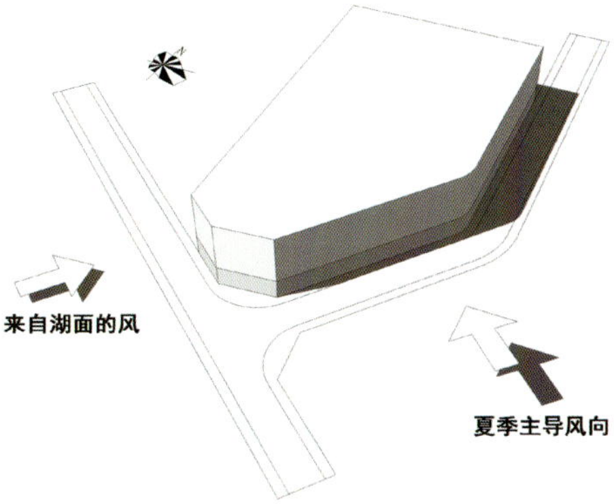

图 2　建筑不同高度的主导风向（由于基地西南临湖，接近湖面的区域会受到西南方向湖面风的影响，其他区域及建筑高层部分受城市主导风向东南风影响较大）

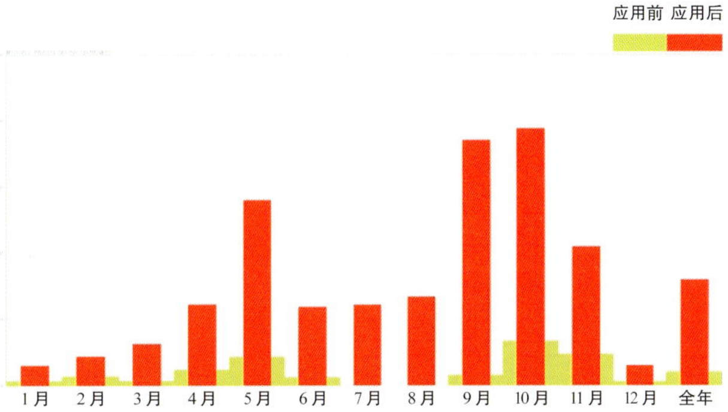

图 3　被动式策略应用前后的效果对比（可以看到在夏季和过渡季，被动式策略可以有效提高舒适性）

呼应主题的建筑形体——曲线 + 动态

本项目的主体建筑为妇女儿童活动中心，其他功能，包括图书馆，均为活动中心综合体的组成部分，因此妇女儿童的意向成为这组建筑的主题。以建筑形象呼应主题是建筑设计常用的手法，为了体现柔美的主题意向，我们从德加的画作以及亨利·摩尔的雕塑中汲取灵感（图 4），希望获得曲线玲珑、充满动感的整体建筑效果。

1. 资料来源：宁德市气象局官网。

图 4 体现妇女儿童主题的艺术作品（印象派画家埃德加·德加的画作《芭蕾舞女》与亨利·摩尔的雕塑作品《母与子》）

融于自然的逻辑生成——参数化工具

闽东地区拥有富饶肥沃的自然资源和悠久的文化底蕴，“三坊七巷”、骑楼空间、烽火山墙等既是应对气候和性能的成果，也逐渐演化为丰富细腻的建筑文化特色。该项目位于新区，基地周边被山地、湖水环绕，设计力求创新，以前瞻性的设计方法创作体现时代和环境特色的作品，使其游刃于山水之间，活泼、流畅、自然，与景观共融（图 5）。

图 5 基地周边环境及旧城优秀传统建筑

我们希望上述3方面的设计概念能够在设计过程中有机整合；同时希望表明，应对气候的绿色设计能够同时关照建筑的主题意向和地域文化。

生成逻辑

功能流线确定建筑布局：根据建筑功能动、静分区和基本流线要求，将图书馆布置在北侧，活动中心在南侧，二者以底层架空的平台相连，平台为幼儿园提供了独立的入口和室外活动空间。

风环境分析确定平面基本形态：为了获得稳定顺畅的室内外风环境，建筑形态轮廓以具有凹凸变化的光滑曲面为主，避免方形体量转角处的紊乱风场。同时建筑迎风面凹进、背风面凸出有利于增大建筑两面的风压，促进室内通风。由于受到西南方向湖面风的影响，活动中心底层的主要迎风面朝向西南，高层部分及北侧的图书馆主迎风面则朝向城市主导风向——东南（图6）。这里风环境模拟软件的主要作用是验证设计构想、优化建筑形体，通过调整曲面凹凸程度获得理想通风效果。通过模拟可以看到，两部分建筑之间的广场因为建筑形态也获得了较好的通风（图7）。在每栋建筑核心部位植入中庭，利用"烟囱效应"促进热压通风（图8）。

参数化构想实现形体自遮阳：图书馆对天然采光的要求高，同时还要尽量避免太阳直射光。通过查阅资料，可知宁德地区春秋分正午的平均太阳高度角为64°，在图书馆设计中，建筑上升过程中每层平面逆时针旋转3°，整体向南倾斜64°，实现形体自遮阳，利用冬、夏季太阳高度角的差异，实现夏季阳光被遮挡、冬季部分时段阳光可以进入室内，带来冬日暖阳的目的（图9）。

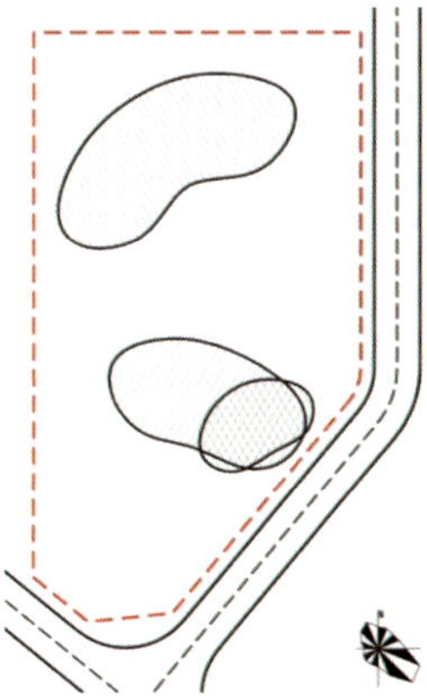

图6 根据风环境确定的建筑平面基本形态

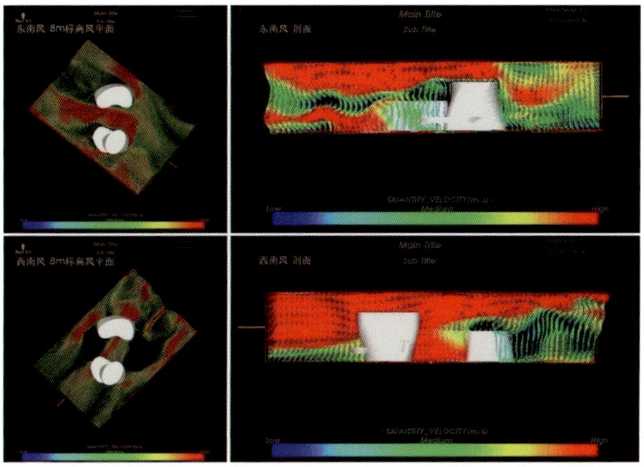

图7 应用VIRTUAL WIND软件完成的风环境模拟

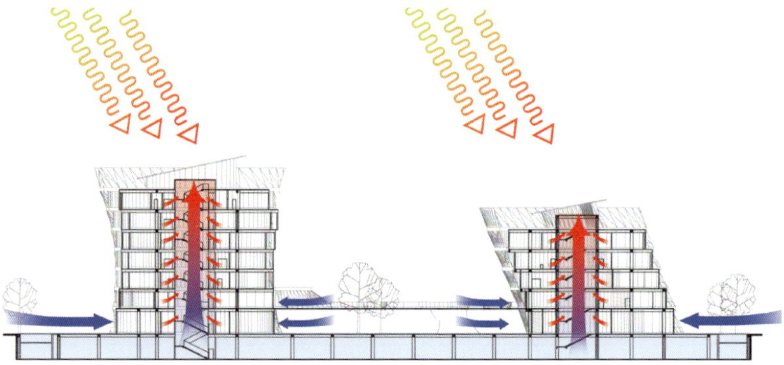

图 8 利用中庭组织热压通风（中庭顶部设置太阳能板，加热中庭顶部空气，利用“烟囱效应”促进空气流动）

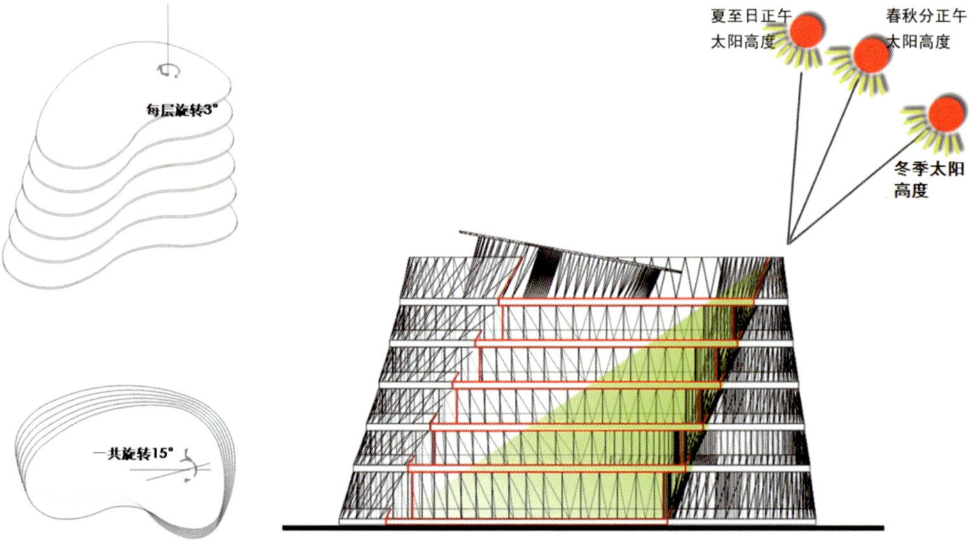

图 9 参数化生成自遮阳的建筑形体

在活动中心的高层部分，建筑平面在上升过程中依次逆时针旋转，实现主要朝向从西南到东南的顺畅过渡（图 10），目的是保证低层部分主立面迎合西南方向的湖面风，高层部分则迎合城市主导风向——东南风。在开窗设计中，依然沿用参数变化的手法，南向开窗面积最大，北向次之，东西向开窗面积最小，开窗面积规律化渐变，满足各朝向开窗的理想状态。

为了防止室外活动区域“暴晒”在阳光下，方案针对场地中央广场进行了专门的遮阳设计：在二层高度设计局部透空的平台覆盖中央广场；同时布置高大乔木，从透空的孔洞中穿出。这一手法，较好地解决了广场遮阳问题，同时由于若干透空孔洞的存在，使广场获得直接采光；孔洞中穿出的高大乔木，不仅过滤了阳光还丰富了景观层次。幼儿园利用二层平台，获得了独立的入口和室外活动空间，在多功能的复杂环境中保证了安全性。整体建筑形态及各层功能分布见图 11。最终设计方案见图 12~图 15，基本实现了应对气候、呼应主题、融于自然的构想。从山顶或湖面看去，建筑形态富于变化，具有灵动之势。

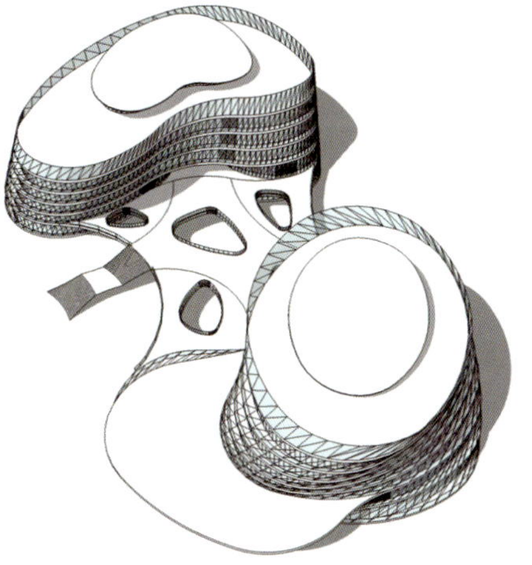

图 10 基于参数化逻辑的形体生成

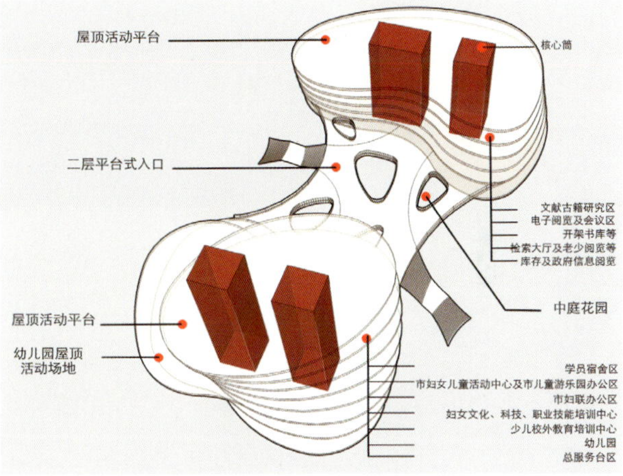

图 11 建筑形态及功能分布

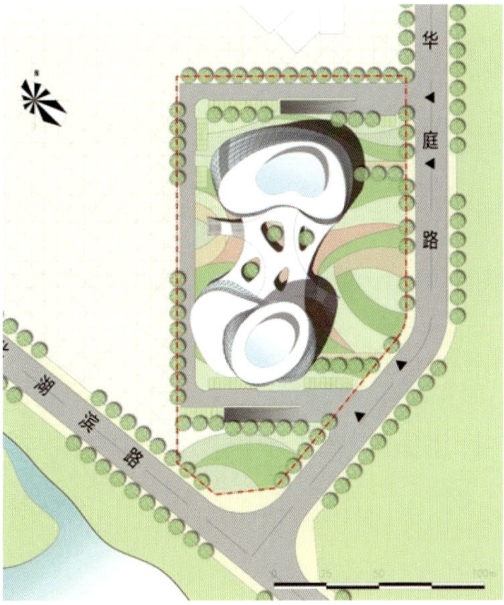

图 12 总平面图

图 13 设计方案鸟瞰图

图 14 西北视角透视图

图 15 街景透视图

结语

这是一个未中标的投标方案，虽然评标过程中设计构思和方案生成过程受到专家的肯定，但因为接受度和造价等原因最终未能中标。方案设计中我们将绿色策略与功能、美学意向有机整合，尝试利用参数化逻辑生成建筑形体，做了有价值的探索。在方案设计过程中，尽管用到了气候分析、风环境模拟、光环境模拟软件，但更重要的是设计过程中对气候因素的重视，对于气流、太阳辐射等基本原理的理解和运用，因此提出了设计概念和生成逻辑，并在性能模拟软件的辅助下得到验证和优化。方案设计过程中，建筑师重视建筑空间性能，熟悉模拟软件的基本原理，保证了在最初的设计思维中融入绿色策略，这是创新的关键环节，也是建筑师与技术咨询合作互动的前提。

资料来源：

1. 本工作室设计文本．福建宁德市图书馆及妇女儿童活动中心建筑方案设计．2011.
2. 游猎．可持续策略下的参数化建筑设计研究．天津大学硕士学位论文，2011.
3. 国家自然科学基金面上项目（51178292）《基于模拟技术的系统化低碳建筑设计方法研究》结题报告．

■ 案例 7　寒冷地区高层综合体设计研究（2013 年）

随着城市土地资源越来越紧张，包含商业、办公、居住等多种功能的高层综合体成为城市建筑的常见形式。高层建筑综合体使用人数多、能耗高、不同功能空间对绿色性能的要求差异大。这类综合体的绿色设计如果仅仅采用中庭、遮阳板、屋顶绿化等简单趋同的手法，难以保证达成最优效果；为了获得理想的绿色效果而反复模拟优化又会降低设计效率和建筑师的积极性。本项目研究尝试以参数化逻辑高效达成绿色设计目标，以天津中心城区的一座高层综合体设计为例。

项目概况

建筑用地位于天津市中心区域，基地呈不规则梯形，规划用地面积 16 100 m²（图 1）。建筑功能包括高层写字楼、居住公寓楼及底层综合商业。地上建筑规模 44 000 m²，其中写字楼 20 000 m²、公寓楼 12 000 m²、商业裙房 12 000 m²。按照常规布局方案，商业裙房之上为写字楼，居住公寓部分位于综合体最上部。

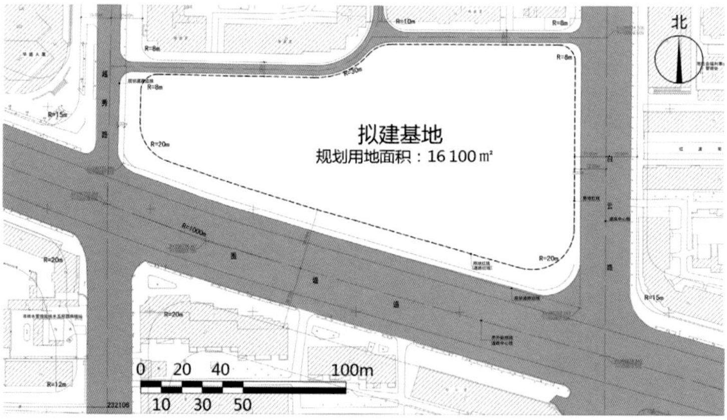

图 1　项目基地及周边环境

设计过程

本方案的切入点是创造良好的室内外气流环境，气流环境对高层建筑的室内外舒适度影响很大。在实际工程中，高层建筑的通风问题常常通过集中空调系统加以解决，这种高能耗的方式不但增加了高层建筑的运行能耗同时也存在室内空气质量欠佳的隐患。为了更好地体现参数化逻辑对方案设计中绿色构想的支持，设计研究过程同时关注高层建筑室内气流状况、兼顾太阳能发电与雨水收集平衡的屋顶形态、建筑表皮的形式与性能，从更多角度展现参数化逻辑与绿色策略融合带来的塑形能力和设计效率的提升。与设计相关的天津地区气象环境参数和建筑设计参数如下（表 1）。

表 1 天津地区气候参数及基本建筑信息（根据气象资料和设计规范整理）

天津地理纬度	北纬 39°	年降水量（多年平均值）	574.9 mm
冬季风风向	北偏西 45°	建筑层高	4.2 m
春秋季风风向	南偏西 30°	建筑层数	30 层
春秋季风平均风速	2.0 m/s	写字楼标准层面积	1 600 m^2
最佳倾角的年阳光辐射量	6 396.1 MJ/m^2	商业裙房高度	17.1 m

确定了室内气流、屋顶状态、表皮形式等主要绿色设计问题之后，项目研究将整个设计过程分解为下列几个步骤：高层部分基本平面形式的选取、依据气流环境的形体塑造、屋顶形式的确定、建筑外表皮设计。

确定标准层平面形式

天津市冬季主导风向为西北风，风速较大，凛冽的寒风经常透过建筑表面的缝隙吹入室内，影响室内温度。合理选择建筑标准层形式及朝向能有效减少西北风对建筑的影响。通过将不同形状的标准层平面以不同角度布置在冬季主导风向的风场中，我们发现长轴平行于风向的椭圆形标准层，建筑迎风面与背风面的压差小，对周边环境影响也比较小，也就是说沿冬季主导风向布置的椭圆形是最佳形式（图 2）。根据建筑面积要求，最终选定长轴为 56 m、短轴为 36 m、面积约 1 600 m^2 的椭圆形作为高层部分的基本标准层平面形式，其长轴方向平行于冬季主导风向。

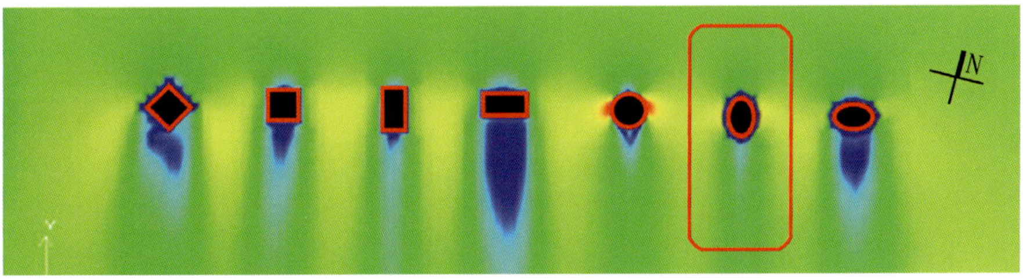

图 2 利用 CFD 模拟筛选合适的建筑标准层平面形式

依据气流分析塑造形体

天津春秋季节气候温和，风环境比较舒适。百米高度以下的高层建筑室内有可能通过适宜的穿堂风来改善空气质量，调节室内温度。建筑室内能否形成舒适的通风取决于室外风速的大小和房间进深的长短。根据风梯度的相关知识可知：地球表面的风速随着高度增加会逐渐递增，也就是常说的梯度风。利用下面的梯度风公式可以求得各层楼板高度上的室外风速。

$v=v_0\times(H/H_0)^{0.25}$

公式中，v 为目标高度的风速值，v_0 为气象资料中的季风风速值，H 为目标高度的高度值，H_0 为气象资料中风速的采集高度，一般为 10 m。梯度风的存在为高层建筑的通风带来两点问题：一方面近地面的室外风速较小，原始的椭圆形平面进深过大，难以实现自然通风。根据通风设计原理，减小建筑进深有利于促进自然通风，因此在高层建筑的低区需要将椭圆形标准层的迎风面向内凹陷，通过减少进深促进室内空气对流。另一方面高空室外风速较大，室内空气对流过于剧烈会影响室内环境品质，需要改变完全利用室外气流实现自然通风的思路，通过设计双层表皮、利用可控中庭等通风方法，避免室外风速过大对室内环境造成不利影响。

平面形式依据风环境变形，其核心问题是明确“室外风速、建筑进深、室内风速”之间的关系。为了获得上述 3 个参数之间的逻辑关系，基于 CFD 模拟技术，我们设计了一组实验研究三者间的关系（图 3）。

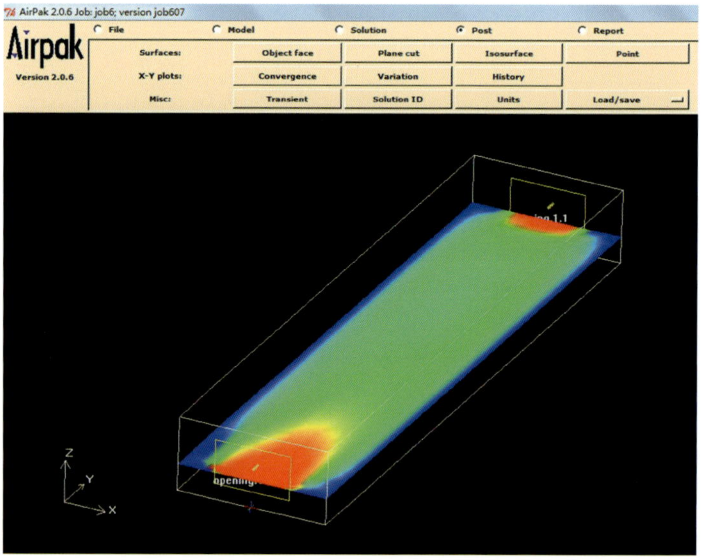

图 3 CFD 实验模型

该项目中建筑进深的可变区间为25～36m，室外风速的变化区间为0.8～2.5m/s。我们虚拟了4个拥有同样面宽和高度的房间，进深分别为25m、28m、32m、35m，室外风速分为4档（0.8m/s、1.5m/s、2.0m/s、2.5m/s）依次吹进4个房间的窗口，记录下每组实验的室内平均风速值（表2）。

表2 不同进深和室外风速状况下的室内平均风速 **单位：（m/s）**

进深	室外风速			
	0.8m/s	1.5m/s	2m/s	2.5m/s
进深25m	0.212	0.397	0.529	0.661
进深28m	0.206	0.386	0.515	0.643
进深32m	0.199	0.374	0.499	0.623
进深35m	0.195	0.366	0.488	0.610

对表2进行数据分析，“室外风速、建筑进深、室内风速”之间的关系可以概括为公式：

$$u=0.316\times v-0.002\,05\times v\times D$$

公式中，D为建筑进深，v为室外风速，u为室内风速。在已知室外风速v的情况下，通过调整建筑的进深D使室内风速u满足舒适标准（根据相关标准文献，设定室内舒适风速为0.25～0.5m/s）。根据公式，以及本项目高层标准层部分的建筑进深变化范围（25～36m），可以推算出：12层及以下楼层进深取值25m时，室内平均风速满足舒适风速区间0.25～0.5m/s；12～17层建筑进深从25～36m逐渐增大，可以保证室内舒适风速；当楼层高于17层，进深取上限36m时，室内平均风速仍大于0.5m/s，所以必须改变思路。本项目高区部分为居住公寓，为了保证合理的比例关系，每个公寓的进深应适度减小，为此在建筑内部加入中庭，以可控的中庭通风取代17层以上建筑空间的完全自然通风，风速曲线与

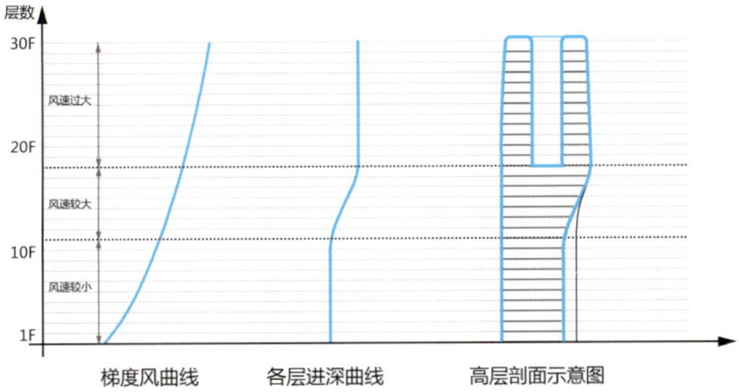

图4 风速曲线与建筑轮廓线的对应关系

各层进深曲线关系如图 4 所示。依据这样的逻辑顺序，利用 GRASSHOPPER 设计软件生成建筑形体的过程如图 5 所示。

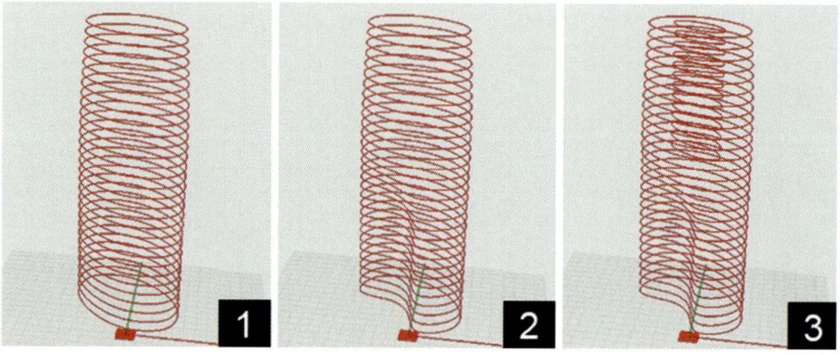

图 5 高层部分建筑形体生成过程

确定屋顶形式

高层建筑的顶部设计，需要解决电梯及其他设备的安置问题，通常也是方案设计的重点之一。在这里，我们尝试通过绿色策略控制生成屋顶形态，同时体现出一定的特色。天津地区太阳能资源丰富，雨水收集则是绿色建筑常用的手法之一，两者之间的关系启发了本项目的设计构思。太阳能设备需要屋顶有合适的坡度才能达到最大的太阳能收集效率，而雨水收集需要足够大的雨水收集面（图 6）。

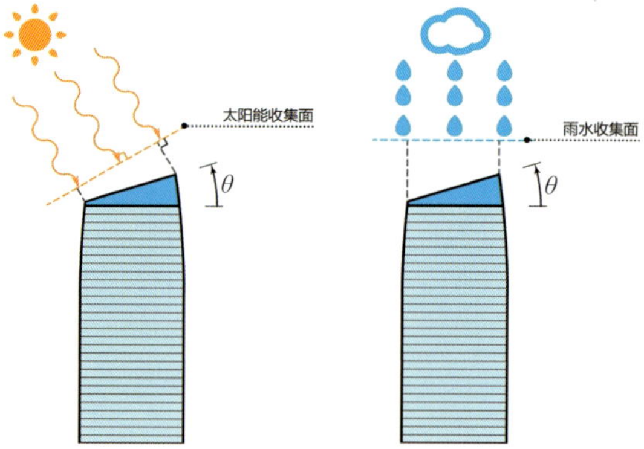

图 6 屋顶太阳能利用与雨水收集示意图

假设将顶层楼板的北向抬起，使屋顶向南倾斜，倾斜角度为 θ，那么安装相应设备后每年收集的太阳能和雨水量可以通过以下两个公式求得。

年发电量 E=0.28× 年阳光辐射量 × 屋顶面积 ×cos（30° −θ）× 转化率

通过公式不难看出，当 θ 由 0° 向 30° 变化时，年发电量 E 不断变大，但年雨水收集量 R 不断减小。最终方案根据运行资金的节省数额来判定。假设水费为 6.7 元 /m³，电费为 0.49 元 /（kW·h），则

资金节约量 = 年发电量 E×0.49+ 年雨水收集量 R×6.7

通过参数化设计软件的运算，当 θ=30° 时，年资金节省量最大。最终的屋顶坡度之所以接近最佳太阳能收集面的角度，是因为天津年降水量较少，水费节省金额远不及电费节省金额。

这套确定屋顶形态的思路和参数，并非屋顶形态生成的唯一途径，由此可以看到设计师在利用参数化逻辑进行绿色设计时的自主性。

建筑表皮设计

高层建筑体量的下半部分为开敞式写字楼，上半部分为公寓。写字楼功能对采光的要求较高，但其进深大，较大的开窗可以弥补其深处光照强度弱的缺陷，还能为其带来开阔的视野。酒店式公寓对采光的要求低于办公，而且进深小，较小的开窗就能满足要求。利用参数化设计工具，将开窗面积与其所在楼层的高度之间建立负相关关系，在外表皮的菱形网架内，通过 GRASSHOPPER 建模，实现不同开窗面积的自然过渡。

最后沿用高层部分的设计逻辑，结合整个场地的风环境分析完成底商部分的设计（图 7）。

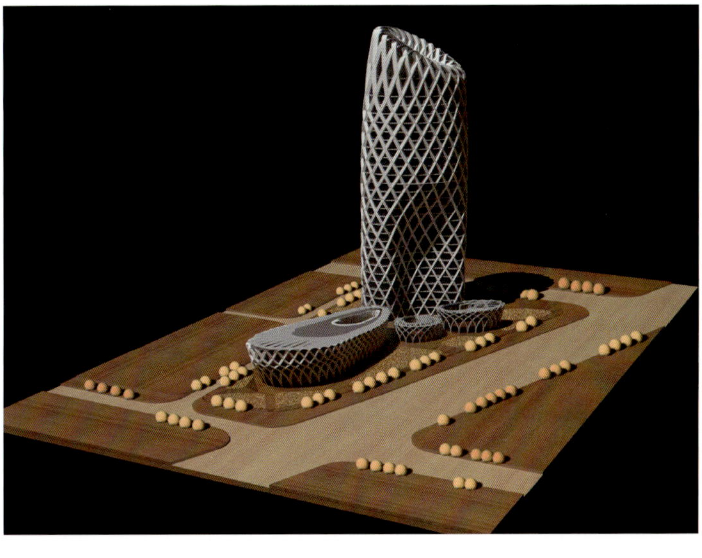

图 7 最终设计方案模型

结论

反观整个设计过程，首先依据绿色设计理念筛选出气流、雨水、太阳辐射、采光等环境要素，根据这些要素在特定气候区的作用原理，通过 CFD 气流模拟软件分析得到合理的平面形式和影响形体控制的数据，接下来凭借参数化逻辑将这些分析数据准确高效地转变为形式塑造的“动力”；最后利用参数化软件工具生成建筑形体与表皮形式。

基于参数化逻辑的绿色建筑设计过程体现出浓厚的科学理性，避免了绿色建筑设计过程中应用性能模拟软件反复模拟优化的过程，针对建筑师设定的绿色目标实现了准确控制和快速生成，助力方案设计中综合考虑多种环境要素，实现绿色创新。

资料来源：

1. 蔡一鸣 . 融合参数化逻辑的绿色建筑设计研究 . 天津大学硕士学位论文，2013.
2. 国家自然科学基金面上项目（51178292）《基于模拟技术的系统化低碳建筑设计方法研究》结题报告 .

案例 8 基于 L+H 的参数化办公综合体设计（2018 年）

在前面的案例中，用于参数化设计的逻辑，如室内外风速与建筑进深的关系、屋顶倾角与太阳能板发电量及雨水收集效率的关系，是设计师推算出来的。如果方案设计过程中需要综合考虑通风、日照、能耗等性能指标的最佳协同，建筑设计专业的现有知识背景肯定是难以实现的，需要更加强大的算法和工具，满足特定性能目标下多项指标协同的寻优过程。近年来出现的 LADYBUG、HONEYBEE 等工具就具备这样的能力。

本研究以 LADYBUG+HONEYBEE（以下简称 L+H）工具与中国节能设计实践整合为重点，从建筑方案设计的视角，针对中国东部寒冷地区的一栋办公综合体方案设计，利用 L+H 工具编制应用于设计流程各环节的参数化节能设计算法，实现以节能为目标的建筑形态自动寻优，同时遵循国内建筑节能设计标准，规范模拟计算中的各项技术参数，实现绿色性能设计的精准性和高效性。

关于 L+H

L+H 高效整合了既有成熟的性能模拟工具内核，可基于同一模型进行能耗、风、光和舒适度等参数的耦合计算，还可借助 GRASSHOPPER（简称 GH）的进化算法，实现了基于特定性能目标的自动寻优，弥补了常规设计方法的技术缺陷，其特点和功能如表 1 所示。

表 1 L+H 的特点及功能列表

名称		功能	特色举例	计算内核	工具类型
LADYBUG + HONEYBEE	LADYBUG	环境系统分析； 生物气候图计算； 2D、3D 可视化	风向、风速、太阳辐射； 太阳轨迹太阳罩； 遮阳及阴影分析； 焓湿图 / 生物气候图	PYTHON	GH 插件； 程序开源
	HONEYBEE	能耗模拟； 日照模拟； 舒适度计算	能耗计算； 热舒适计算； 构件热桥分析； 可再生能源计算； 眩光 / 日照分析	ENERGYPLUS RADIANCE DAYSIM OPENSTUDIO PYTHON	GH 插件； 程序开源

项目背景

项目基地位于东部寒冷地区的一座大学校园内，占地 24 000 m²，总建筑面积 80 000 m²，主要功能为创业基地与产业研发中心，总体建筑高度不超过 60 m。根据交通流线和基本功能要求，该建筑综合体被规划为地上和地下两个部分，地上部分包括底层裙房、孵化器和加速器两座塔楼；地下部分以餐饮、停车和设备间为主。设计条件及各部分建筑面积如表 2 所示。

表 2 项目设计条件及功能空间布局

场地平面图

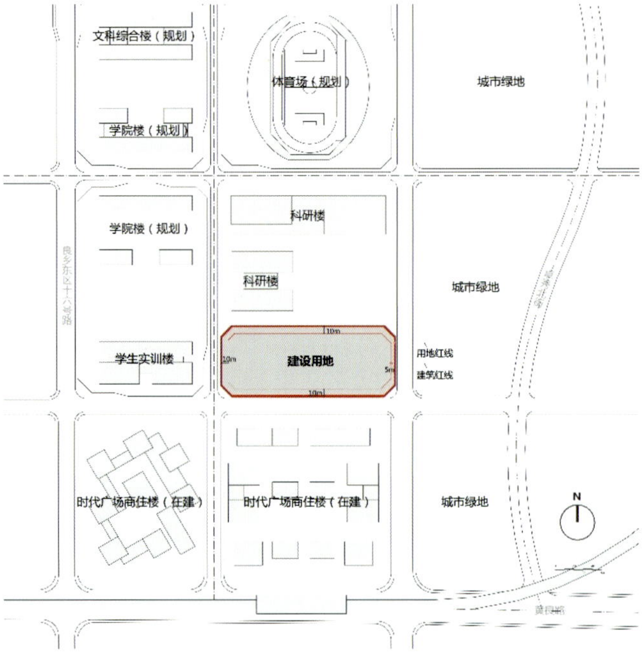

项目名称	
创业基地与产业研发中心	
技术指标	
用地面积（m²）	24 000
场地退线（m）	10（南）
	10（西）
	10（北）
	5（东）
建筑规模（m²）	51 000（地上）
	29 000（地下）
建筑限高（m）	60
建筑功能	
地上部分	创客办公空间（底层裙房）
	孵化器办公空间（独立塔楼）
	加速器办公空间（独立塔楼）
地下部分	餐饮空间
	停车场及设备

设计策略

为了实现建筑节能的总体目标，设计伊始需要分析气候数据，确定合理的被动式设计策略，为总平面、建筑单体和建筑细部环节提供设计思路。将当地气象数据导入 LADYBUG 工具，可实现被动式节能设计策略的量化评级，生成适用于当地气候条件的节能策略排序和各项策略的适用时间范围。如图 1 所示，该项目地处寒冷地区，L+H 工具给出的高效策略组合为“被动太阳得热和自然通风”。其中，被动太阳得热适用的时间范围较广，可提升冬季室内温度，增加天然采光时间，减少冬季采暖和照明能耗；同时利用太阳能发电，增加可再生能源的供给，用以抵消部分能耗需求。自然通风策略在每年 6 至 8 月效果突出，有助于降低写字楼的制冷负荷。

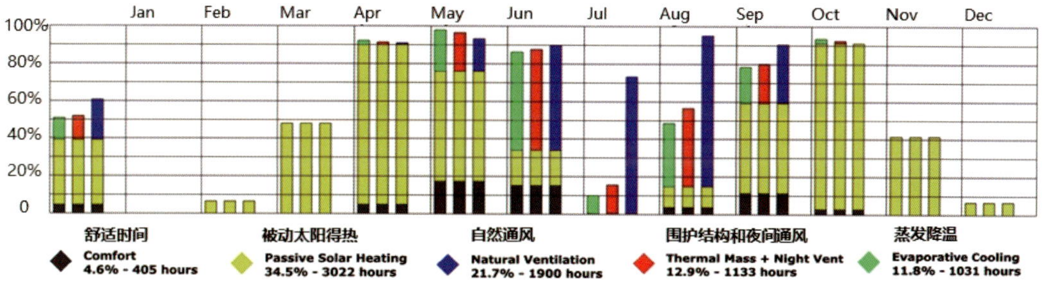

图 1 根据场地区位，由 LADYBUG 分析获得的节能设计策略和量化指标

将以上基于节能目标的策略转化为设计流程中各个环节的形式控制目标，分别为“根据场地太阳辐射分析生成最佳场地布局”“整合自然采光和通风生成满足节能目标的建筑单体形态”“光伏板产能最大化的屋面形态生成”。这 3 项主导目标对应建筑方案设计流程中总体布局、单体设计、细部控制等 3 个环节。当然，这里基于节能策略提出的控制目标并不是唯一的，不同的建筑师可以根据设计诉求设定各阶段不同的主导策略和形式控制目标，显示出绿色建筑设计的自主性和独特性。

形体生成

常规方法借助物理环境模拟软件，在方案设计阶段通过能耗计算发现问题、改进方案，如此往复，找到更加节能的方案。但是，一方面该过程涉及诸多形态变量，如平面形状、窗墙比、中庭形态、天窗形状等，这些变量组合可形成千差万别的结果，导致工作量呈现指数级增长，况且反复的模拟修正会耗费大量的时间和人力。另一方面，这种“模拟—优化”的循环方式无法实现对优化结果的穷举，存在只有更好、不能最好的情况，难以在较短时间内基于节能目标得到最佳方案。另外，天然采光、通风和能耗模拟工具所需要的计算模型各不相同，不能直接兼容设计模型，因此大量时间用于重复建模和模拟，方案设计效率降低，而且影响方案设计的连续性和创作热情。

通过L+H工具，可设定控制逻辑让计算机自动完成复杂的计算和寻优过程，在较短时间内得到节能目标下的最优结果：将各设计环节的形式控制目标转化为控制形态的参数化模型，通过变量组合形成多样的建筑形态，建筑形态与性能指标之间具有精准的量化对应关系；L+H 工具可基于同一参数化模型，将自然采光、通风、太阳产能和能耗模拟等进行耦合计算，提升模拟优化的效率和精度。根据中国节能设计规范要求设置计算参数，以 GRASSHOPPER 的进化算法模块为求解方式，可实现基于中国节能目标的建筑形式自动寻优，将建筑方案设计过程从烦冗的模拟工作中解放出来，使建筑师专注于设计方案的内在逻辑，专注于以节能为目标的形式创新，如图 2 所示。

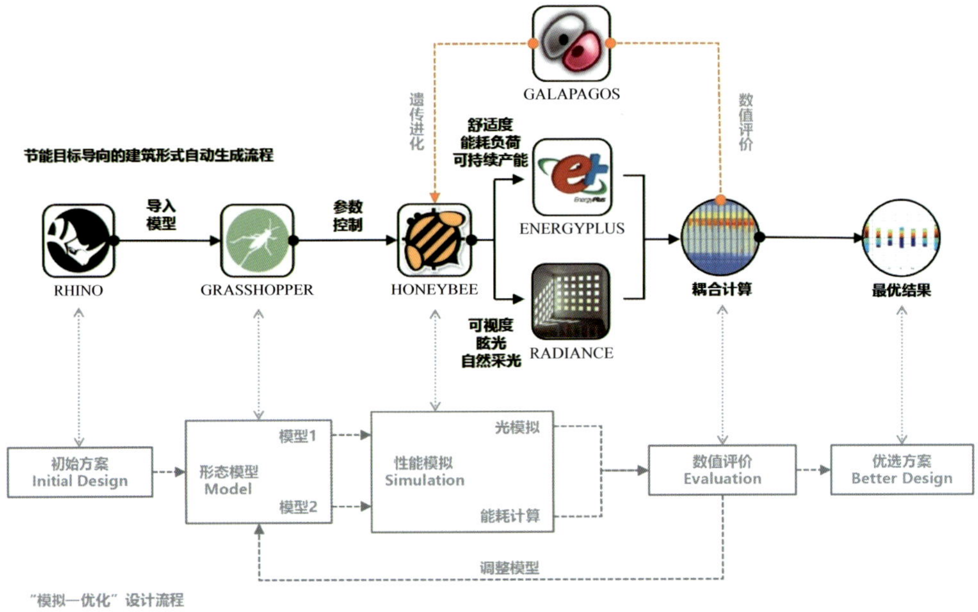

图 2 节能目标导向的建筑形式自动生成流程与常规“模拟—优化”设计流程的对比

这一形式生成过程遵从中国《公共建筑节能设计标准实施指南》（GB 50189-2015）中对寒冷地区建筑节能的规定，从围护结构热工参数、供暖空调设置温度、照明功率密度、电器设备功率密度及各类时间表中，选取办公建筑的控制参数进行设置；由于本研究重点在于探讨方案阶段建筑形态的节能效果，故不深究围护结构的材料和构造做法，仅取传热系数的临界值，如表 3 所示。

表 3 计算参数设置

热工参数		**运行时间表**	
围护结构	传热系数（W/（m^2·K））	供暖空调室内温度	办公建筑
屋面	0.45	照明开关时间表	办公建筑
外墙	0.50	房间人员逐时在室率	办公建筑
楼板	0.50	**负荷计算参数**	
外窗	2.0	照明功率密度（W/m^2）	9.0
底面接触室外的楼板	0.50	人均建筑面积（m^2/人）	10
地下室外墙	0.60	人均新风量（m^3/（h·人））	30

针对该案例，在总平面设计阶段，建筑布局需要考虑基地西、南两侧建筑的遮挡，编写算法筛选场地太阳辐射最优的区域，形成总体布局；根据地下一层庭院、地面一层和塔楼起始层的标高，生成 3 个不同标高面上的可建边界，在这些边界内的建筑主体可有效规避周边建筑的不利影响，得到更多的全年太阳辐射，减少空调和照明能耗。在建筑单体设计阶段，以全年总能耗最小为目标，考虑太阳辐射得热和自然通风对能耗的影响，分别对两座塔楼的体量形态和开窗方式进行优化，对裙房的中庭形态、天窗及墙面开窗进行优化，编写相应的程序算法，自动生成能耗最低的塔楼和裙房形态。在建筑细部设计阶段，以优化屋面形态实现全年最高太阳能光电板产能值为设计目标，以倾斜角、方位角、排列高度和间距为控制参数，建立屋面太阳能板排列参数化模型，生成屋面太阳能板排布方案集合，最终生成具有最高太阳能产能量的屋面形态方案，如表 4 所示。

上述基于节能目标的寻优算法自动生成的最优方案，未必是最可行的方案。因为，建筑设计本就是综合决策的过程，除了控制能耗的量化评判，还有功能、结构可行性和审美标准的判断。因此，通过 L+H 工具编写程序记录整个寻优过程，自动生成关联所有方案参数变化、建筑形态和性能表现的数据库文件，并形成可视化的设计管理界面，如图 3 所示。建筑师通过界面直观地筛选出能耗较低的方案，再通过权衡性能、功能和结构等方面的合理性，确定最终选用的方案。

表 4 节能目标导向的建筑形式生成

设计阶段	总平面设计	建筑单体设计	建筑细部设计
生成形态	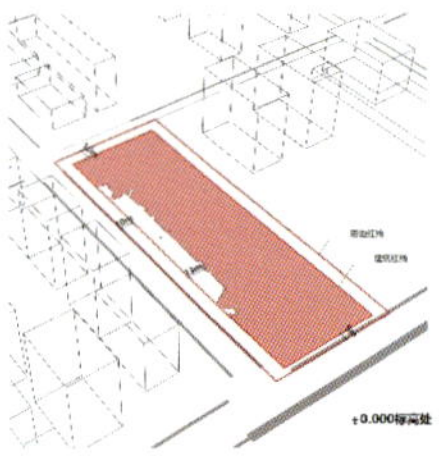	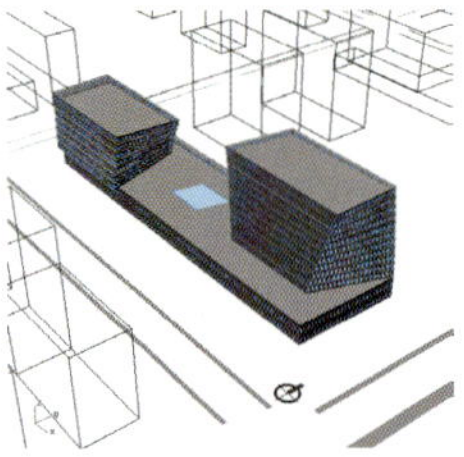	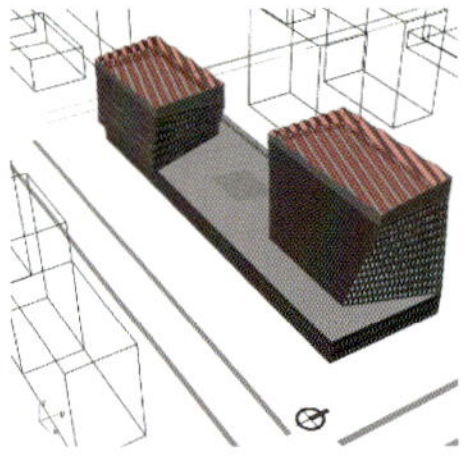
形态名称	可建边界	单体形态	屋面形态
参数变量	气象数据； 基地边界； 标高； 周边环境	变形系数与形体偏移系数； 窗墙比； 建筑间距与朝向； 遮阳位置与角度	屋面高度控制； 太阳能板最佳入射角度； 太阳能板间距
性能目标	年太阳辐射累计值最大	年总能耗值最低	年太阳能产能值最高

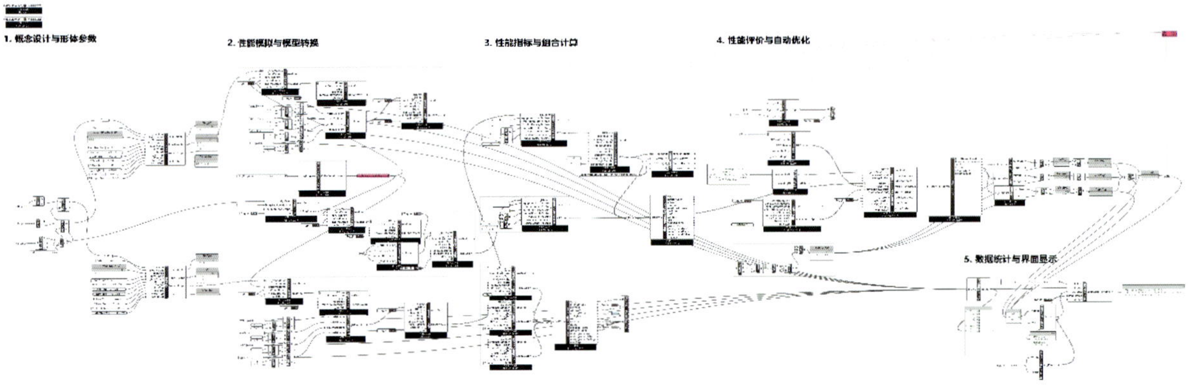

图 3 编写程序完善算法，记录寻优过程

比如在建筑单体寻优过程中，能耗最低的形态方案因平面奇异和结构出挑过多，并不是理想方案，需要在性能较优的方案中进一步筛选。如图 4 所示，自动生成的低能耗方案集合中，部分方案的西侧塔楼形态较为特异，扭转悬挑较大，结构施工难度大，而部分方案在结构方面虽然可行，但其平面形态呈现平行四边形或者类似的梯形形态，存在无法利用的锐角空间，降低了空间利用效率，导致空间浪费；设计解集数据库显示最终选中的形态方案虽然不是能耗最低的，但其在较低能耗的基础上，同时满足了结构可行性、功能合理性和审美目标。

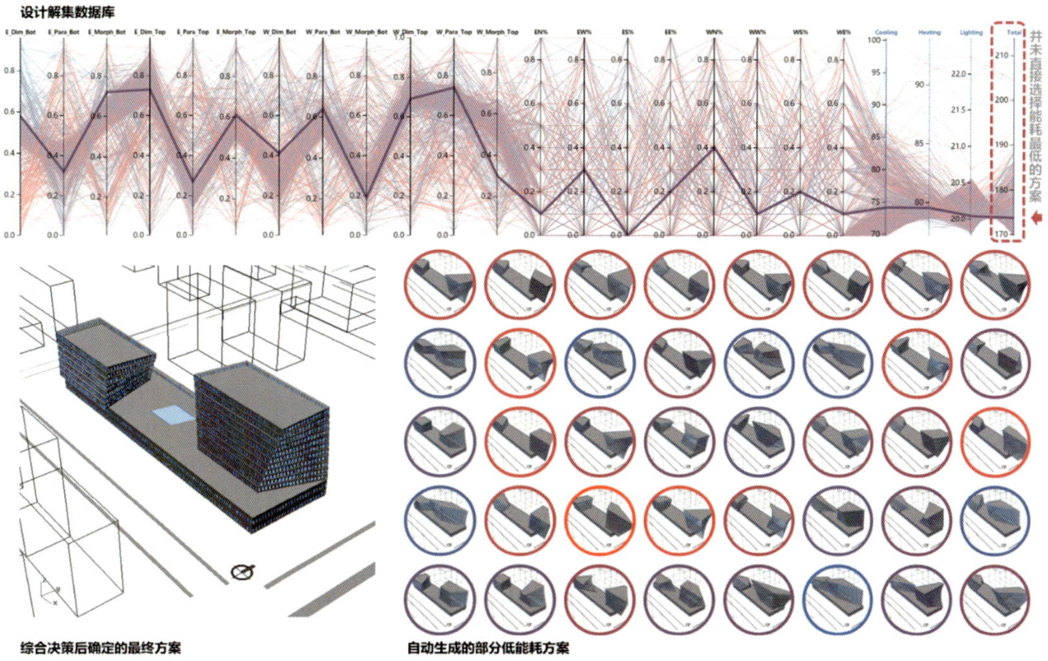

图 4 以低能耗为目标的综合性设计决策

最后，根据《公共建筑节能设计标准实施指南》（GB 50189—2015）对寒冷地区建筑节能的规定，建立一组满足各项节能指标的参照模型（表 5），用于方案阶段建筑形式能耗对比。相对于满足节能要求的参照模型，本研究提出的参数化节能设计方法可将该办公综合体的总体能耗降低 15%，其主要来自塔楼及裙房的形态有效利用了自然通风、太阳得热、建筑遮阳设计、太阳能光电板产能等。

该方法以较短的寻优计算时间，自动完成大量复杂的性能计算与评价，得到特定设计逻辑下的最优结果。其中，每次自动寻优计算需经过至少 50 代（共计 2 600 次）运算，得以收敛结果。每个算例涉及的因变量从 6 个到 20 个不等，对于普通双核电脑而言，单次性能计算时间可控制在 1 分钟左右，在保证寻优质量的前提下，可以极大地缩短计算反馈周期，提升设计效率。

表 5 参照模型及其参数设置

<table>
<tr><td colspan="2">热工参数</td><td colspan="4">参照建筑</td></tr>
<tr><td>围护结构</td><td>传热系数（W/（m^2·K））</td><td colspan="4" rowspan="12">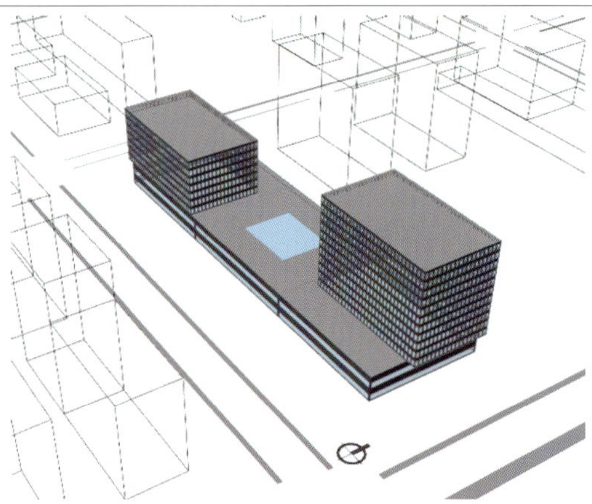</td></tr>
<tr><td>屋面</td><td>0.45</td></tr>
<tr><td>外墙</td><td>0.50</td></tr>
<tr><td>楼板</td><td>0.50</td></tr>
<tr><td>外窗</td><td>2.0</td></tr>
<tr><td colspan="2">运行时间表</td></tr>
<tr><td>供暖空调室内温度</td><td>办公楼</td></tr>
<tr><td>照明开关时间表</td><td>办公楼</td></tr>
<tr><td>房间人员逐时在室率</td><td>办公楼</td></tr>
<tr><td colspan="2">负荷计算参数</td></tr>
<tr><td>照明功率密度（W/m^2）</td><td>9.0</td></tr>
<tr><td>人均建筑面积（m^2/人）</td><td>10</td></tr>
<tr><td>人均建筑面积（m^2/人）</td><td>10</td><td>建筑面积</td><td colspan="3">57 000 m^2（地上），23 000 m^2（地下）</td></tr>
<tr><td>人均新风量（m^3/（h·人））</td><td>30</td><td>塔楼</td><td>37 800 m^2</td><td>裙房</td><td>19 200 m^2</td></tr>
</table>

结语

L+H 的功能特性可较好地满足“目标导向”的绿色建筑设计需求，通过策略制定、自动寻优、综合决策这一参数化设计流程，实现“目标导向的建筑形式生成”。L+H 的图示算法简化了烦冗的模拟计算流程，遗传优化算法将寻优过程自动化。算法程序中电池图的连接在实现数据传输的同时，将原本抽象的设计过程以具象的方式呈现出来，有利于设计方法的推广应用。

在此设计过程中，建筑师的主观能动性仍然起到重要的引导和控制作用，也因此成为建筑美学创新的有效途径。在本项目的参数化节能设计过程中，计算机仅仅取代了重复、繁重且精细度较高的计算分析工作；而设计问题的提取、分析与策略的制定、方案逻辑的展开与算法的编写，都需要建筑师的思考与抉择。由于建筑师在思维模式、形式审美、逻辑建构、性能目标等方面的差异，必定形成不同的解决方案，因而成为促进绿色建筑美学创新的源泉。

资料来源：

1. 毕晓健，刘丛红．未来设计：基于 Ladybug+Honeybee 的参数化性能设计方法 [J]. 建筑师，2018(01)：131-136.

2. 毕晓健．目标导向的参数化建筑节能设计方法研究——以寒冷地区为例．天津大学博士学位论文，2019.

3. 国家重点研发计划项目（2016YFC0700200）《目标和效果导向的绿色建筑设计新方法及工具》研究报告．

■ 案例 9　东营儿童乐园建筑方案概念设计（2010 年）

在建筑设计的思维模式中，绿色不仅意味着实现“节能、节地、节水、节材、环境保护”的目标，而且绿色理念能够拓展设计思路，基于绿色性能的定性分析提出设计构想能够助力建筑创新，性能模拟工具可为形体生成提供理性量化的依据。进一步推而广之，绿色不仅涉及技术层面，还关系到文化的可持续性，将体现绿色理念的建筑空间与地域文化表达有机整合，东营儿童乐园建筑方案设计就是因循着这样的思维展开的。

项目概况

东营儿童乐园项目位于山东省东营市东城区南部。东营因胜利油田和黄河入海口而闻名，石油文化和黄河文化在当地占据重要地位，项目基地位于新城文化核心区域，包括图书馆、科技馆、青少年活动中心等 3 座大型公建和 1 座小型会堂、1 个大型综合儿童游乐场及停车场、绿化景观等配套设施。

场地位于两条城市主干道交叉口的东南侧，紧邻奥体中心、黄河展览馆、大剧院等大型公共建筑。基地原为油田开采场地，内有 4 个废弃的石油开采口，一条规划道路南北向贯穿基地，规划用地面积 24.66 ha（图 1）。

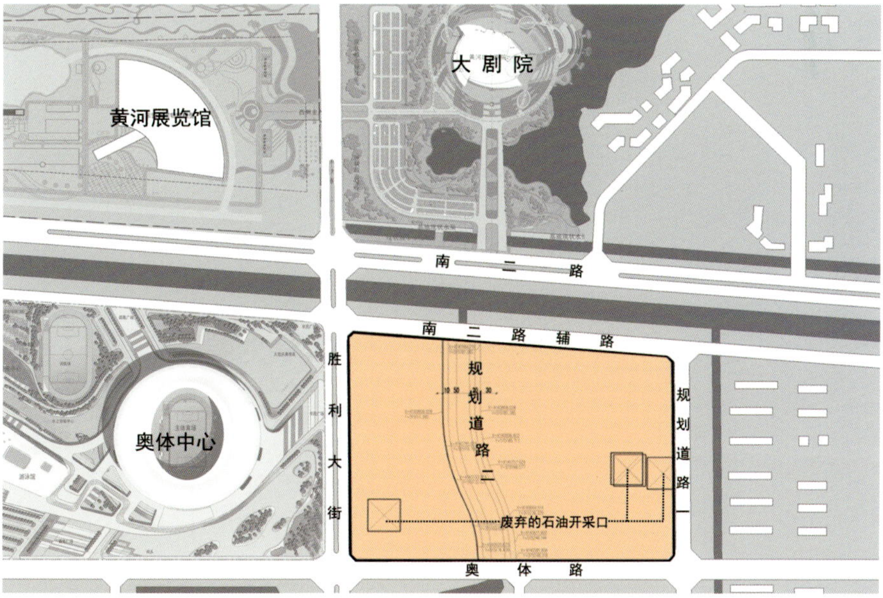

图 1　基地区位图

绿色设计策略与形体生成

方案设计初期通过交通和人流分析确定了场地基本布局，4 座公共建筑集中布置在场地西侧，儿童游乐场在场地东侧。根据东营的地理位置和气象参数，通过 WEATHER TOOL 分析获得有效的主、被动措施（图 2），气候响应结合地理文化、地域产业特色，确定了以下绿色策略，并通过整合设计落实在建筑形体生成的过程中。

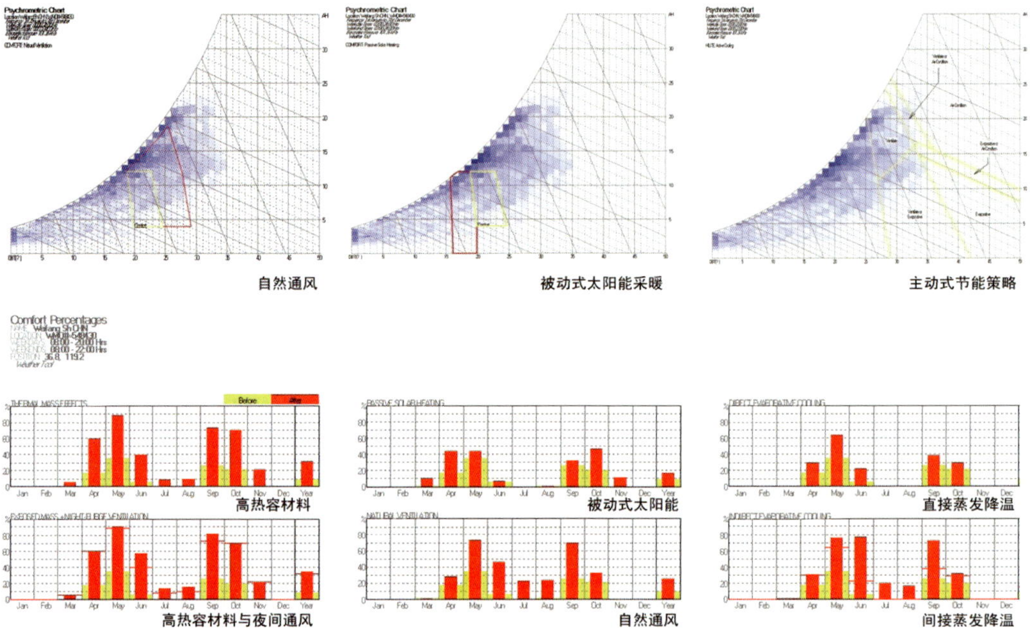

图 2 通过 WEATHER TOOL 分析获得有效的主、被动措施

夏季遮阳与冬季日照

东营地处沿海，属于温带大陆性季风气候，夏季炎热、冬季干冷，建筑单体设计需要兼顾夏季遮阳和冬季日照，因此我们对建筑体量的南、北两侧根据夏季和冬季的阳光入射角进行切削，实现建筑南面夏季自遮阳、建筑北面尽量争取冬季日照的效果（图 3 上）。

太阳能利用

该项目中的 3 个单体都是大型公建，其主要能耗为日常运行中的采暖制冷能耗和照明能耗。项目所在区域太阳能资源丰富，能为建筑日常运行提供大量可再生能源，从而降低建筑能耗水平。为了高效利用太阳能，根据当地太阳能板最优安装角度切削建筑形体，使太阳能构件与建筑形体整合，成为建筑塑形的重要依据（图3下）。

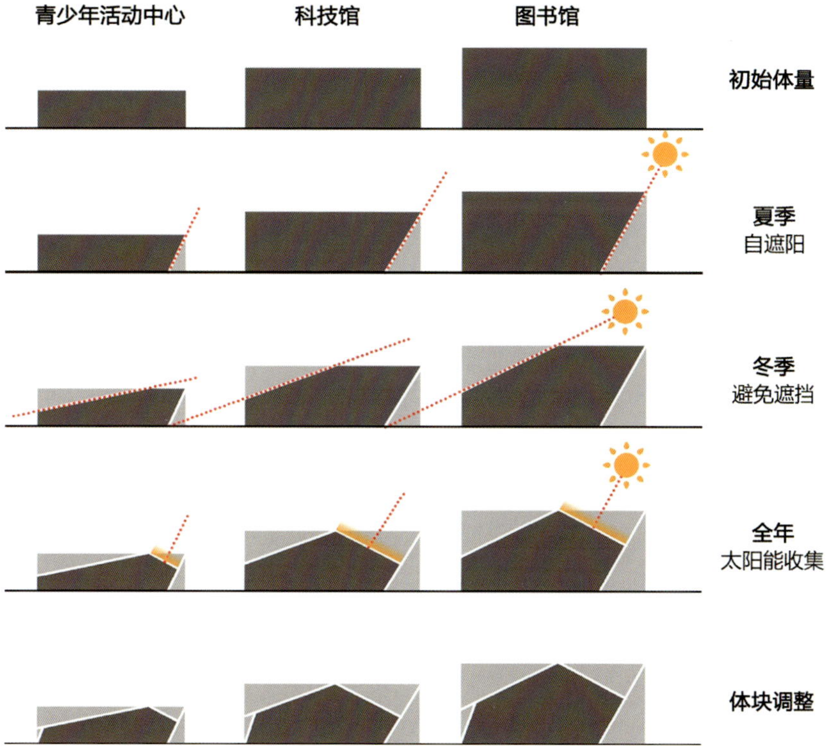

图3 建筑南北剖面生成

室内气流控制

东营背陆面海四季分明，夏季炎热高湿、冬季风强干冷，良好的气流组织有利于提升室内感受，减少制冷和采暖能耗，为此在每个建筑内部结合功能布局嵌入中庭，中庭顶部可部分开启。根据AIRPAK软件模拟调整中庭形态和建筑细部，使室内获得更加舒适的体验，减少使用空调送风和制冷时间，降低建筑整体的运行能耗（图4）。

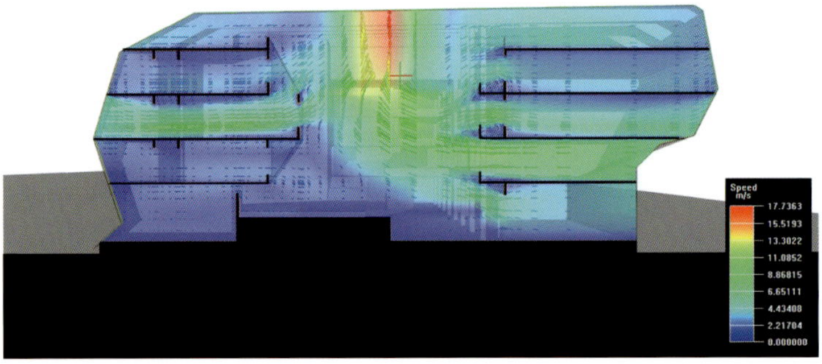

图 4 图书馆内部 CFD 模拟

可持续的地域文化

东营被誉为黄河水城，黄河在此入海。为了体现城市地理位置的特色，劲流冲刷礁石的形态被凝固为场地建筑意向，除了应对气候、利用太阳能等以一定角度切削建筑体量，人流与视线也参与到形体塑造中来（图 5），整体构图形如湍流中的巨石，体现黄河入海流的意向（图 6、图 7）。

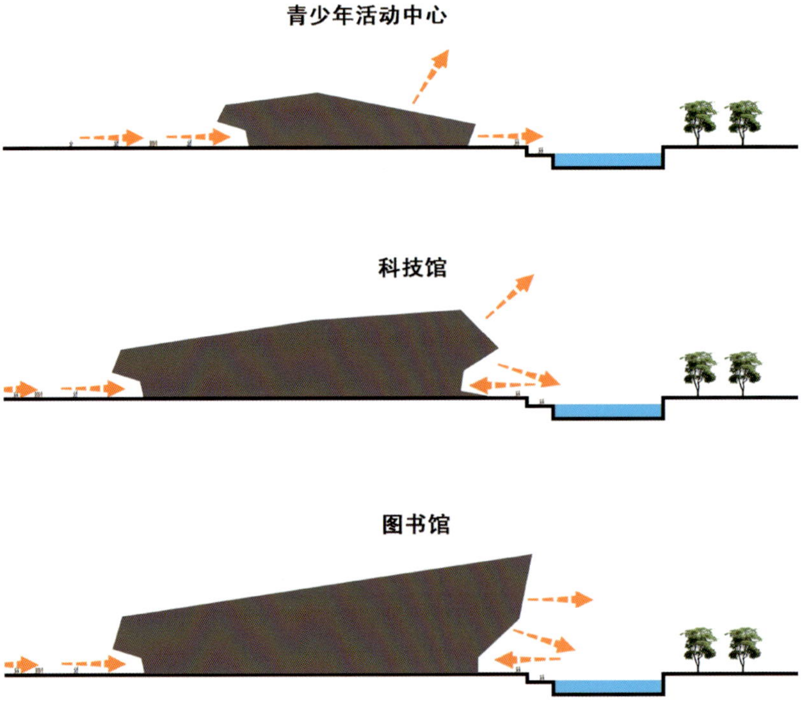

图 5 兼顾视野的东西剖面生成

图 6 设计方案效果图

图 7 总体鸟瞰

东营的另一个地域文化源于石油开采，石油创造了东营的繁荣，支撑起了东营人的自豪感，油井和采油机就是石油文化的烙印。因此我们刻意保留了场地上原有的四口废弃油井和采油用的磕头机，回应场所记忆，成为特色景观。

结语

在此概念性方案设计过程中，构思始于绿色性能与文化可持续性的整合，兼顾气候环境要素与地域文化表达，将面积、间距、朝向、流线等常规的建筑体量生成要素同黄河入海口的意向、历史遗存等文化可持续要素与环境性能要素，如太阳板安装角度、夏季自遮阳角度、室内气流组织模式等相结合，生成具有内在逻辑性和外在表现力的新形式（图 8）。

图 8 设计方案整体模型

作为一项概念性设计，对于绿色性能的追求是最初的设计切入点，依托性能模拟工具对建筑体量进行切削，同时兼顾设计中的地域性和文化精神。本方案较好地诠释了绿色策略与其他设计策略、设计边界条件整合，从而形成设计方案的过程。笔者认为，基于绿色性能和模拟优化实现绿色创新的概念性设计，即使建成环境未能完全达成理想的性能目标，其价值仍然高于单纯追求视觉表现力的设计方法。

资料来源：

1. 本工作室设计文本 . 东营市儿童乐园规划与建筑设计方案 . 2010.
2. 蔡一鸣，刘丛红，高源 . 基于可持续理念的建筑形体生成——以东营儿童乐园建筑方案设计为例 . 建筑与文化 [J]，2014（06）：32-35.
3. 国家自然科学基金面上项目（51178292）《基于模拟技术的系统化低碳建筑设计方法研究》结题报告 .

案例 10　寿光世纪学校体育馆设计（2016 年）

体育馆作为一类大空间建筑一般能耗较高，对功能流线及室内外环境舒适性的要求也比较严格。近年来，我国不断推进全民健康与全民健身的融合发展，随着居民消费水平的提高，对高品质社区体育馆的需求越来越大。不同于以举办重要赛事为主的体育场馆，社区体育馆一般全天运行，容纳的体育项目多，运动场地或健身房往往需要满足多种运动的要求，还要兼顾平时训练、小型比赛、演出活动等多项功能。社区体育馆一般投资有限，自主经营，对经济性要求高，因此尽量利用自然通风和天然采光降低运营成本、保证室内空气质量是设计的重点之一。在山东寿光世纪学校游泳体育综合场馆设计中，我们对社区体育馆的绿色设计方法进行了探索。

项目背景

项目基地位于寒冷气候区，属暖温带季风区大陆性气候，气候特点为“春季干旱少雨，夏季炎热多雨，秋季凉爽干燥，冬季干冷少雪”。新建体育馆位于一所九年制双语学校内，比邻已有的圆形体育馆。由于圆形体育馆以篮球、排球项目为主，设有固定观众席，能够承办一般赛事，所以新建体育馆的功能定位是游泳馆为主，兼具羽毛球、健身等多种运动类型的综合性体育馆。新建体育馆平日供在校师生运动和教学使用，课余及假期对社会开放，为周边居民提供运动健身场所。建设场地位于校园东部，紧邻城市道路，占地面积 6 000 m^2，东西向宽度为 44～75 m（可建设范围 38～63 m），南北向宽度为 83～105 m（可建设范围 77～99 m），用地比较紧张（图 1）。

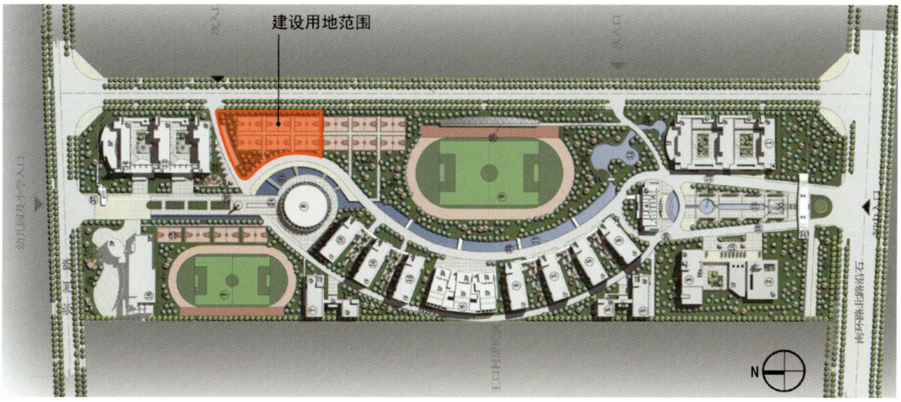

图 1　项目基地（位于校园内邻近校园次要入口的位置，校园周边为居住区）

体量生成

该项目功能要求明确，需要设计包含 10 条泳道的标准泳池（25 m × 50 m）、两块标准排球场地（15 m × 24 m）、羽毛球场地（9 m × 16 m）若干。由于用地比较紧张，建筑布局方式几乎是唯一的（图 2）。

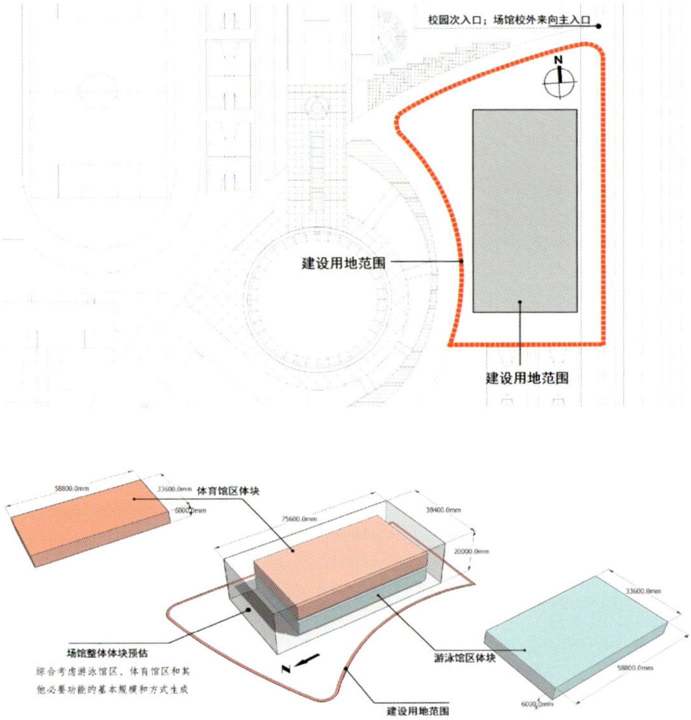

图 2 体育馆在场地中的位置，游泳馆与体育馆上下布置

在基本形体确定之后，我们对新体育馆介入场地后的风环境状况进行了模拟，为进一步深化方案提供方向和依据，表 1 为新体育馆基本体量落位后室外风环境模拟。从模拟图中可知，目前的朝向和布局造成建筑周边风速高于室外平均风速，冬季尤其要注意东南角和西北角处风速突变带来的不舒适感；夏季建筑各表面风压差较大，有利于充分利用风压差实现自然通风。另外，建筑的长边朝向为东西向，南侧立面较短，在后续设计中应当考虑光环境设计，采取措施减少东西向的直射阳光（尤其是西晒问题）对室内的影响，同时最大限度地利用南立面，在合理遮阳的前提下充分利用天然采光。自然通风和天然采光对于建筑节能、降低运行成本、保证室内空气质量、提高舒适度都有着重要作用。

表 1 新体育馆基本体量确定后室外气流模拟

风环境分析	夏季	冬季
1.5 m 高度室外风速	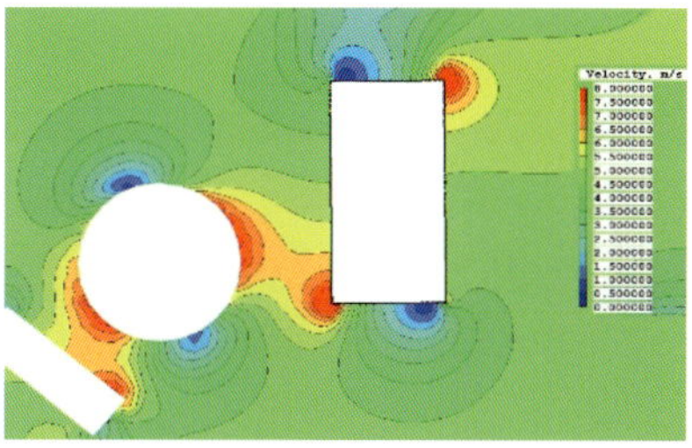	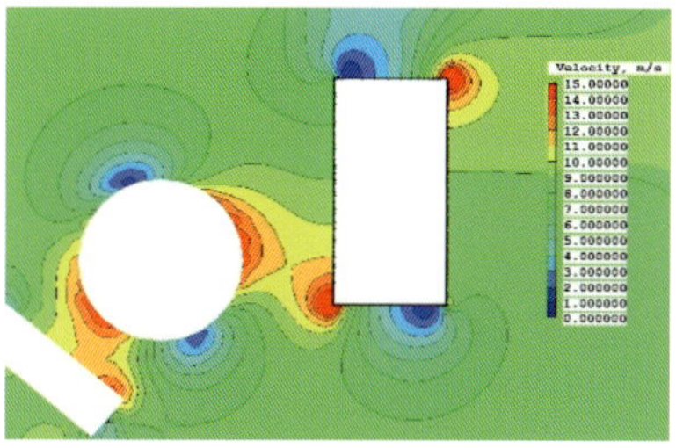
西南、东北侧风速图	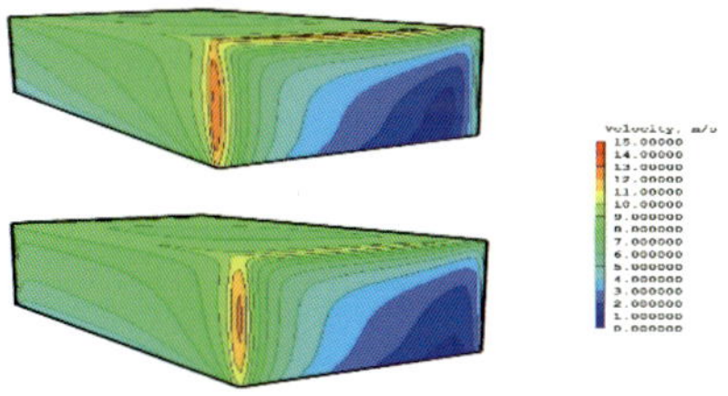	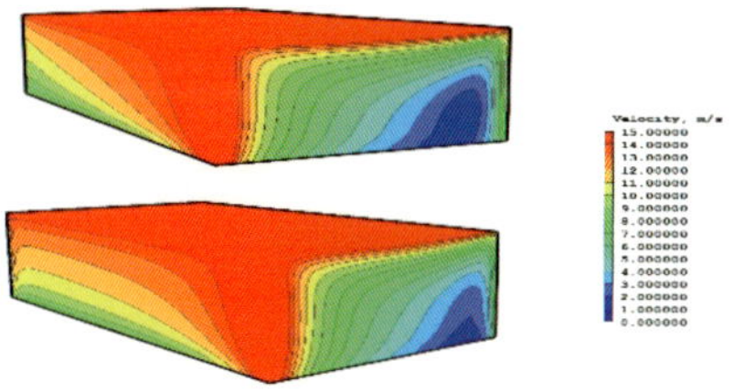
西南侧、东北侧风压图	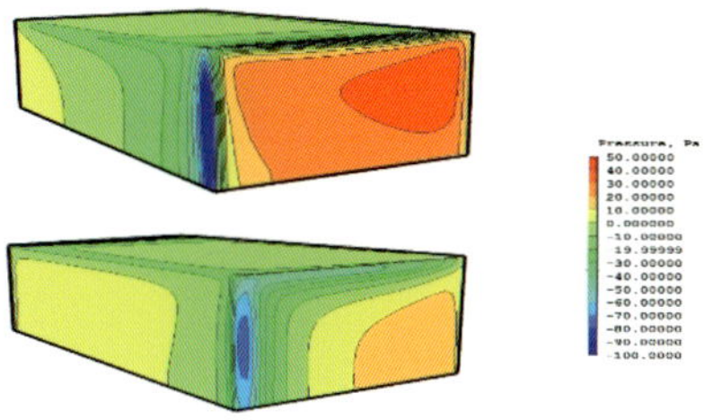	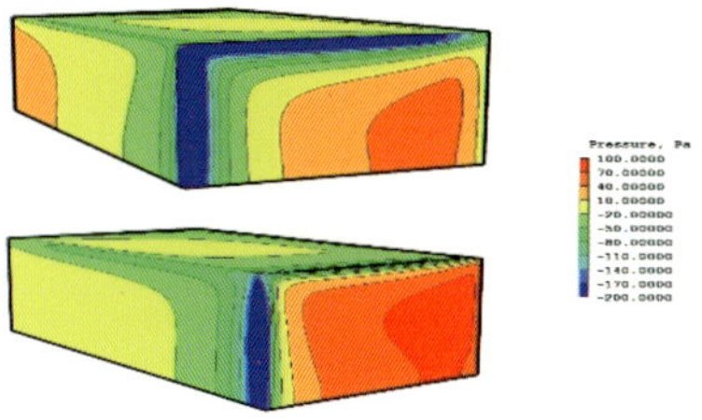

设计深化

在确定了主要功能空间的布局和相对位置关系后，根据地形特点，布置其他健身空间、辅助服务空间、交通空间的位置。由于体育馆北面邻近校园次要出口，为了便于服务学校和周边社区，将体育馆入口设在西北角。各部分功能空间布局如图 3 所示。同时为了减少体育馆建筑体量对校园周边环境的影响，场馆采用半下沉式设计，整体下降 4.5 m，改善了体育馆北面场地的日照状况。

针对深化设计后的体育馆建筑进行风环境和室内光环境模拟（表 2），可以发现：建筑西北角入口处冬季风速过大，对出入人群有不利影响；夏季建筑表面，尤其是顺风向的风压差过低，不利于室内通风；同时，由于场地限制，为了避免东西向日照，墙面只能尽量少开窗导致体育馆层天然采光不佳；游泳馆层本身下沉 4.5 m，采光更差；整座建筑仅南侧区域采光条件相对较好，但是又远离主要运动场地中心。因此需要对建筑形体进一步调整优化，过程如图 4 所示。

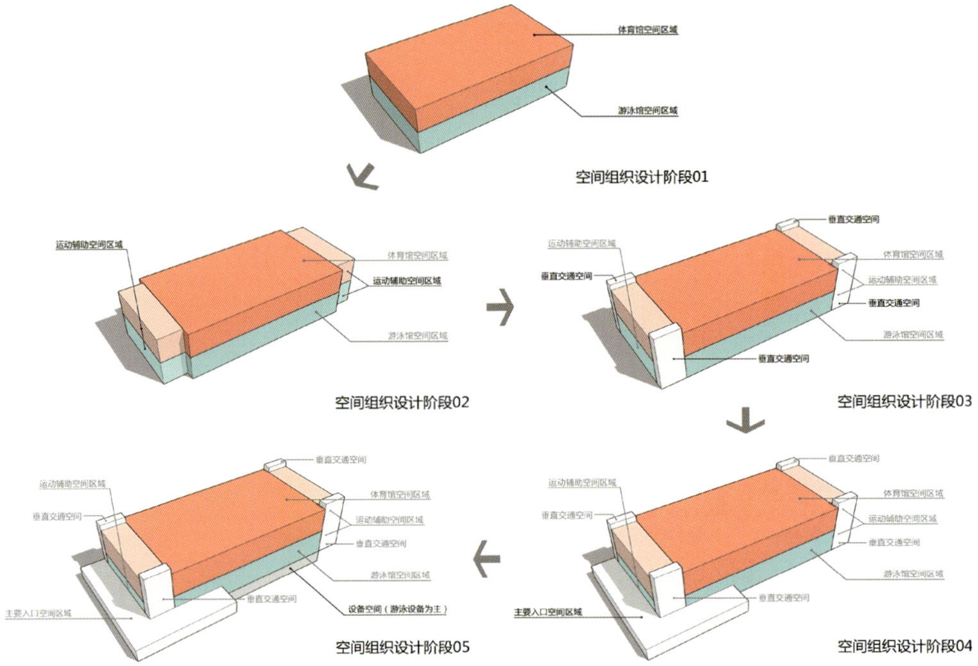

图 3 体育馆交通及各类功能空间布局

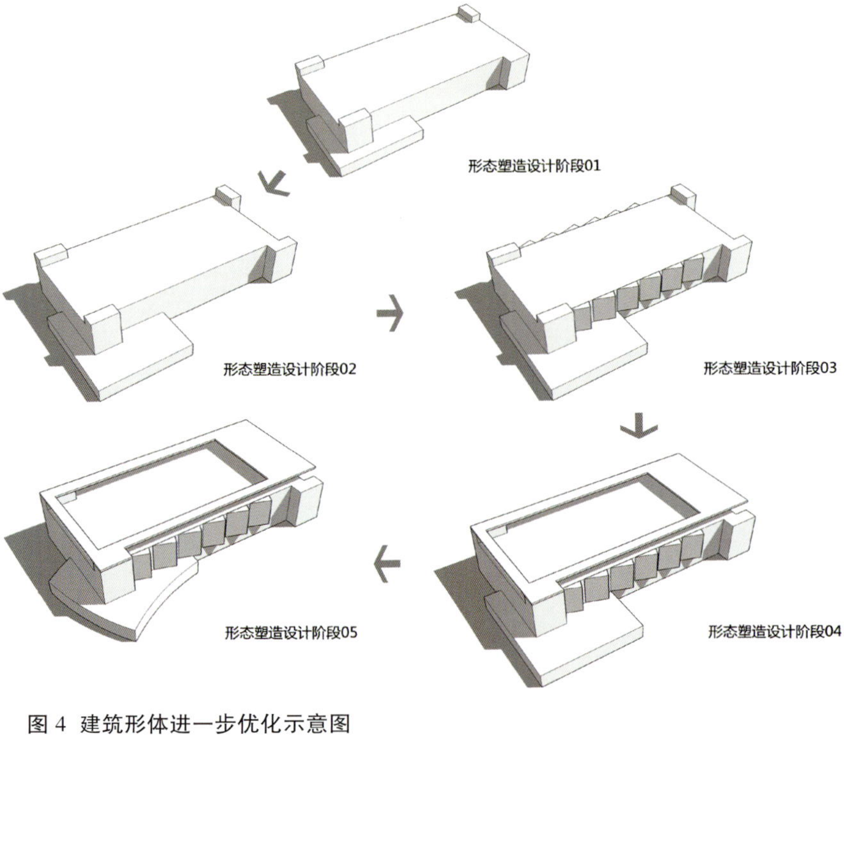

图 4 建筑形体进一步优化示意图

表 2 深化设计后的室外风环境模拟和室内天然采光模拟

风环境模拟图		
风环境分析	夏季风环境模拟图	冬季风环境模拟图
室外风速图	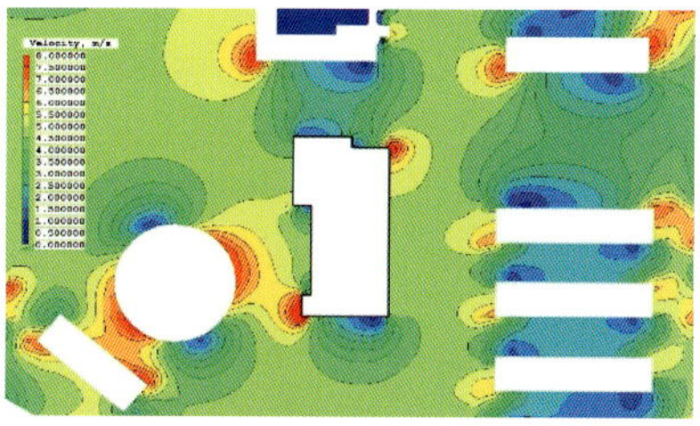	
表面风速图	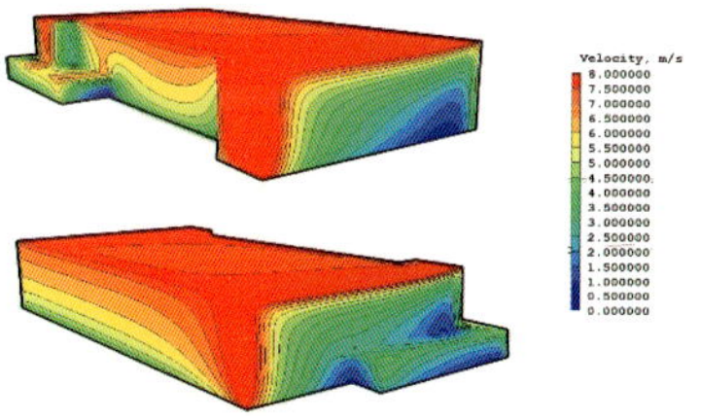	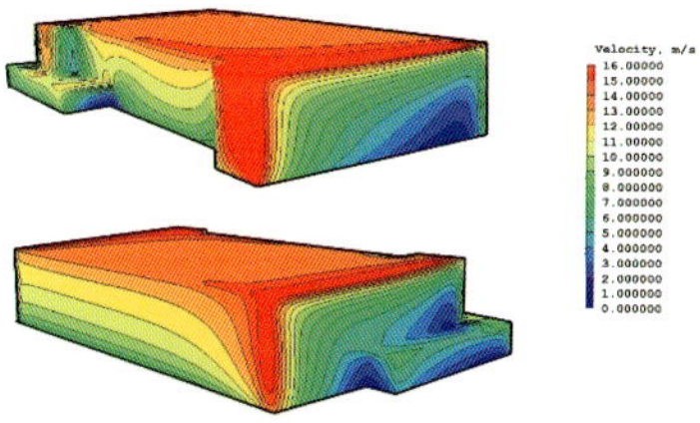
表面风压图	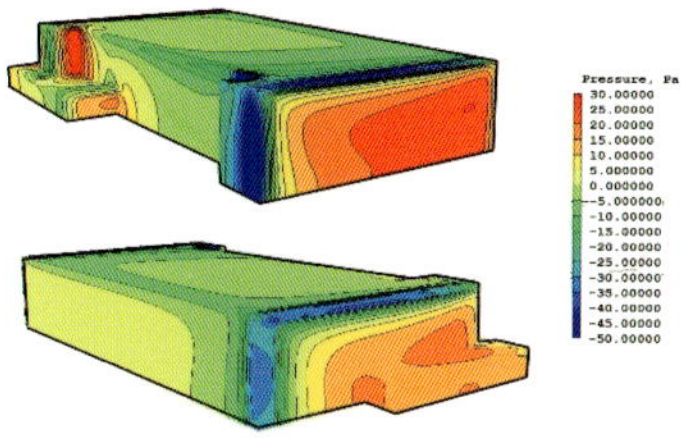	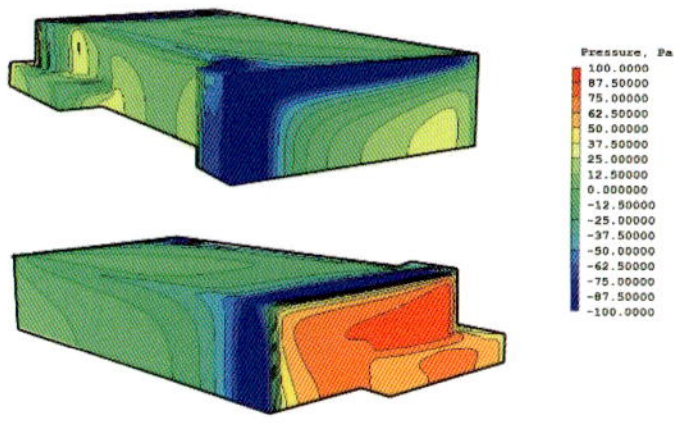

光环境模拟图	
全年自然采光百分比（距体育馆区 1.2 m 高度处）	全年自然采光百分比（距体育馆区 4.2 m 高度处）
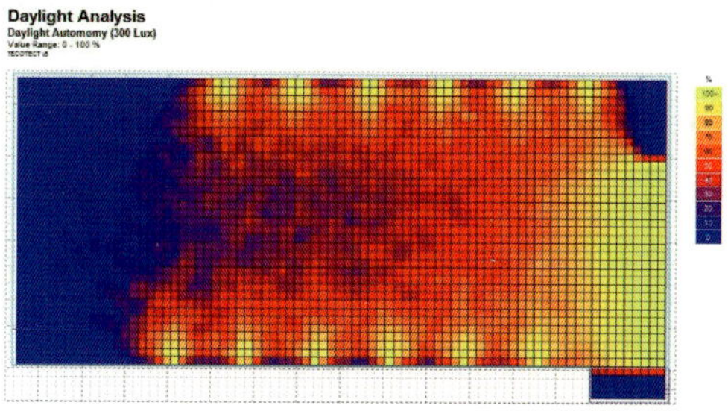	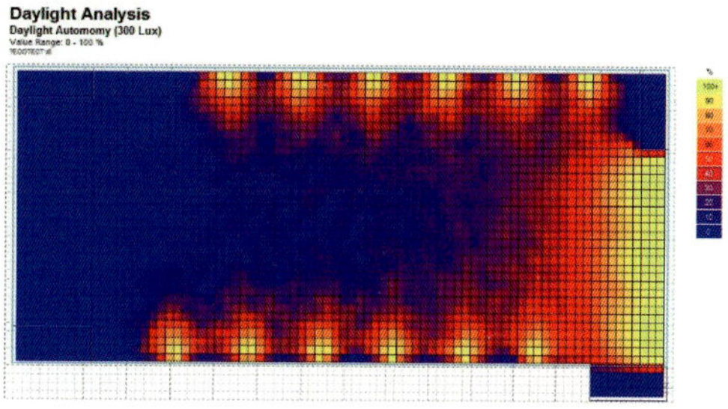

依据模拟分析进行的优化过程是：南侧立面 4.5 m 以上部分内凹，增加场馆中心区的天然光照度，同时加大南立面夏季风压；建筑东、西立面设计三角形凸窗，一定程度上改变了不利的开窗朝向，引进更多天然采光，同时为下层游泳馆提供遮阳；顶部增加架空层，形成双层屋面，减少屋顶受到的太阳辐射，加

大风速带走屋面积聚的热量。调整入口门厅形态与弧形道路呼应，同时改善附近风环境的复杂状况，减弱冬季风的不利影响。形体优化后的室外风环境和室内光环境模拟如表 3 所示。

表 3　形体优化后的室外风环境模拟和室内天然采光模拟

风环境模拟图		
风环境分析	夏季风环境模拟图	冬季风环境模拟图
室外风速图	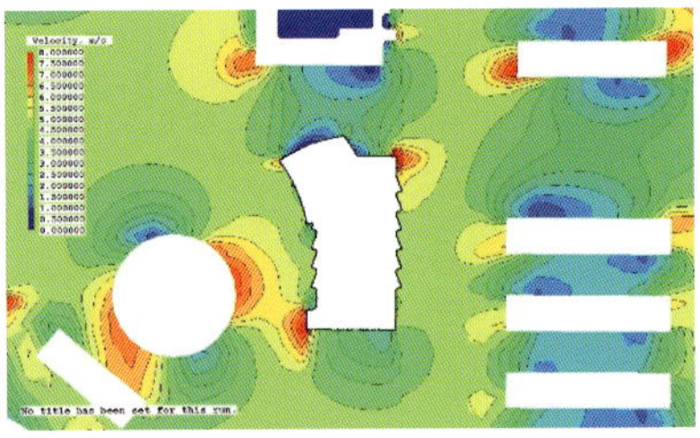	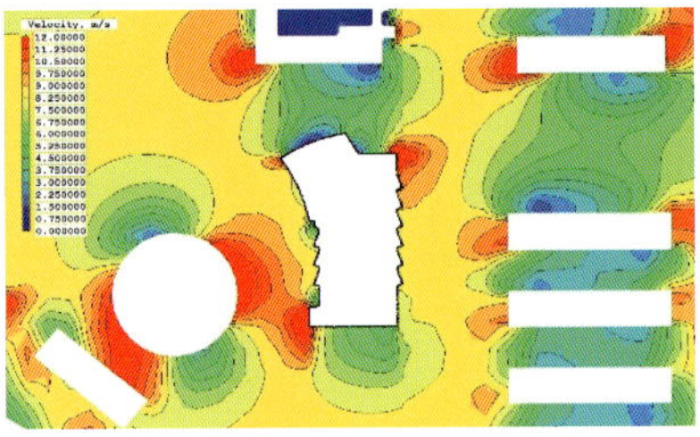
表面风速图	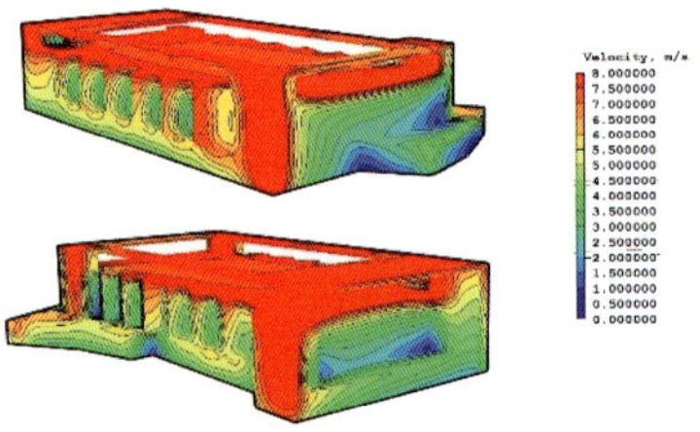	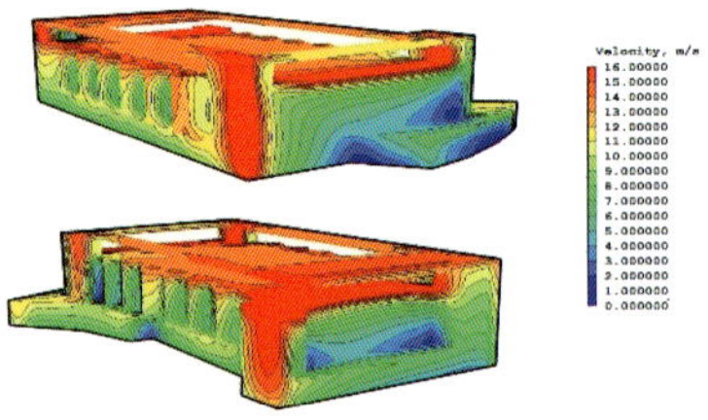
表面风压图	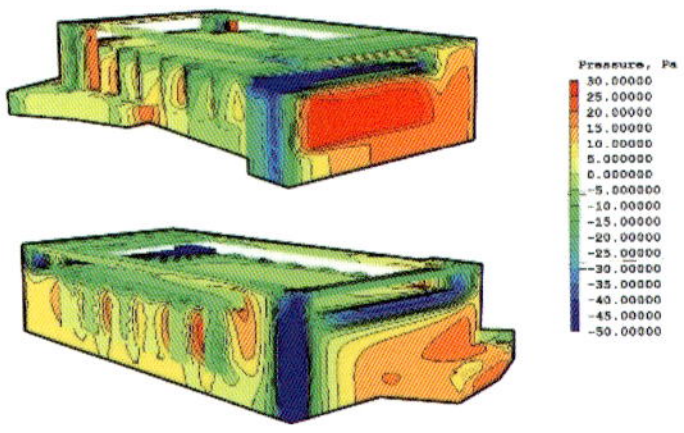	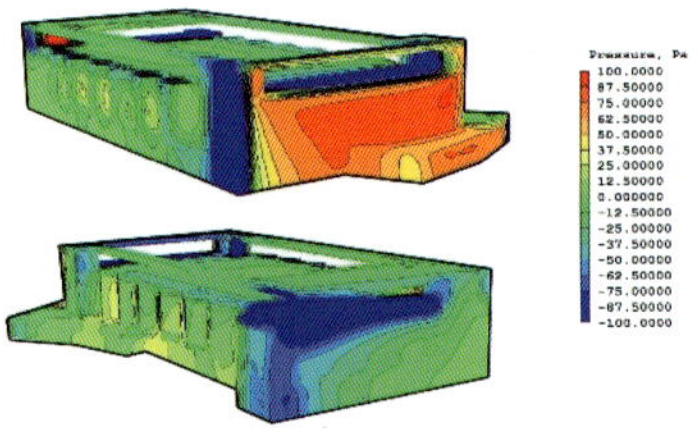
光环境模拟图		
全年自然采光百分比（距体育馆区 1.2 m 高度处）		全年自然采光百分比（距体育馆区 4.2 m 高度处）
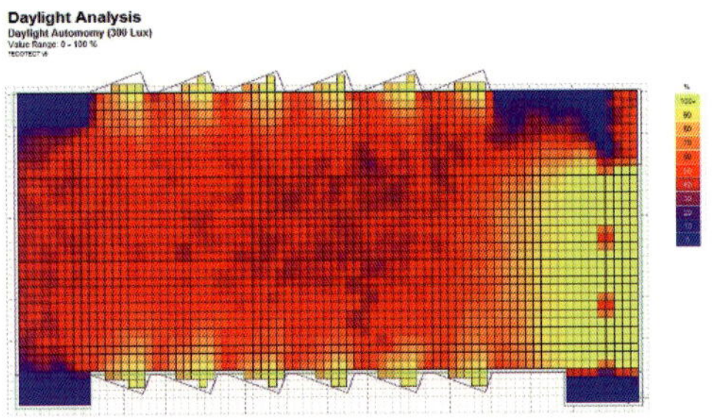		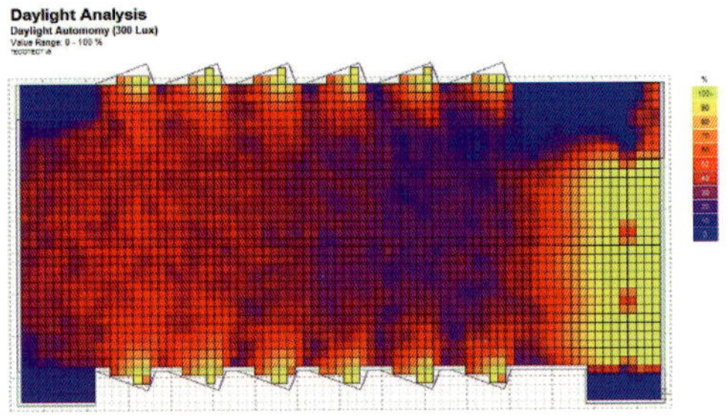

细部设计

遵循调节室外风环境、加强室内通风、利用天然采光、降低日照不利影响的原则，进一步深化屋顶天窗和各朝向开窗与综合遮阳的设计。南立面一层为游泳馆的设备和储藏间，依据功能特点减少开窗面积；二层及以上为体育馆区域，设计并列的竖向长窗，提升场地深处的天然光照度，同时利用屋面出挑的屋顶板和窗间墙形成有效的夏季遮阳；南立面的开窗面积较大，在保证天然采光的同时，兼顾冬季和过渡季充分利用太阳得热减少能耗，提高舒适度。西立面和东立面二层以上部分为锯齿形凸窗，一定程度上改善了朝向，引入偏南向光线、避免东西向日照影响；一层的游泳馆区因上层的锯齿形凸窗序列获得较好的遮阳效果，因此设计横向条窗获得天然采光。北侧在满足基本功能空间（辅助空间和健身房）采光要求的基础上尽量少开窗，减少能耗。屋顶天窗设计中，控制光线从北面入射，保持室内光线的稳定性，朝向阳光的面做好遮阳或敷设光伏板。

形态确定后，对功能空间和建筑结构进行统一调整，精确各部分空间的尺度和形式，得到最终设计方案（图 5～图 7）。

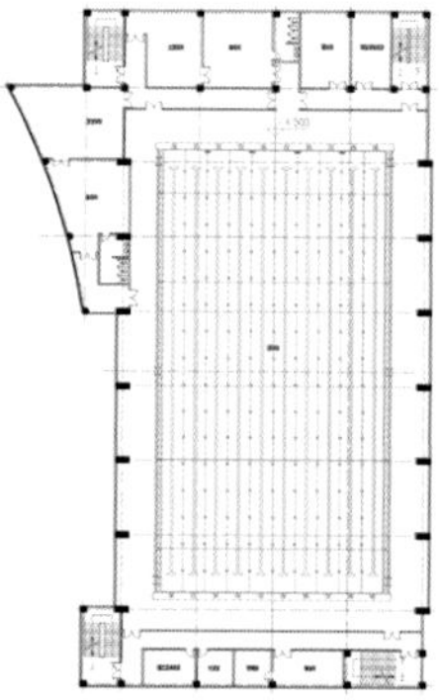

−4.500 m 标高平面图

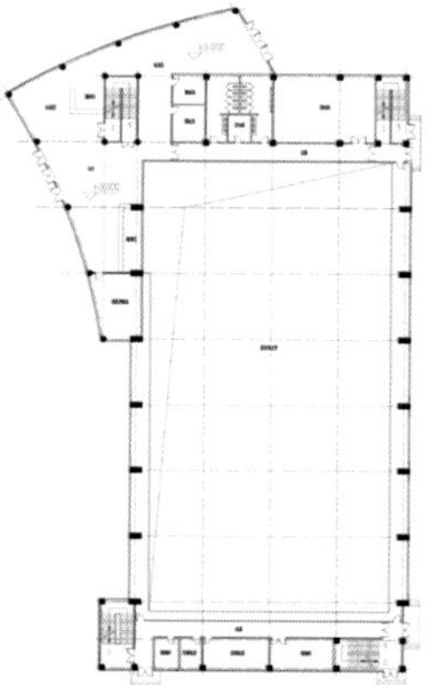

± 0.000 m 标高平面图

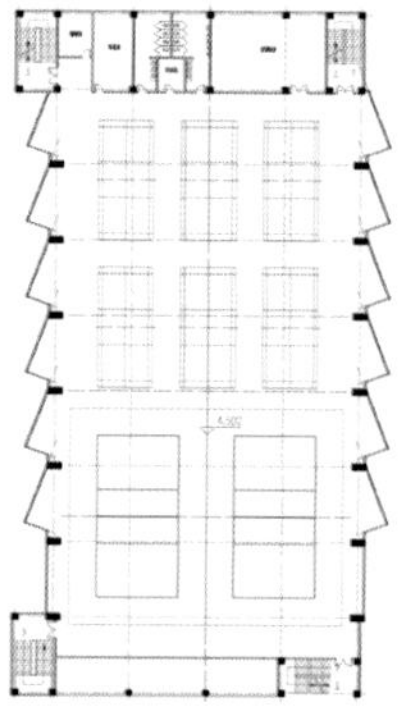

4.500 m 标高平面图

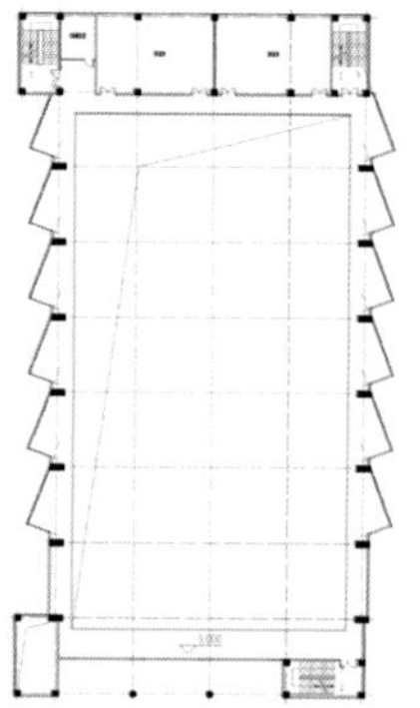

9.000 m 标高平面图

图 5 各层平面图

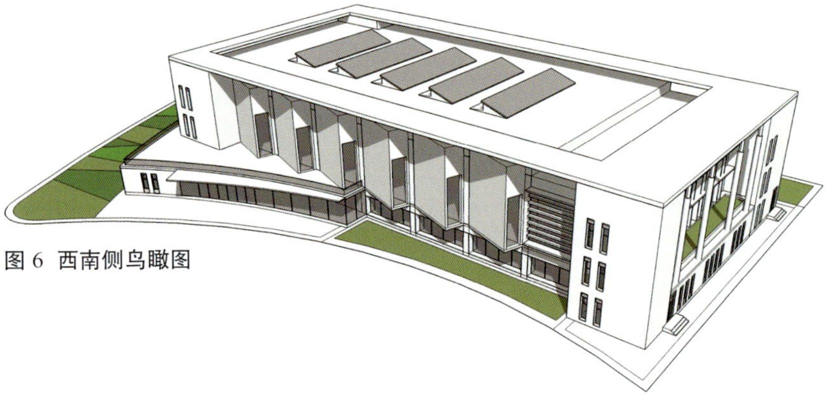

图 6 西南侧鸟瞰图

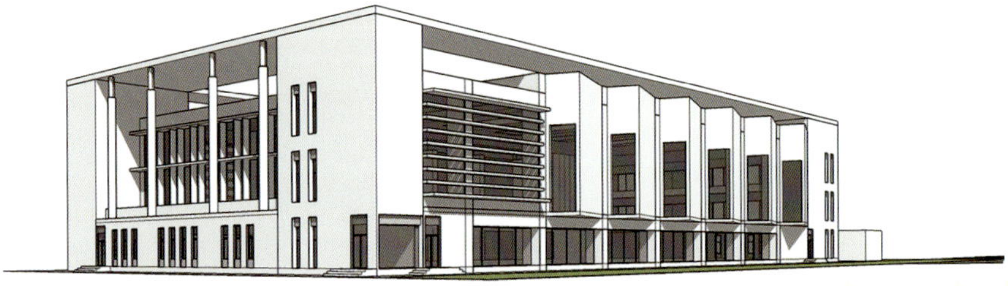

图 7 东南侧效果图

结语

本项目是基于实际工程所做的设计研究，其中大部分构想在建成项目中得以实现。这是一个非常普通的设计项目，用地紧张、投资有限、功能明确，场地布局和空间划分几乎没有更多的变数。针对此类建筑，分析基地气候特点、获得舒适和健康视角下的实际需求、控制建设和运营成本，能够在性能模拟工具的辅助下，应用被动式设计语言，达成绿色目标。设计过程中形式、空间和秩序的基本原则以及形式美的基本规律依然有效。设计师熟悉性能模拟的原理和工具，在很大程度上保证了性能与功能形式的高度整合。此类“普通”建筑的绿色设计方法具有更大的推广空间和普及价值。

资料来源：

1. 本工作室设计文本．山东寿光世纪学校游泳馆建筑方案设计．2015.
2. 邢赫．全民健身背景下的大众体育场馆可持续性设计研究．天津大学硕士学位论文，2016.
3. 国家自然科学基金重点项目（51338006）《寒冷气候区低能耗公共建筑空间设计理论与方法》结题报告．

■ 案例 11　寒冷地区高铁站房绿色设计研究（2018 年）

在我国，大型公共建筑面积占城镇总建筑面积的比例约为 4%，能耗却占城镇建筑总能耗的 20% 以上[1]，通过绿色设计实现节能减排的潜力很大。作为依托于高速铁路运输而存在的大型公共建筑，高铁站房本身的能耗、碳排放状况及其作为重要建筑的审美导向作用越来越受到社会关注。为了研究以高铁站房为代表的大空间建筑的节能减排潜力，探索高铁站房作为城镇门户建筑的绿色引领作用，我们以天津西站所在基地开展高铁站房的绿色设计研究，通过性能模拟计算获得量化的效果验证。

项目背景

天津西站站场坐落于天津市红桥区，属于我国东部寒冷地区。现有高铁站房是由德国 GMP 事务所设计的，总建筑面积约 18 万平方米，其中站房面积 10.4 万平方米，站场总体规模为 13 台 26 线，高速和普速车场分别在南、北侧横列布置。[2] 主站房南北方向约 380 m，东西方向约 145 m，高达 57 m，以白色编织钢架与通透玻璃幕墙围合成拱状形体。站房采用地下出站与换乘层、地面站台层、高架候车层的功能布置方式以及上进下出的进出站模式，有南、北两个站前广场（图 1）。本项目研究依托现有站场，保持交通流线和基本功能布局，探索绿色视角下的高铁站房设计策略和形式生成，应用性能模拟软件获得研究方案的能耗和碳排放数值，验证其节能减排效果。

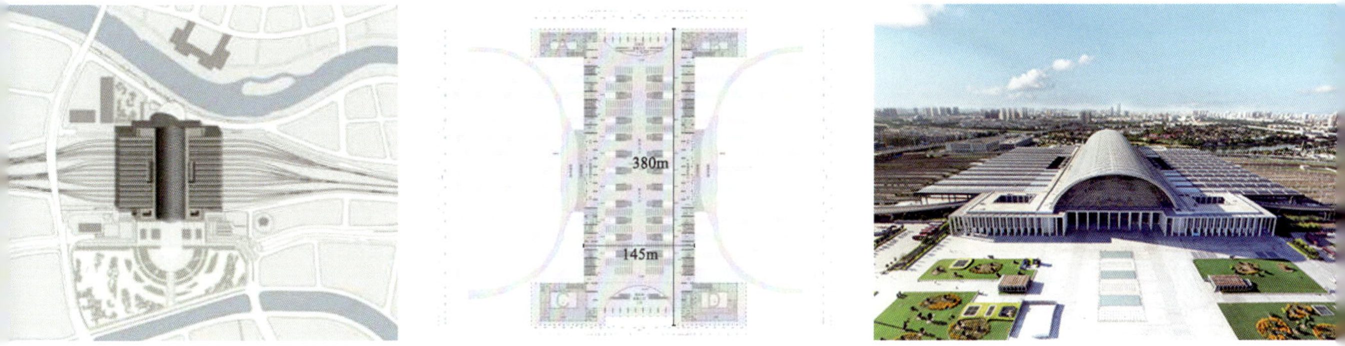

图 1　天津西站总平面，现有站房平面及鸟瞰

1. 李传成 . 大空间建筑通风节能策略 [M]. 北京：中国建筑工业出版社，2011.
2. 温静 . 天津西站综合交通枢纽设计回顾及探讨 [J]. 铁路技术创新，2013(4):10-14.

设计策略

由于高铁站具有车次频繁、候车时间短、日间车次集中、交通接驳多样化等特征，在文献研究和对高铁站广泛调研的基础上，从总体到细部设计提出以下绿色策略。

控制站房规模，提高广场利用率

基于高铁列车运行特点与旅客候车时间的分析，高铁站房以“通过空间”为主，因此应合理减少候车空间、控制建设规模，根据高铁发展规划和客流量变化情况分期扩建，同时充分考虑人流高峰时段与平时的差距，激活站前广场、组织人流集散。这些策略有利于提高通行效率、减少室内人员聚集时间、降低高铁站房全生命周期的能耗和碳排放。

单元式结构利于分区控制

基于高峰与平常时段、日间与夜间的客流密度和车次状况，结合建筑结构与使用特点，将高铁站房内部空间设计为独立控制的空间单元，实现分区调控，降低设备系统运行负荷，同时根据需要调整候车与商业等空间的位置。

尺度合理，促进自然通风和天然采光

根据站房各类功能空间的实际需要设定高铁站房的空间尺度，避免过度宏大；在站房立面和屋顶的设计中，采用被动式手法控制采光、遮阳，大空间中引入庭院，改善室内通风采光环境和空气质量，这些策略有利于节能减排、提升舒适度、实现绿色创新。

通过性能模拟验证并优化设计结果

为了达成绿色目标，在方案设计过程中定性分析与定量计算相结合，应用性能模拟优化与参数化设计工具控制形式结果。通过能耗和碳排放模拟软件计算，将最终设计方案与建成站房的模拟结果进行比对，验证效果并借此推广高铁站房的绿色设计方法。

方案生成

将绿色设计策略与高铁站房的基本功能流线要求进行整合，落实到如下几个关键环节生成设计方案，同时希望通过绿色目标的理性表达获得创新的高铁站形象。

结构单元限定空调区域

方案以高架层的检票口为结构生成的出发点，无需温度调节的检票空间由常

见的“小盒子”改为贯通至顶的立方体并向四周扩展，排除顶部无法利用的空间，削减了需进行温度调节的空间体积从而降低能耗。检票空间结构由高架层向下层延伸，形成整体结构的基本单元。两个结构单元并置满足站房的使用和技术需求，形成东西跨度 111 m、南北进深 21.5 m、高度 22 m 的室内空间单元（图 2）。

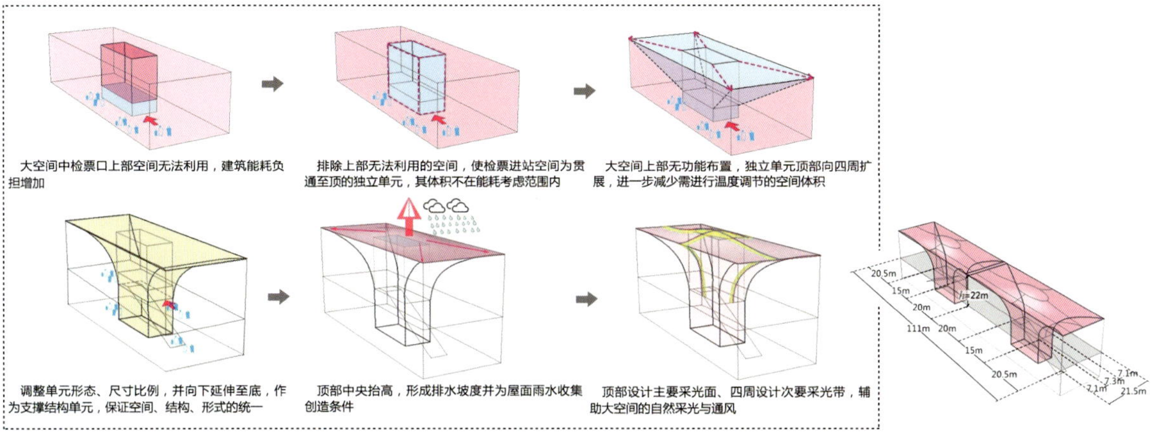

图 2　基本结构单元生成过程及两个结构单元并置形成的室内空间尺度

候车单元设备独立控制

两组结构单元拼接成为一个设备独立控制的候车单元。根据各项功能对采光、通风等舒适度要求的等级划分空间：候车空间及特殊候车室靠东布置，获得充分的采光和通风；商业空间集中布置于西侧，作缓冲空间，减弱西晒对候车大厅的影响；中央通廊尺度大，嵌入中庭加强采光和通风（图 3）。候车单元之间设置能够开启或关闭的隔热边界，在夜间或其他客流稀少时段关闭部分候车单元，降低设备系统的运行能耗（图 4）。

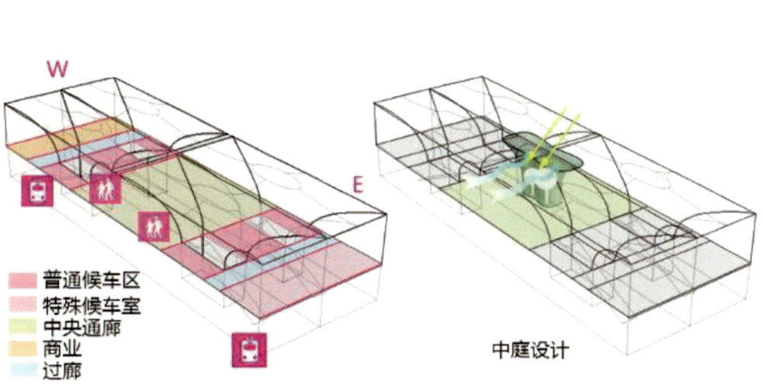

图 3　候车单元功能分区

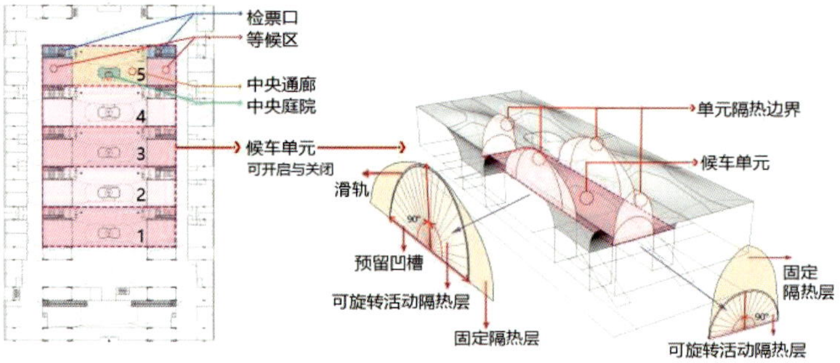

图 4 隔热边界位置及构造示意图

细部设计兼顾多项性能

根据寒冷地区气象参数，应用参数化设计工具生成建筑细部形态。在屋顶设计中，将结构单元采光面细分形成多个四棱锥网格（图 5）：南向布置太阳能电池板实现遮阳并收集太阳能，北向开天窗为室内提供稳定的自然采光并引导通风。屋顶细部形态的确定借助 GRASSHOPPER 算法，根据夏季正午太阳入射角度，控制网格中心顶点的移动高度与距离，实现太阳能收集量的最大化。

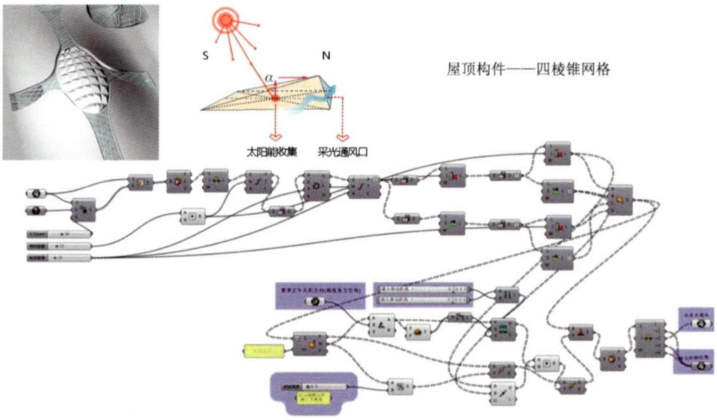

图 5 屋顶天窗细部（参数化设计同时兼顾光线稳定、引导通风和太阳能板效率）

立面设计与内部结构形式呼应，将结构曲线投影其上，且不同朝向立面基于气候因素进行特殊设计：南立面借助结构外檐出挑形成自遮阳，保证在本地区夏季最炎热的 7、8 月份为南立面提供有效遮阳；东、西立面太阳入射高度角低，适宜垂直遮阳，考虑到屋顶与立面衔接的连贯性而采用扭转竖板的遮阳构件（图 6），其上下边缘与建筑水平相接而中部垂直于立面，自上而下产生

180° 的扭转，保证遮阳效果、视线通透、构造合理。

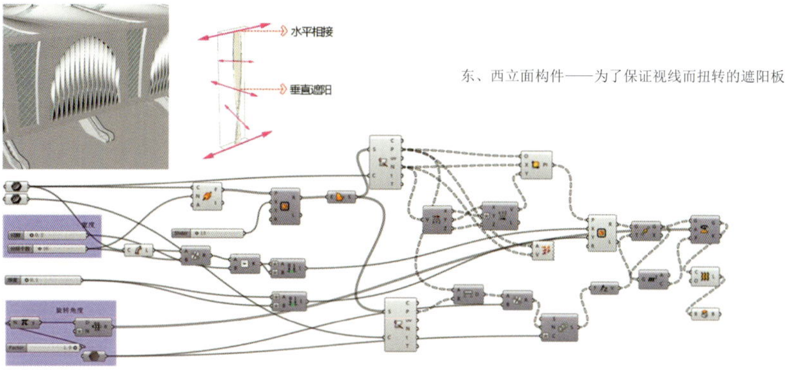

图 6　建筑立面开窗和遮阳形式（参数化设计保证构造合理、东西向遮阳效果明显、视线区域通透）

大厅中部“通过性”强、人流停留时间短，在不影响交通的前提下植入生态庭院并布置绿化景观（图 7），改善高大空间的采光通风，提高室内空气质量，调节局部微气候并收集屋面雨水。

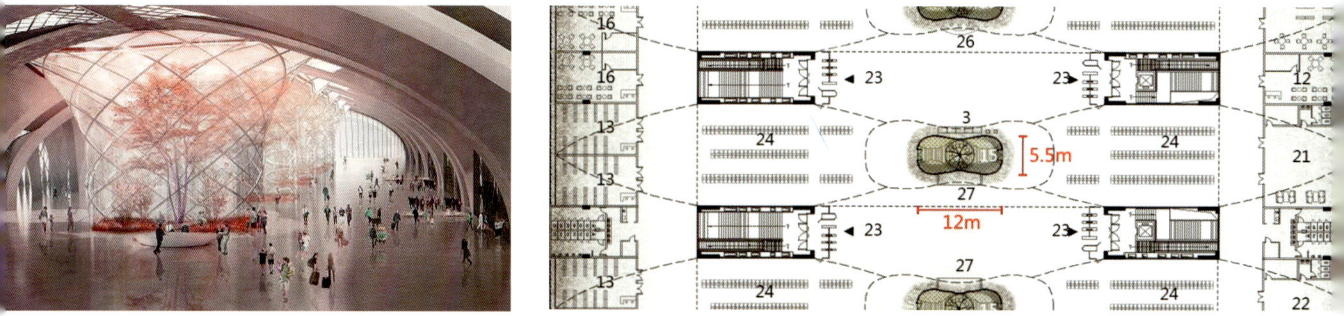

图 7　大厅中的绿化中庭，改善光环境和空气质量

分期建设，激活站前广场

在未来较长时间内，我国高铁系统将持续发展。高铁站房根据需要分期建设有利于降低碳排放强度，减少运行能耗，避免不必要的空间和资源浪费，同时有利于根据未来发展变化做出调整。本设计根据铁道部编制的京津冀地区城际铁路网规划，以 2030 年的高峰小时旅客发送量 7 400 人次为依据，按照《铁路旅客车站建筑设计规范》计算得到一期站房主要功能（候车厅、集散厅、商业）

空间使用面积[3]。一期地下空间贯穿南北且北侧提供旅客地下进站空间，地上体量位于南侧，于南、东、西三侧设置进出站口。北侧为规划中的高铁站房二期，为降低扩建施工对站房正常使用的影响，北侧的二期站房可预建结构，保证后期快速扩建的可能性（图 8）。

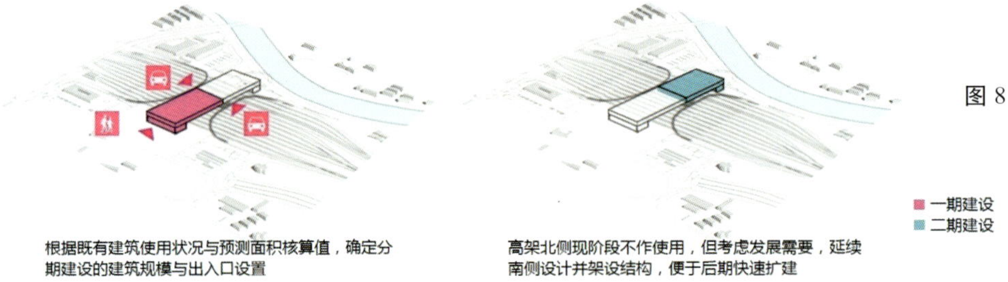

图 8 分期建设示意图

为了提高站前广场的利用率，平日承载更多的城市功能，节假日旅客高峰时段分散候车厅的压力，将站房结构单元的形式沿用至站前广场。调整结构单元比例和尺度使之成为广场上的构筑物，平日用于售卖、交流等活动，高峰时段改作旅客临时休息区（图 9）。这样不仅避免了站房规模过大带来的平日空

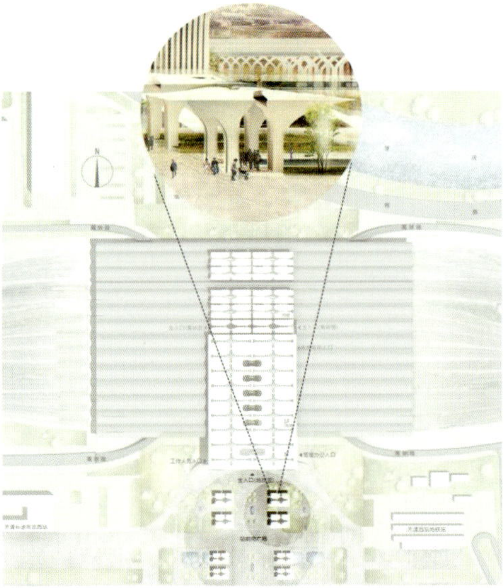

图 9 站前广场上的构筑物（构筑物形式延续站房结构单元的设计语言，限定活动空间。平日供市民活动使用，高峰时段用作旅客临时候车场所。室外空间提供人员休息、停留的场所，有利于缓解室内人员密度，改善室内空气质量，便于防疫时期的管理）

3. 中华人民共和国建设部．铁路旅客车站建筑设计规范：GB50226-2007[S]. 北京：中国计划出版社，2012.

间和资源浪费，有利于缓解室内人流高密度聚集状态；也使站前广场成为“城市客厅”，实现站城融合。

按照高铁站流线和功能要求，整合节能减排、自然采光通风、改善空气质量、活化站前广场等绿色理念，最终设计方案如图 10~图 13 所示。

图 10 设计方案鸟瞰

图 11 南侧广场及站房入口立面图

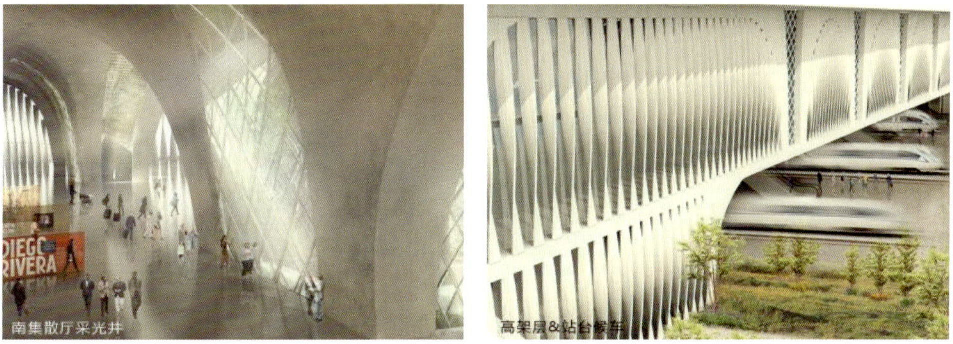

图 12 建筑细部

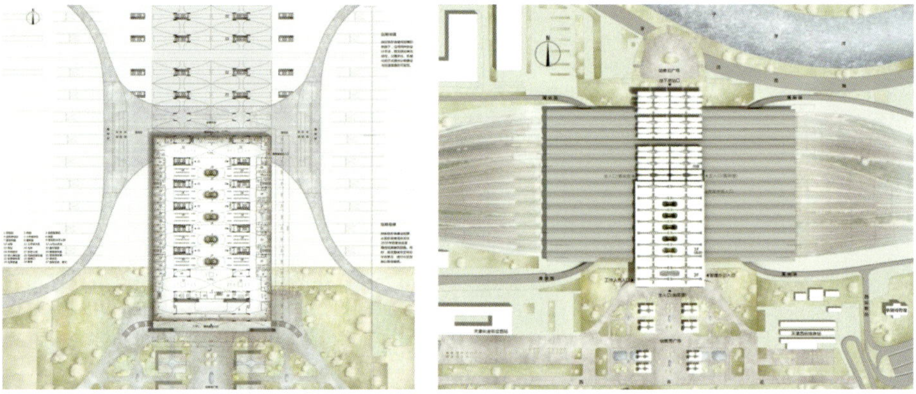

图 13　一期高架层平面及总平面图

效果验证

为了验证研究方案的性能效果，我们应用建筑能耗模拟软件 DESIGNBUILDER 建模，按照生命周期 100 年来计算既有方案和研究方案的能耗状况、典型日室内温度变化情况，应用建筑全生命周期碳排放模拟软件计算建材生产及运输、建筑施工、建筑运行、建筑拆除等各阶段以及全生命周期的温室气体排放数值。模拟计算过程中，研究方案的气象参数、材料及设备等参数与建成方案完全相同。图 14～图 16 为 DESIGNBUILDER 模型和模拟结果，图 17 为全生命周期温室气体排放情况，包括总量和各阶段排放量的结果对比。

在运行能耗强度方面，模拟结果表明：研究方案一期总能耗强度约为 100 kW·h/（m^2·a），与既有站房约 160 kW·h/（m^2·a）的总能耗强度相比，节能率达到 37.5%；方案二期是在一期的基础上主要增加北侧集散厅、高架候车层等空间，二期完成后整体方案的能耗强度约 116 kW·h/（m^2·a），远小于既有站房能耗强度。对比运行期 100 年的总能耗，研究方案比既有站房节能约 50%。

在温室气体排放方面，模拟结果表明：按照 100 年的生命周期计算，研究方案比既有站房减少 63.4% 的碳排放量，通过被动式节能措施与控制建材用量，研究方案在运行能耗碳排放和建材生产碳排放两个分项上减排效果最为明显。

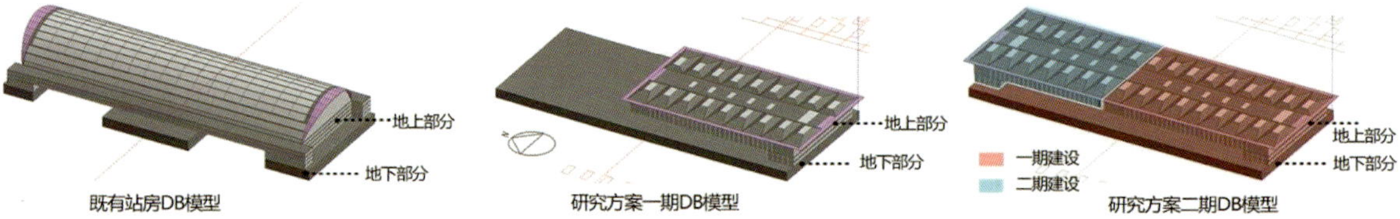

图 14　DESIGNBUILDER 模型

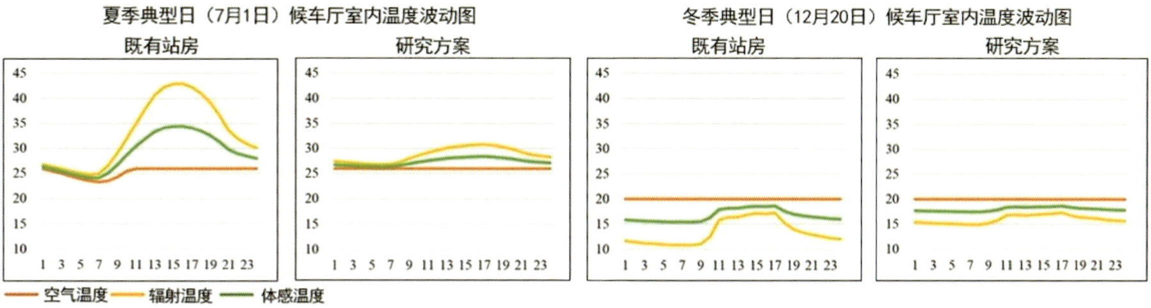

图 15 夏季和冬季典型日候车厅室内温度波动图

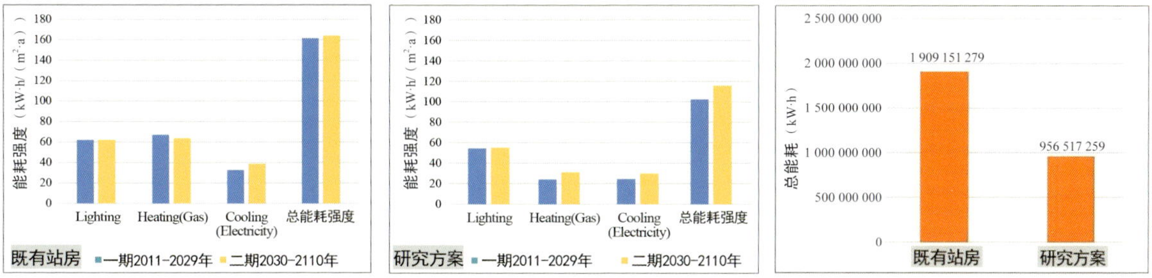

图 16 运行能耗模拟结果

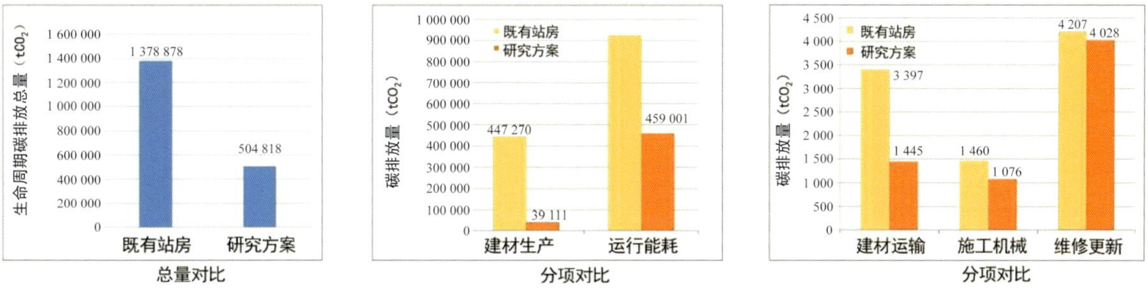

图 17 生命周期温室气体排放结果

结语

本研究基于绿色视角提出的设计策略和设计方法，对于寒冷地区大型和特大型高铁站房设计具有参考价值，对于其他气候区及不同规模的高铁站房设计亦有一定的借鉴价值。高铁站虽然是在原来的普速列车站基础上发展起来的，但是有其自身的特点和规律，深入研究挖掘高铁站特殊的运行规律，对于提升高铁站房的绿色性能、实现节能减排有着重要意义。同时，高铁站房作为城镇门户，其设计理念和建筑形象具有不言而喻的引导作用。简洁高效、不事铺张的高铁站对于引领城市建筑的绿色发展，让市民认同和接受绿色美学具有现实意义。

致谢：
感谢铁道部第三勘测设计院周铁征总建筑师为本项目研究提供天津西站的基础设计资料。

资料来源：

1. 王劲柳．节能减排视角下的高铁站房方案设计研究．天津大学硕士学位论文，2018.
2. 国家自然科学基金重点项目（51338006）《寒冷气候区低能耗公共建筑空间设计理论与方法》结题报告．

■ 案例 12　卡迪夫中心火车站地区可持续更新设计研究（2008 年）

2008 年的暑期交流是天津大学建筑学院与英国卡迪夫大学建筑学院合作的欧盟研究项目的最后一项活动，由中英研究生组成的团队来到卡迪夫，在多位导师的指导下，通过深入细致的现场勘查和政策研究，探索既有城市重要节点的可持续更新策略和方法。

暑期交流的主题是“到达卡迪夫：为卡迪夫和威尔士营造可持续的交通枢纽（Arrivals in Cardiff: Developing a Sustainable Hub for Cardiff and Wales）”。该项目旨在探索卡迪夫作为旅游城市以及威尔士地区旅游中心的潜力，研究人们首次通过公路、铁路、水路和航空抵达卡迪夫的感受，从中发现问题并提出解决方案。中英研究生组成的设计团队分为 3 组，分别针对中心火车站、机场、海湾港口区域的城市更新提出创造性的想法和城市设计方案。该项目得到了当地政府和专家学者的支持。参加暑期交流的学生与卡迪夫政府官员面对面沟通，了解城市规划和政策导向，同时得到专家指导，获得城市更新与可持续设计的方法工具。

这是其中的一个研究专题，关于卡迪夫中心火车站区域的城市更新。

项目背景

卡迪夫中心火车站（Cardiff Central Station）位于城市中心区域，周边拥有古城堡、教堂等历史建筑，体育场、购物中心等聚集大量人流的新建筑，水上巴士站、公交汽车站、公共停车场等交通节点。火车轨道将城市中心区域一分为二，圣玛丽步行街（ST Mary Street）通向著名景点卡迪夫海湾（Cardiff Bay）的路径被铁路切断，中心火车站出站后的景象比较杂乱萧条，需要通过更新设计加强中心火车站片区的吸引力，连通轨道两侧城市区域，提升城市活力（图 1）。

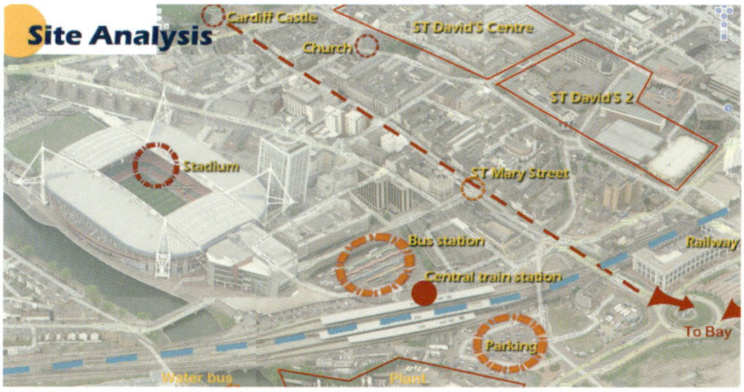

图 1　中心火车站地区现状分析

城市设计

设计团队首先研究了卡迪夫中心火车站地区的发展演化过程，然后进行了深入细致的基地调研。调研结果表明：卡迪夫中心火车站作为到达城市的传统交通枢纽，目前的状态是拥挤繁忙、人车混行。铁轨割裂了城市区域的连续性，现有火车站建筑虽然邻近市中心，但缺乏辨识度，不能满足多样性的城市功能需求。为了提升初到卡迪夫中心火车站的感受，强化火车站区域的城市功能和连接作用，激发该片区的活力，建成可持续的城市枢纽，研究项目从政策、交通、功能、技术层面提出策略，展开城市设计。

限行政策

为了改变人车混杂的局面、提升游客的舒适感受，制定了分级限行的政策。邻近火车站的旧城商业中心和旅游景点为步行区域， 其外围依次是运行公交交通的区域、私家车限行区域（图 2）。

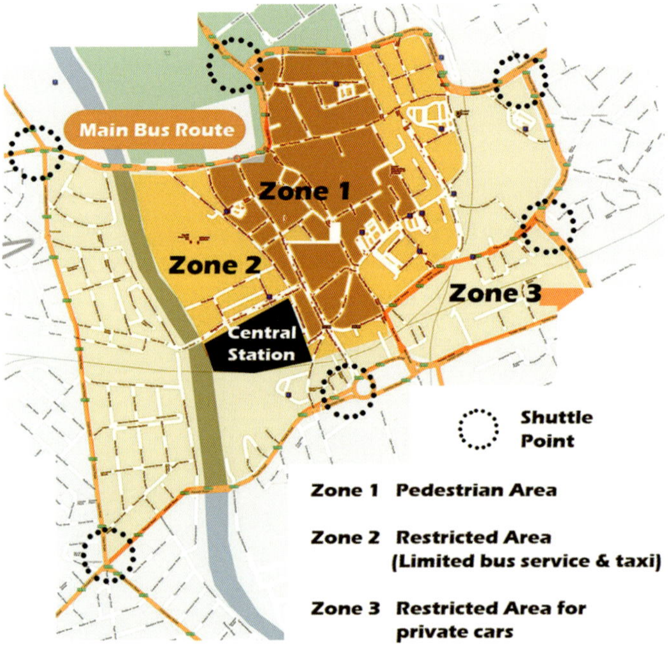

图 2 交通限行区域图示

组织交通

应用空间句法软件分析城市节点的可达性（图 3），根据限行区域和空间句法分析结果组织城市交通，引导中心火车站的人流通向商业步行街和旅游景点，利用地下通道、地面单行路线保持车行交通顺畅（图 4）。

图 3　空间句法可达性分析

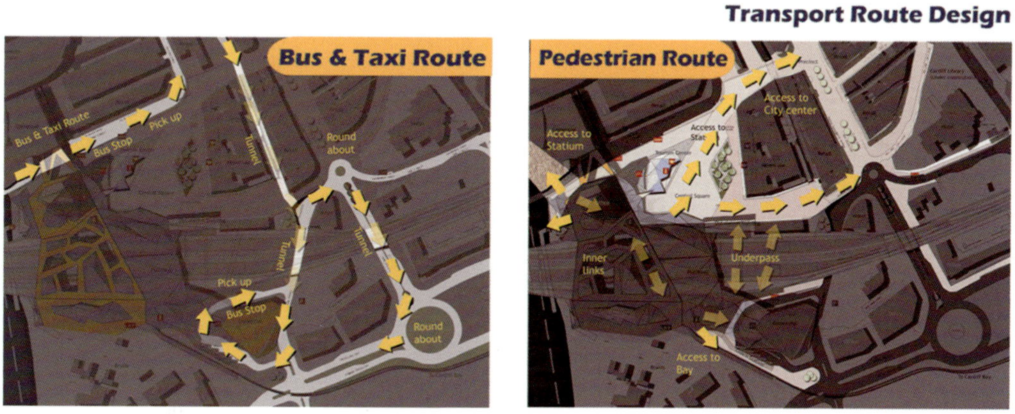

图 4　人行及车行交通流线组织

完善功能

为了完善中心火车站区域的城市功能、提升站房建筑的可识别性、更好地实现站城融合，在原有站房区域设计具有标志性的综合体建筑，整合商业、休闲、办公等多项功能，为本地居民和旅游者提供有趣的城市活动（图 5）。

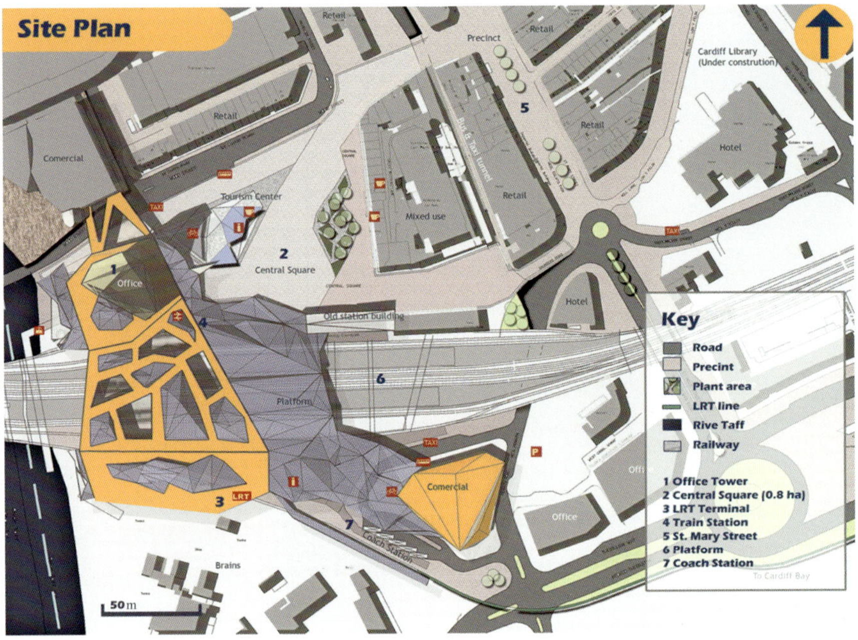

图 5　依托中心火车站设计的城市综合体

应用技术

为了建成可持续的城市环境，设计过程中应用各种辅助设计手段，如建筑阴影分析、气流环境分析、城市区域可视性分析等保证设计目标的达成；运用各种主、被动技术措施，保证建筑的绿色性能（图 6~图 8）。

图 6　建筑阴影分析，用来推敲新建筑形体及广场景观设计

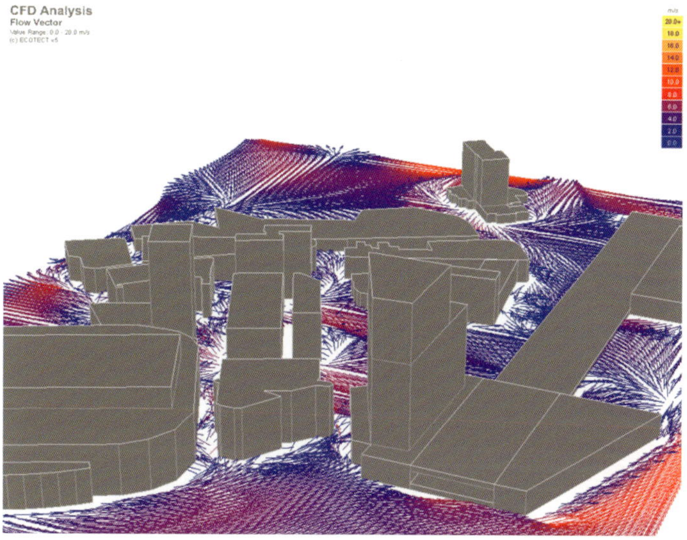

图 7 利用 CFD 模拟结果（WINAIR 软件模拟）优化城市空间的风环境

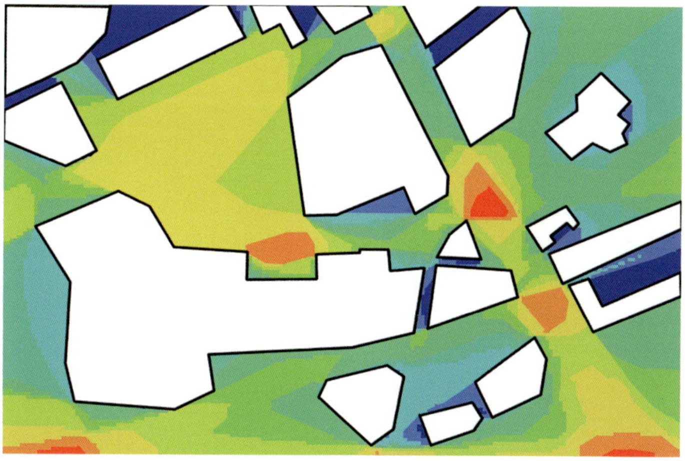

图 8 城市空间的可视性分析（空间句法可视性分析，用来确定重要的位置）

通过上述城市设计，激发了卡迪夫中心火车站区域的活力，理顺了各类交通流线，对旅游者形成积极的引导。

火车站综合体

火车站综合体设计概念包括以下几个方面：回应城市街道肌理尊重传统，折叠起伏的裙房屋面反映了当下复杂的状态，持续生长的树状高层体现面向未来的意向。综合体设计方案中采用了很多绿色技术手段，如植入绿色庭院、双层表皮、太阳能板、风能发电等（图 9）。

根据实际需求，新的综合体包括一座高层写字楼和五层裙房。裙房跨越铁轨，地下连通，设有路径延伸至道路对面的千年体育场。综合体地下一层为水上巴士车站、地面层为新火车站站房、二层为餐饮、三四层为购物及休闲场所。原有的火车站站房被改造为博物馆，展示老火车站及整个城市的历史，为初到中心火车站的游客提供更多城市信息。高层写字楼成为新地标，同时对周围原有的标识系统改造更新（图 10）。新建筑的表皮为曲折变化的镜面玻璃，一方面镜像老火车站房回应历史，另一方面作为屏幕提供城市信息。综合体的形态在满足使用功能的基础上，希望尽量利用自然通风和天然采光促进人与环境的融合，以此为目标，根据风环境和光环境的模拟优化结果确定最终体量（图 11）。

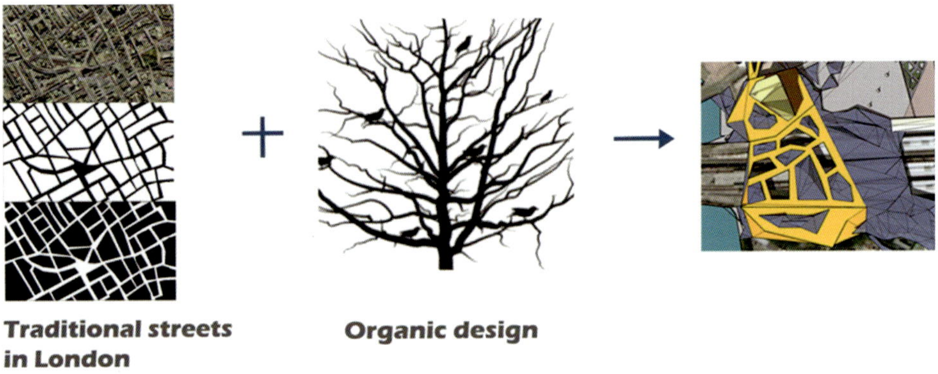

图 9 设计概念

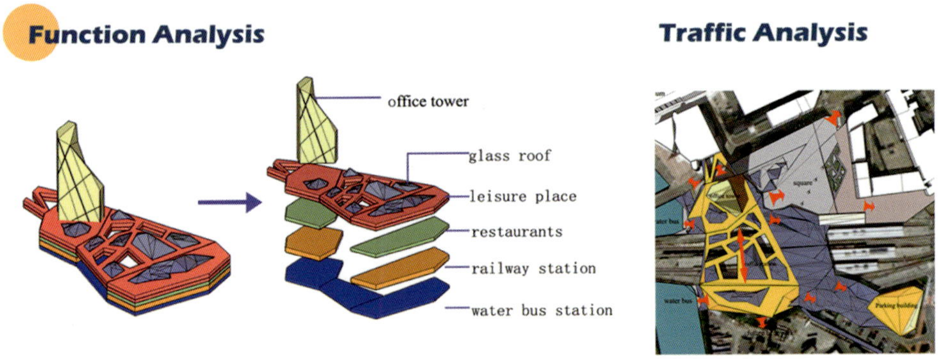

图 10 功能分析

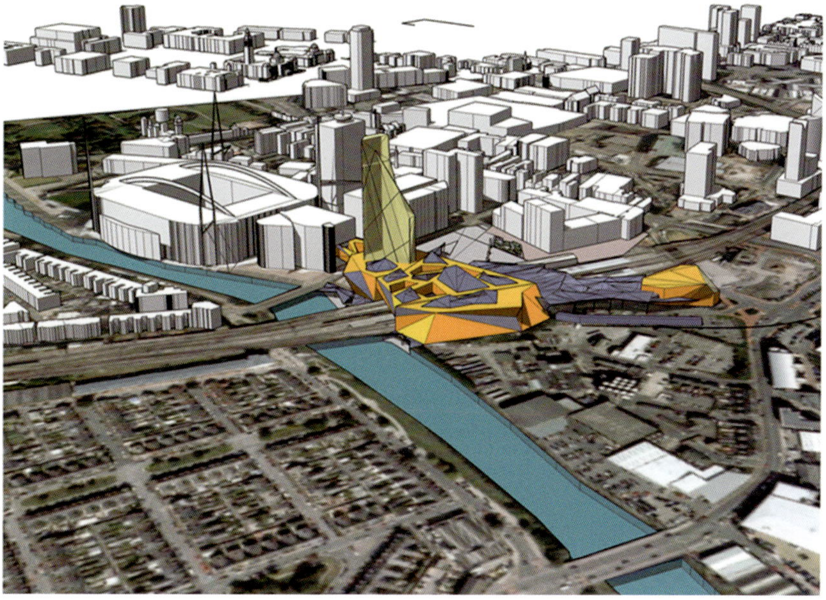

图 11 总体鸟瞰

结语

作为一个设计周期很短的学生作品，这份城市设计方案尚有很多不足，但是应用了多种量化分析方法，使城市设计获得理性支撑并将感性诉求与理性分析有机结合的探索是非常有价值的。在一定程度上表明：设计师洞悉绿色技术和性能模拟，有利于将文化与技术深度融合，创作面向未来的绿色成果。

以下是针对中心火车站、港口、塔弗河（Taff）流域的 3 组城市更新设计成果（图 12~图 14），由于篇幅所限，其余两组方案不再详细展开。

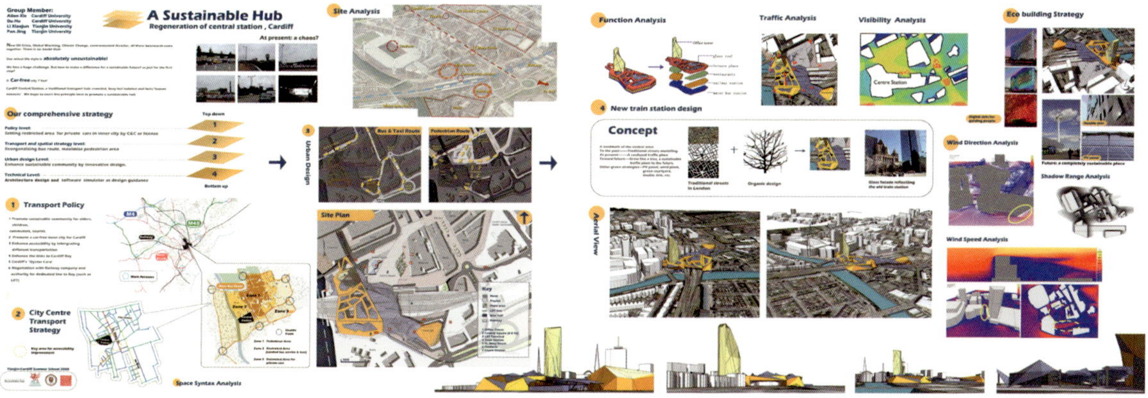

图 12 中心火车站区域城市更新

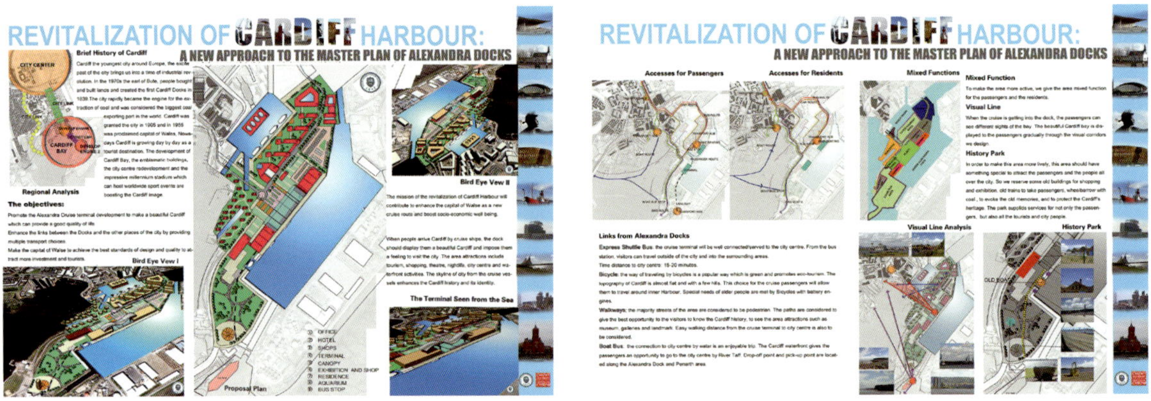

图 13 卡迪夫海湾区域城市更新

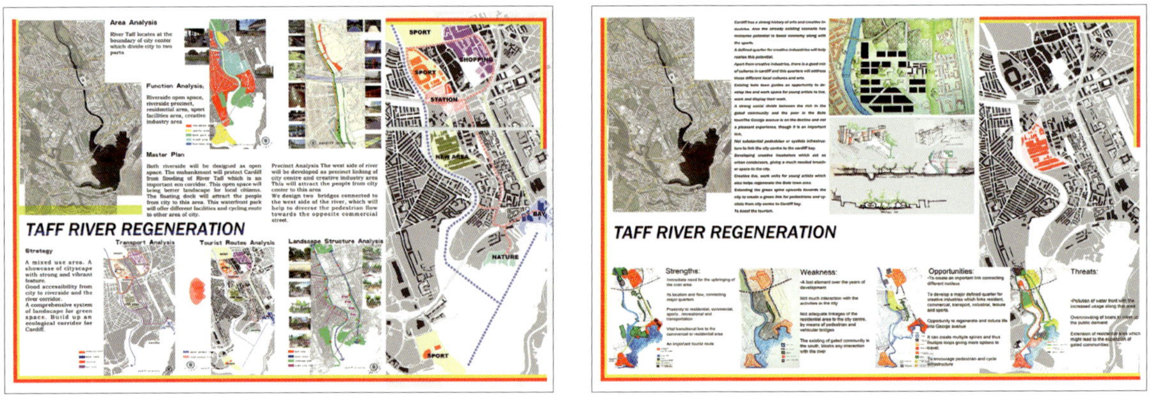

图 14 塔弗河流区域城市更新

致谢：
感谢威尔士建筑学院、规划学院、威尔士政府部门对联合设计的指导和帮助。

天津大学参加暑期学校联合设计的研究生名单：李晓俊、李晔、潘婧、王晶、杨华、左长安。

资料来源：
1. 中英国际合作项目研究报告“International Network: Sustainable Building Design and Its Operation between Cardiff University UK and Tianjin University China，2005–2008”，supported by Leverhulme Trust

■ 案例 13　天津响螺湾 CBD 低碳城市设计研究（2016 年）

本文是在全球气候变化和低碳城市建设背景下，对降低温室气体排放、塑造气候友好型城市空间环境的通用型城市设计方法和工具的探索。研究过程借助计算机性能模拟技术，将能耗和碳排放数值与城市空间设计模型同时呈现，为低碳城市设计的方案对比评估和调整优化提供数据和技术支撑。研究引进了英国卡迪夫大学威尔士建筑学院研发的 VIRVIL for SketchUp 软件，将其内核调整为适应中国设计环境的标准和数据库。本文以响螺湾 CBD 低碳设计为具体研究对象，研究过程中获得的策略和方法对相关实践具有参考借鉴价值。

项目背景

响螺湾 CBD 是天津滨海新区总部经济的核心区，它位于天津市滨海新区海河南岸、津京区域发展轴和天津市东西发展轴上，与于家堡金融区隔岸相望。根据天津大学城市规划设计研究院和天津滨海新区中心商务区管委会提供的资料，商务区规划面积 3.2 平方千米，建筑面积 567 万平方米，规划人口 1.5 万人（图 1）。

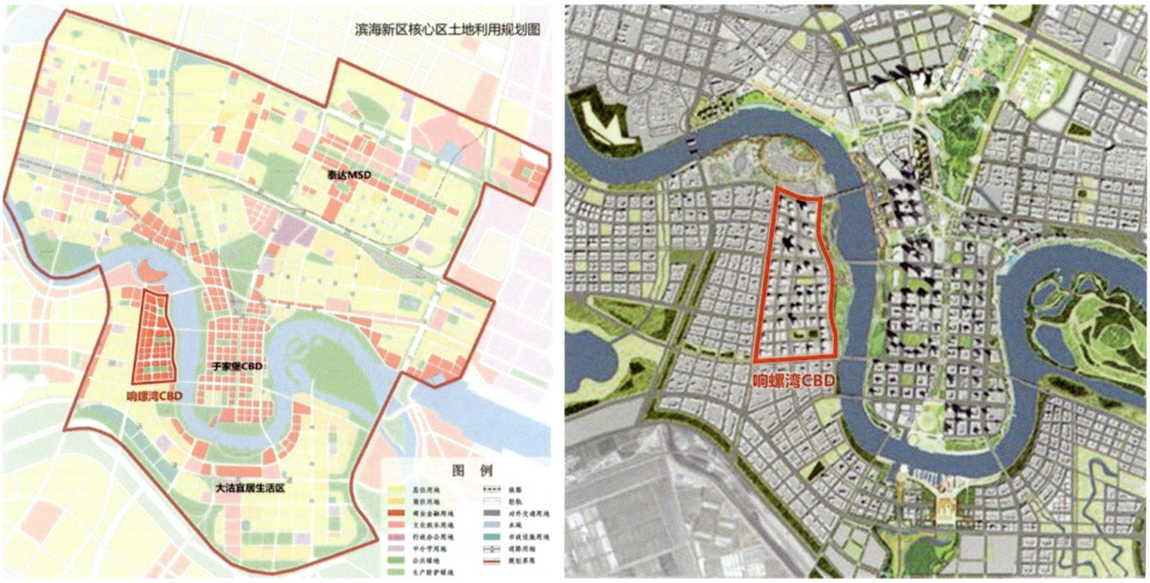

图 1 响螺湾 CBD 总体规划图

图片来源：天津大学城市规划设计研究院

根据开发计划，响螺湾 CBD 全面达到规划设计要求和功能定位目标时，将成为天津市乃至环渤海地区规模最大、高层建筑最集中的商务区。

模拟工具

基于与英国卡迪夫大学威尔士建筑学院的长期合作基础，我们选用了威尔士建筑学院开发的建筑能耗模拟软件 HTB2，及其针对城市设计开发的软件 VIRVIL for SketchUp。

HTB2 软件模拟运算采用文档分级控制的形式，它是由顶层文件指令下一层的子文件，实现逐级控制（图 2）。其中，顶层文件用于设置模拟过程的管理信息，包括：运行参数、子系统内容、运行数据与输出文件等。第二层级文件则提供各主要子系统（建筑、设备、运行时间和气象参数）的信息，并指令下一层级子文件。第三层子文件包含了模拟计算所需的子系统的数据，如材料、布局、结构、墙体、窗户等建筑构件，通风、制冷、采暖、小功率电器等设备使用的参数与属性。所有文件均为简单的 ASCII 文本格式，可使用记事本工具进行编辑与修改。

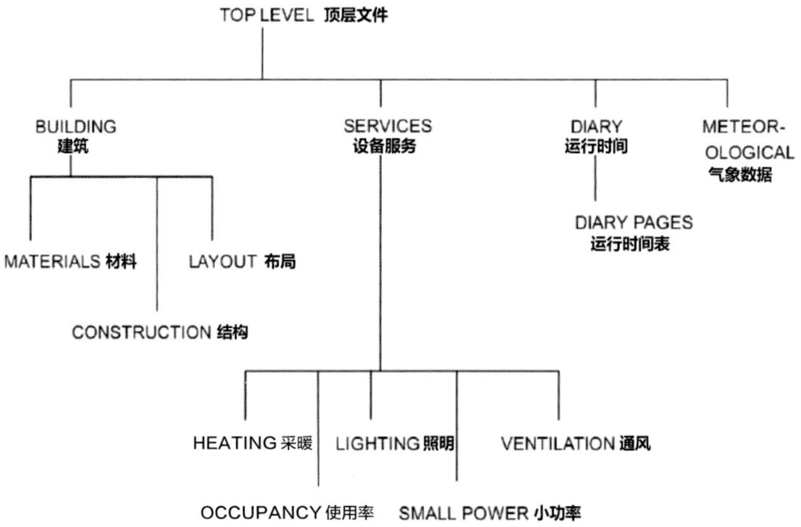

图 2 HTB2 文件树状图

资料来源：HTB2 User manual 2.0c, Welsh School of Architecture

VIRVIL 为 Virtual Village（虚拟村落）的简写，是基于 HTB2 软件平台的插件，将 HTB2 和 SketchUp 链接，进行规划尺度的建筑能耗模拟。这款软件可以在城市尺度下对 SketchUp 内的建筑群体模型进行快速能耗模拟（图 3），然后对模拟结果进行图表处理，将模型各项运行能耗与碳排放、太阳能资源利用潜力、隐含能耗及碳排放等信息反馈给使用者。模拟结果可读性强，可以直观地判断建筑群体的性能表现，同时在后台直接生成建筑群的相关性能报告。

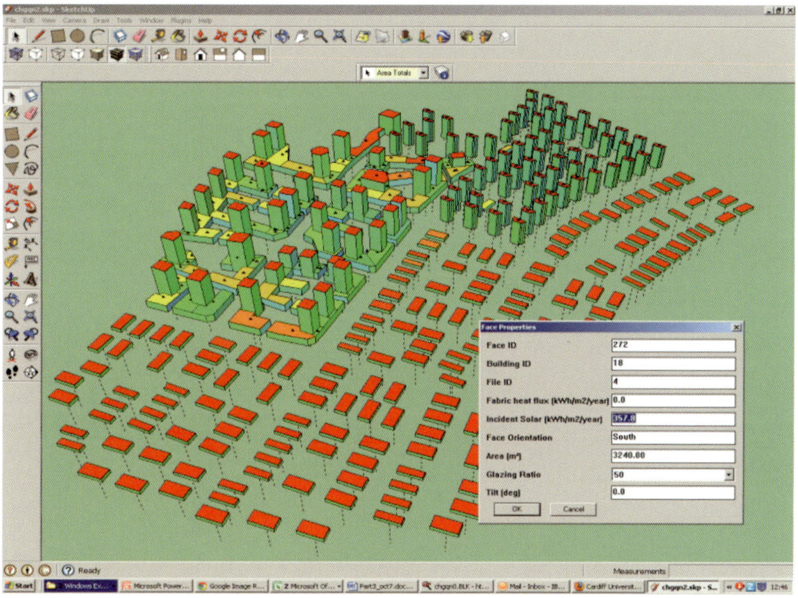

图 3 适应城市空间尺度的 VIRVIL for SketchUp 软件界面

资料来源：卡迪夫大学威尔士建筑学院

数据库构建

由于 VIRVIL for SketchUp 软件是由英国科研机构开发，其内置的 HTB2 数据库使用的是欧洲及英国的基础参数和设计标准，与我国现行的设计标准有较大出入。为了使模拟结果更接近中国的实际情况，参照我国国家标准《公共建筑节能设计标准》（GB 50189—2015），我们将 VIRVIL for SketchUp 软件的内置数据库根据中国的相关标准和参数进行了调整，调整后的各类建筑标准如下表所示（表 1）。

表 1　各类建筑设计标准

<table>
<tr><th colspan="2">项目</th><th>办公建筑</th><th>居住建筑</th><th>商业建筑</th><th>旅馆建筑</th></tr>
<tr><td rowspan="2">采暖 / 制冷</td><td>设计温度</td><td>20～26 ℃</td><td>18～23 ℃</td><td>18～25 ℃</td><td>22～25 ℃</td></tr>
<tr><td>系统运行时间</td><td>07:00—19:00
周一至周五</td><td>00:00—24:00
周一至周日</td><td>08:00—21:00
周一至周日</td><td>00:00—24:00
周一至周日</td></tr>
<tr><td rowspan="3">内部得热
（来自照明、
家电、人员等）</td><td>输出功率</td><td>30.0 W / m²</td><td>15.0 W / m²</td><td>40.0 W / m²</td><td>25.0 W / m²</td></tr>
<tr><td rowspan="2">运行时间</td><td>07:00—19:00
周一至周五</td><td>00:00—08:00
18:00—24:00
周一至周五</td><td>08:00—21:00
周一至周五</td><td>00:00—24:00
周一至周五</td></tr>
<tr><td>—</td><td>00:00—24:00
周末</td><td>08:00—21:00
周末</td><td>00:00—24:00
周末</td></tr>
<tr><td rowspan="4">通风</td><td rowspan="2">通风换气次数</td><td>0.5, 2.0, 2.0
26 ℃</td><td>0.5, 1.0, 1.0
26 ℃</td><td>0.5, 2.0, 2.0
26 ℃</td><td>0.5, 2.0, 2.0
26 ℃</td></tr>
<tr><td colspan="4">上述 4 项数据分别为渗透通风次数、温度低于设定温度下打开自然通风的换气次数、温度高于设定温度下打开自然通风的换气次数、设定温度</td></tr>
<tr><td rowspan="2">运行时间</td><td>07:00—19:00 开启
周一至周五</td><td>00:00—08:00
18:00—24:00 开启
周一至周五</td><td>08:00—21:00 开启
周一至周五</td><td>00:00—24:00 开启
周一至周五</td></tr>
<tr><td>全天关闭
周末</td><td>00:00—24:00 开启
周末</td><td>08:00—21:00 开启
周末</td><td>00:00—24:00 开启
周末</td></tr>
</table>

概念模块减碳策略与效果分析

在对响螺湾 CBD 城市设计模型进行能耗和碳排放模拟之前，我们首先对 CBD 街区概念模块进行了各单项策略的模拟分析，目的是初步遴选出适用的、敏感度较高的城市设计策略。根据对国内外主要 CBD 案例的调研分析结果，我们将 CBD 街区概念模型设定为单个地块用地 100 m × 100 m，容积率为 6.0。在此基础上进行同等经济技术指标下多方案的模拟比对，分析不同策略的效果和特点，然后根据模拟结果将适用策略应用于响螺湾 CBD 城市设计研究。下列表 2～表 7 分别是针对总体空间布局优化、街道布局优化、朝向优化、平面组合方式优化、开放空间布局优化、太阳能利用优化的模拟对比结果。

表 2　概念模型策略模拟对比表（总体空间布局优化）

项目	空间布局 I	空间布局 II	空间布局 III
布局特点	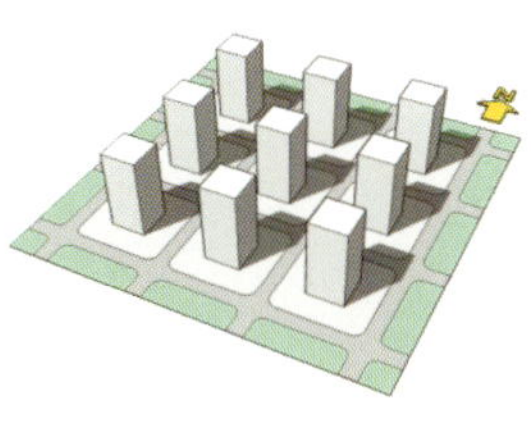	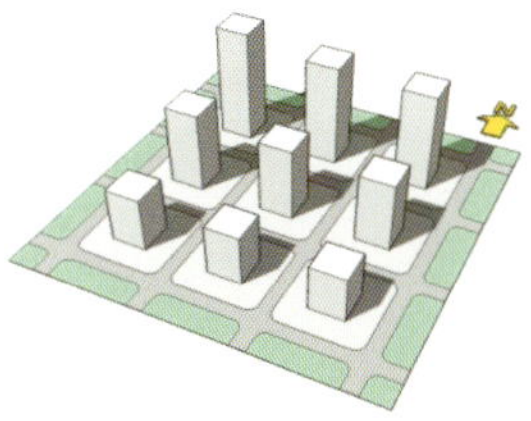	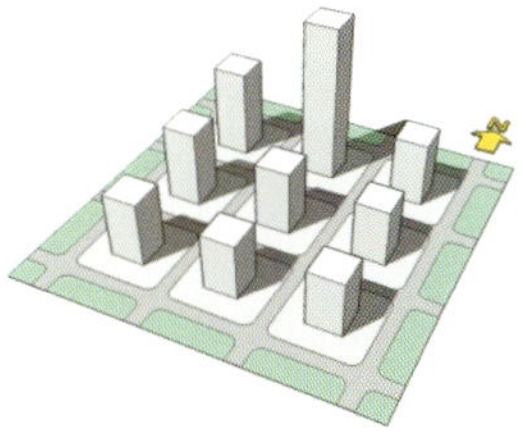
	较为均质的总体建筑布局	南低北高的空间布局，旨在使建筑群得到更多太阳得热，从而减少主动调节	高密度、中心聚集的总体布局使大量活动聚集在中心而非均质分布
建筑高度分析图	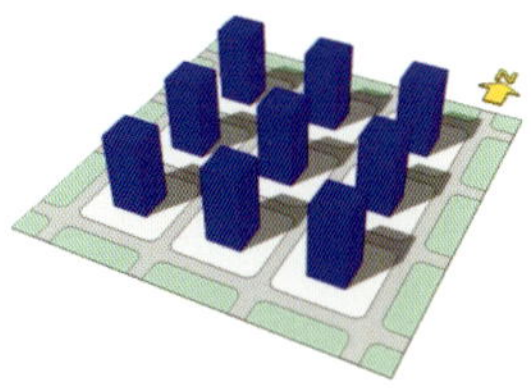	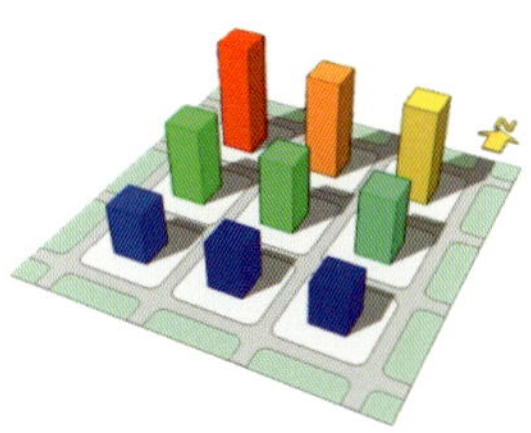	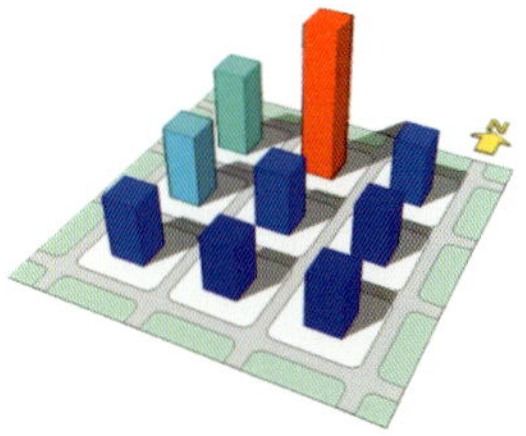
运行能耗 kW·h/（m²·a）	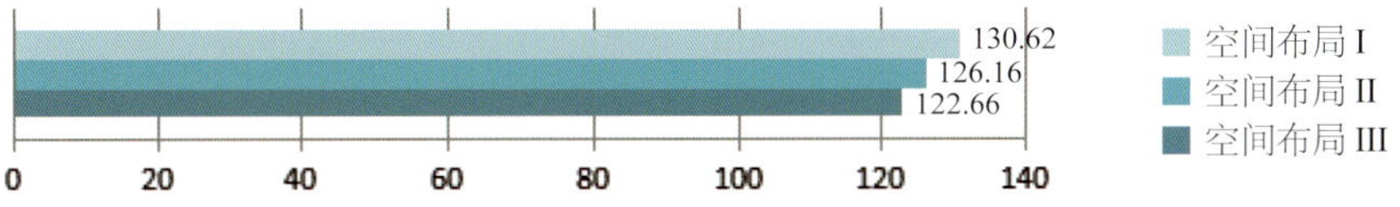		
运行碳排放 kg/（m²·a）	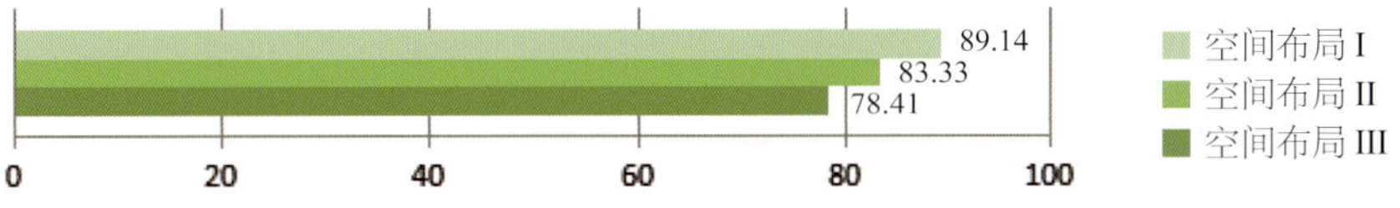		

根据表 2 模拟结果可知，空间布局Ⅱ和空间布局Ⅲ在节能减碳上均有较好的效果，其运行能耗相比空间布局 I 分别降低了 3.41% 和 6.09%，碳排放分别降低了 6.52% 和 12.04%，可以看出整体空间布局结构、建筑高度布局等设计要素对于区域的整体低碳性能有着较大的影响，是 CBD 城市设计方案的低碳设计重点。

表 3 概念模型策略模拟对比（街道布局优化）

项目	街道布局 I	街道布局 II
布局特点	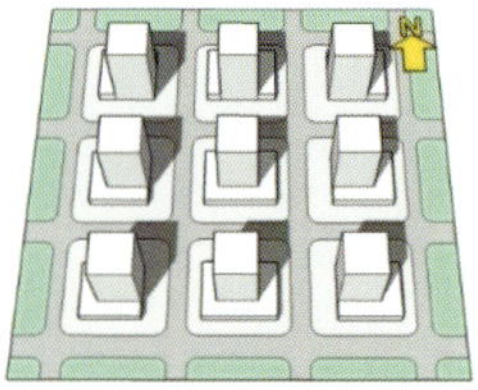	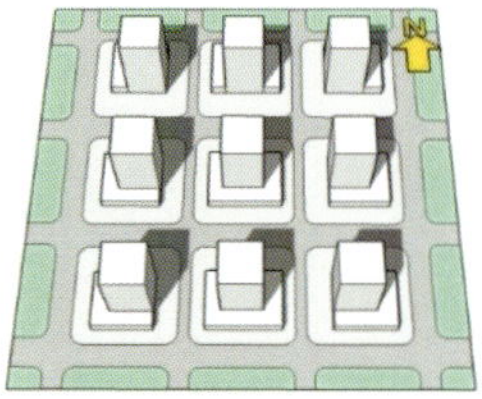
	较为均质的街区布局	可尽量设计东西走向的宽阔街道，能使建筑物得到来自南向的阳光照射；为了存贮所接收的热量，建筑可布置得较密；南北走向的街道可略窄，最大限度地规避西晒等不利因素
街道宽度分析图	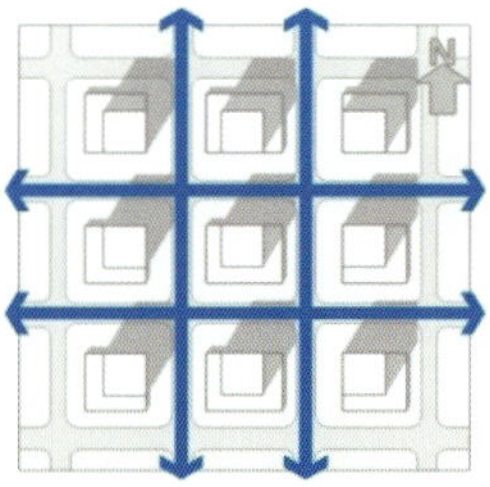	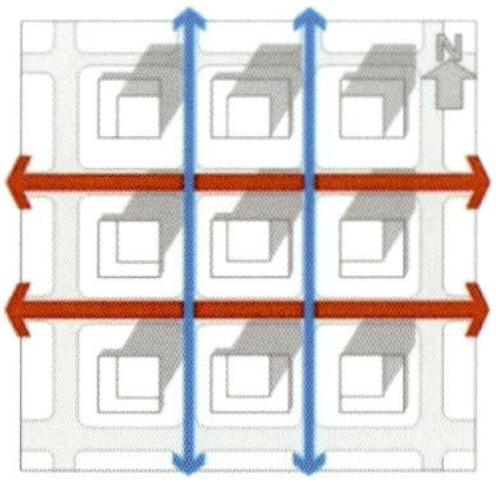
运行能耗 kW·h/（m^2·a）	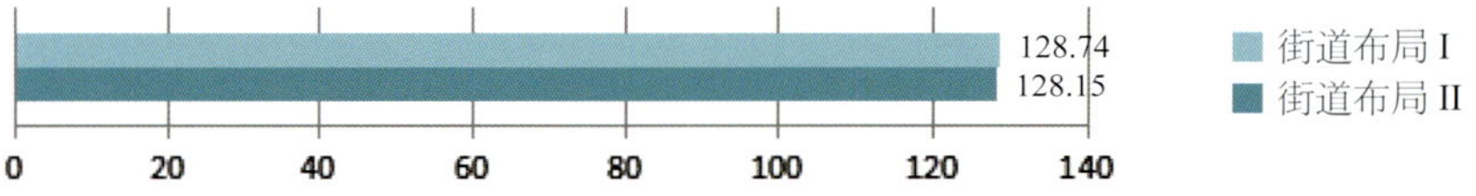	
运行碳排放 kg/（m^2·a）	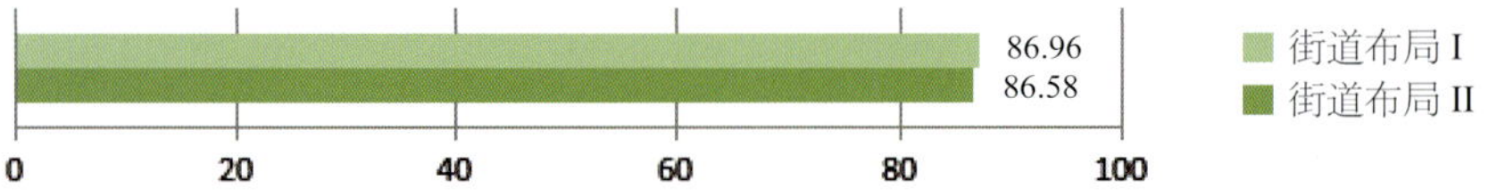	

根据模拟结果可知（表 3），街道布局Ⅱ较街道布局Ⅰ的运行能耗和碳排放有略微的下降，虽然下降幅度不大，但是对于城市设计尺度巨大的碳排放基数来说，也有一定的作用。在低碳城市设计过程中，可以适度对这一要素进行关注。

表 4 概念模型策略模拟对比（朝向优化）

<table>
<tr><th>项目</th><th>朝向布局 I</th><th>朝向布局 II</th><th>朝向布局 III</th><th>朝向布局 IV</th></tr>
<tr><td rowspan="2">布局特点</td><td>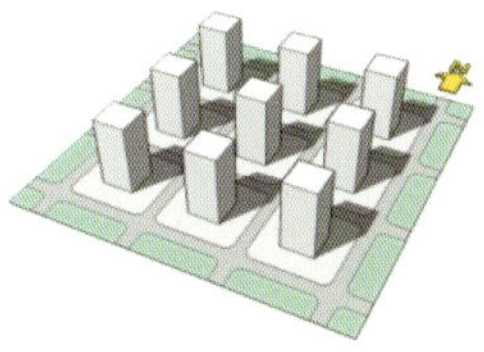</td><td>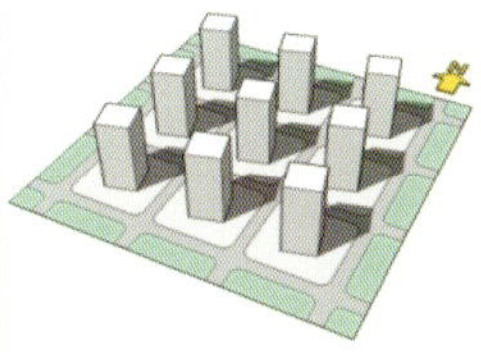</td><td>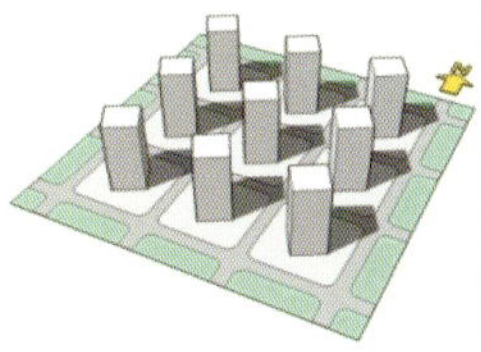</td><td>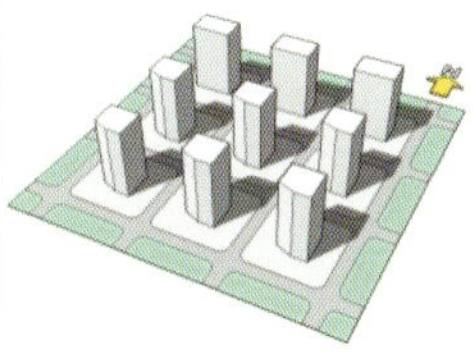</td></tr>
<tr><td>正南朝向</td><td>南偏东 15°</td><td>南偏东 30°</td><td>适度增加建筑群有利朝向的受光面</td></tr>
<tr><td>运行能耗</td><td colspan="4" rowspan="2">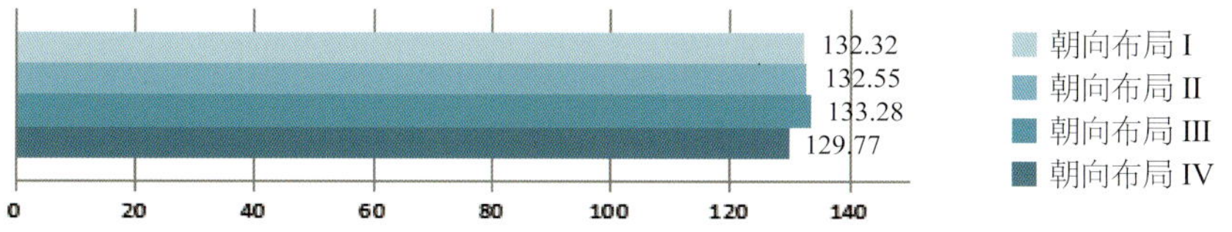
</td></tr>
<tr><td>kW·h/（m²·a）</td></tr>
<tr><td>运行碳排放</td><td colspan="4" rowspan="2">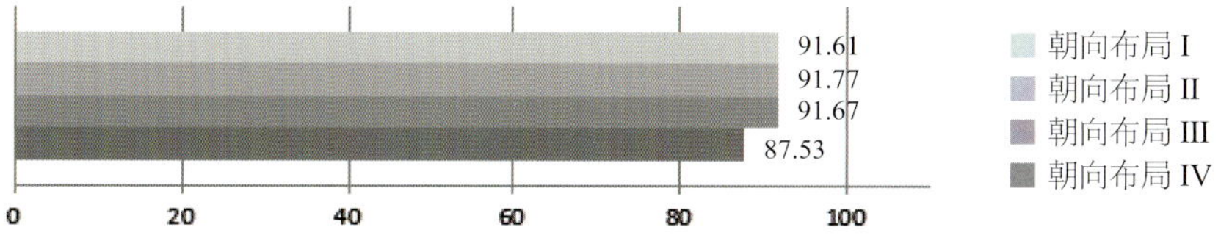
</td></tr>
<tr><td>kg/（m²·a）</td></tr>
</table>

根据表 4 模拟结果可知，正南朝向、南偏东 15°、南偏东 30° 等 3 个朝向对于建筑群的运行能耗和碳排放影响不大，3 个方案均有较好的表现。而在满足功能的前提下，适度增加建筑群有利朝向的受光面，可以产生较好的节能减碳效果，与朝向布局 I 相比节能率和减排率分别达到了 1.93% 和 4.45%。

表 5 概念模型策略模拟对比（平面组合方式优化）

项目	平面组合方式 I	平面组合方式 II	平面组合方式 III
布局特点	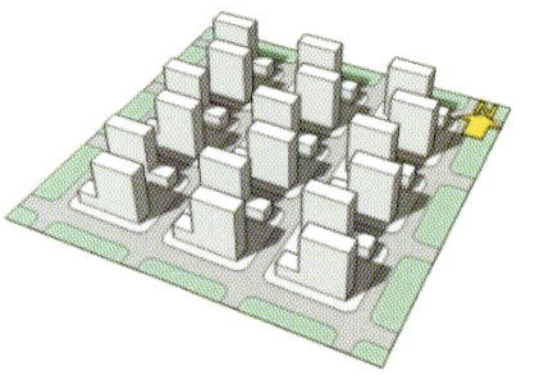	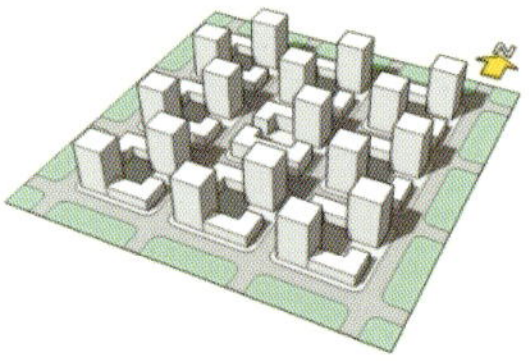	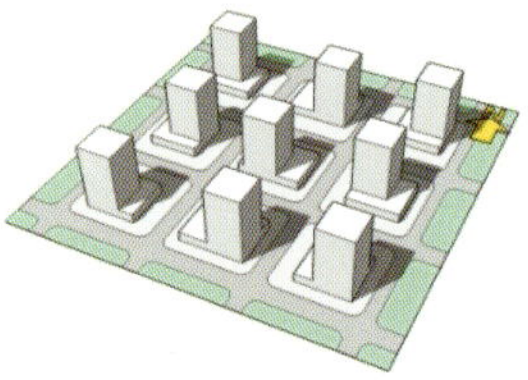
	行列式（错列式）布局	周边式建筑布局，建筑呈围合式布置	点群式布局，建筑以点式高层的形式灵活布置
平面组合方式示意图	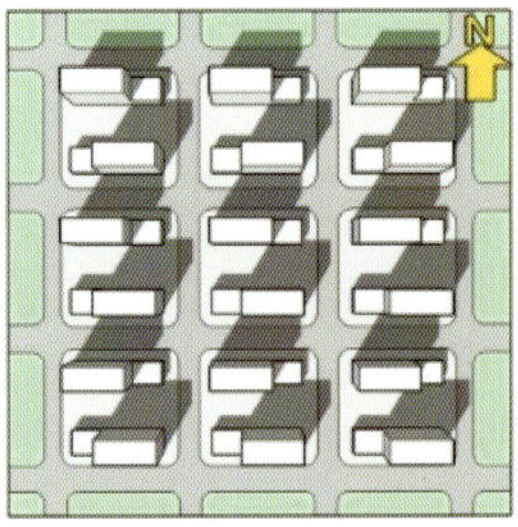	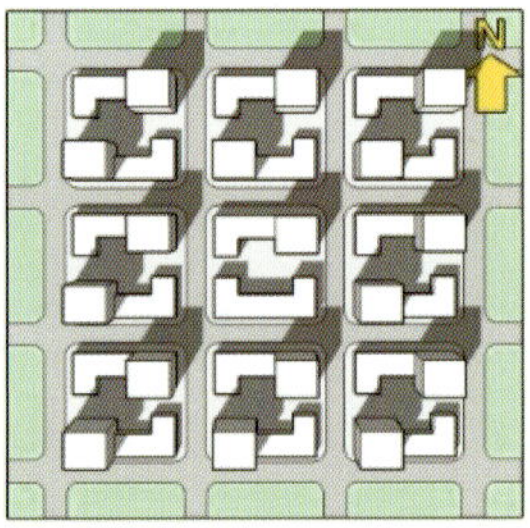	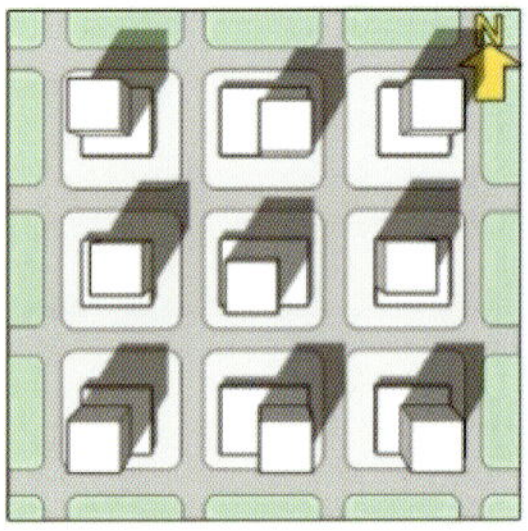
运行能耗 kW·h/（m^2·a）	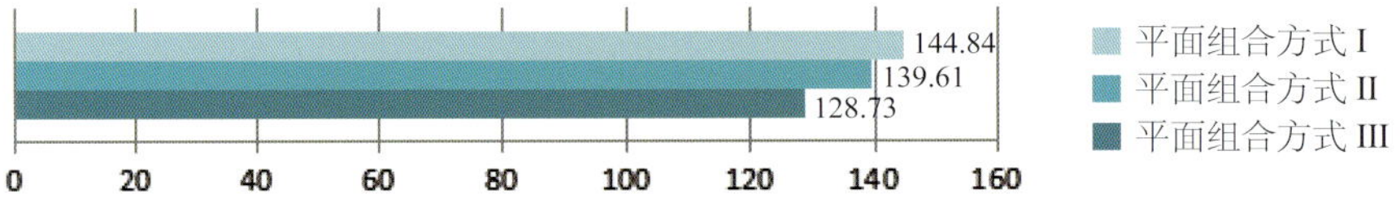		
运行碳排放 kg/（m^2·a）	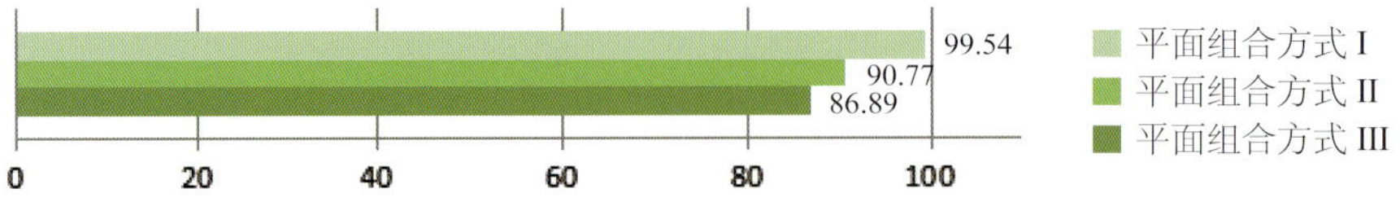		

根据表 5 所示的模拟结果可知，相较于行列式（错列式）和周边式，点群式布局在节能减碳方面有着非常明显的优势，可以看出适当调节建筑群体平面组合方式是一项有效的低碳城市设计策略。

表 6 概念模型策略模拟对比（开放空间布局优化）

项目	开放空间布局 I	开放空间布局 II
布局特点	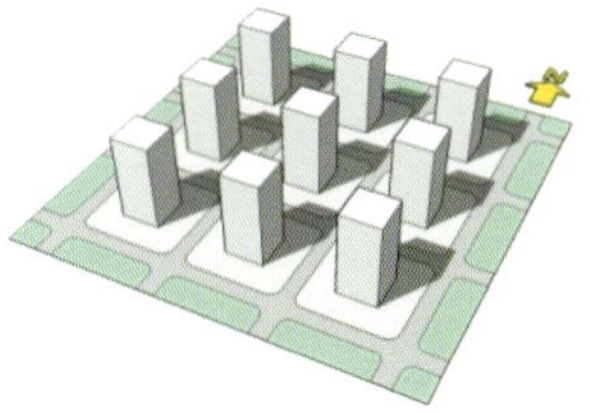	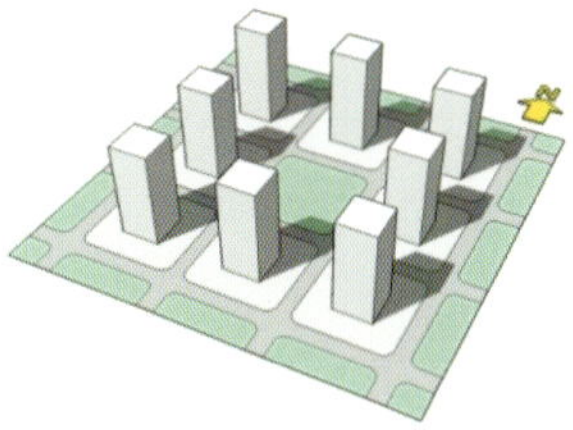
	开放空间匮乏	在区域内节点位置组织大型集中式开敞空间（如公园、大型广场等）
运行能耗 kW·h/（m^2·a）	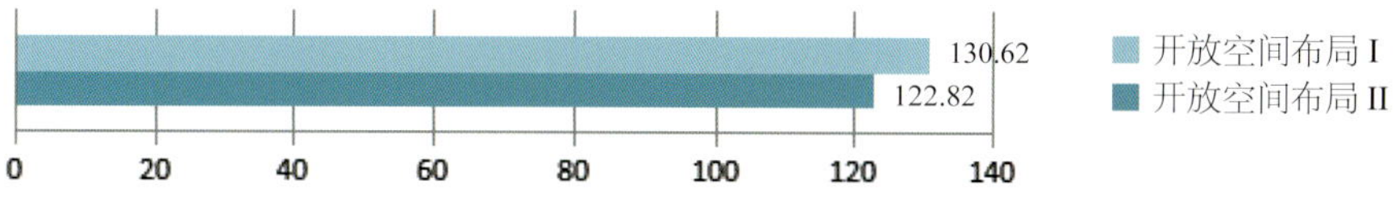	
运行碳排放 kg/（m^2·a）	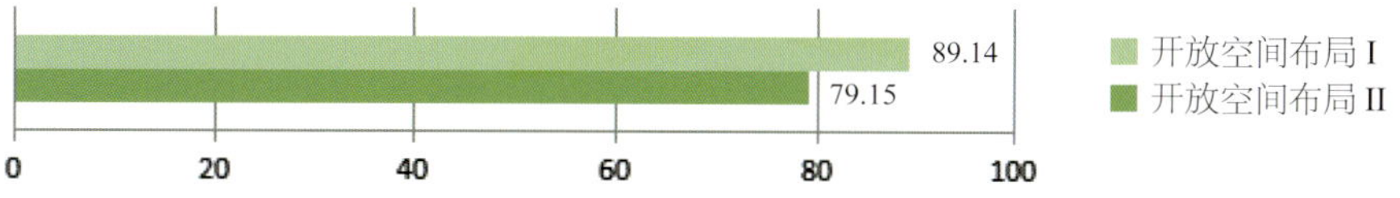	

根据模拟结果可知（表 6），与开放空间布局 I 相比，开放空间布局 II 的运行能耗降低了 5.97%，碳排放降低了 11.2%，可以看出城市设计中开放空间系统的合理组织对于整个区域的减碳有着较好的积极作用。

表 7 概念模型策略模拟对比（太阳能利用优化）

项目	方案 I	方案 II	方案 III
布局特点	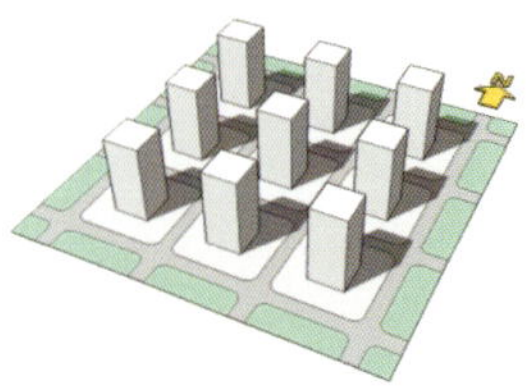	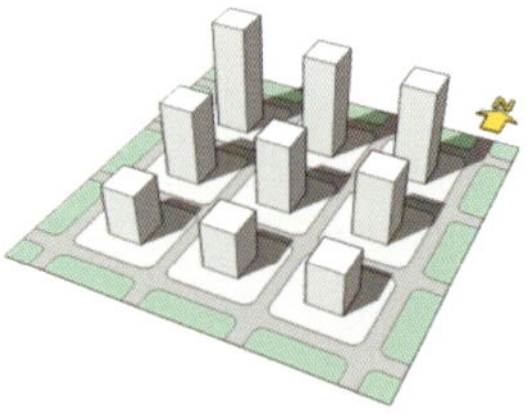	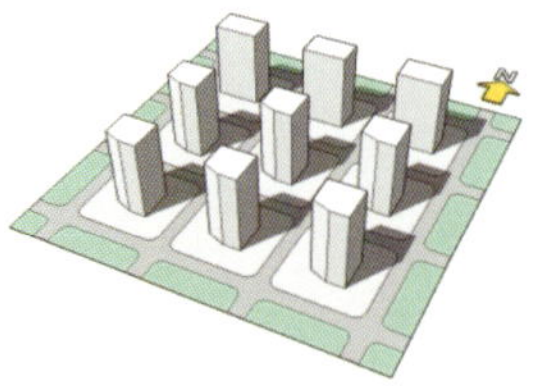
	良好朝向的均质建筑布局	在良好朝向基础上，应用南低北高的建筑布局，增加建筑群接受太阳辐射的面积	调节建筑形体，减少相互遮挡，适度增加建筑群有利朝向的受光面
太阳能利用潜力分析图	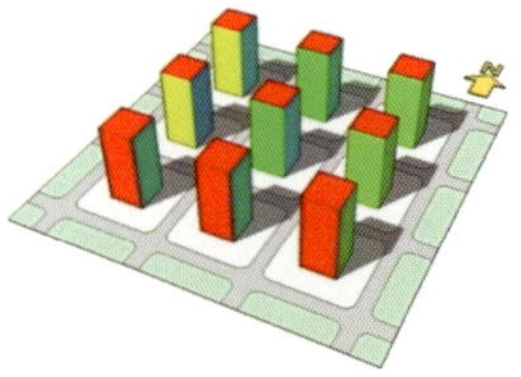	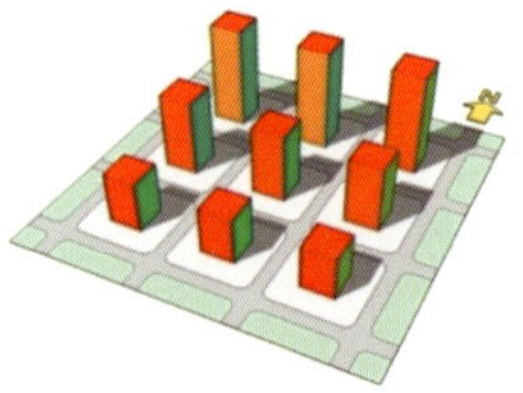	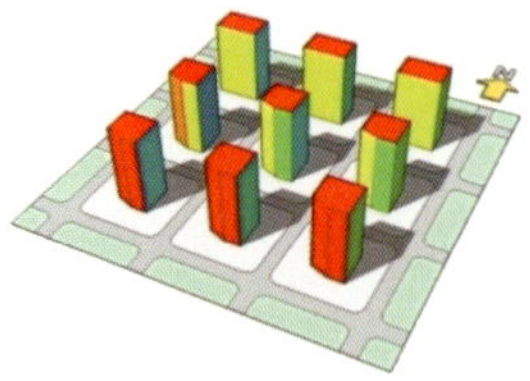
太阳能潜力模拟 mW·h/a	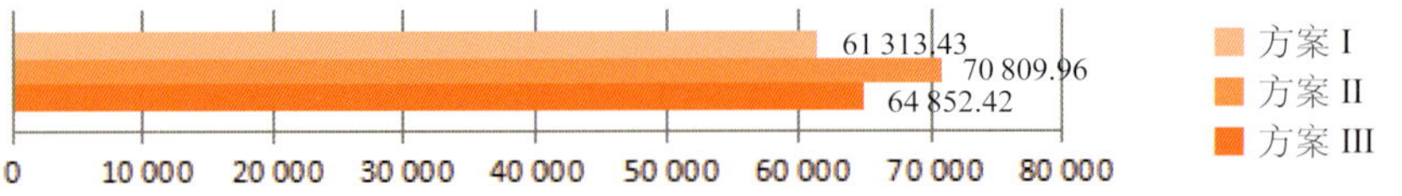		

如表 7 所示，根据模拟结果可知，方案Ⅱ和方案Ⅲ在太阳能应用潜力上均有较好的效果，尤其是方案Ⅱ，其太阳能利用潜力比方案Ⅰ提升了 15.49%，可以看出通过合理的城市设计策略对于区域的太阳能利用可以起到较为显著的积极作用。在低碳城市设计过程中，可以将这一设计要素作为一项重要的关注点。

综上所述，对于概念 CBD 模块的各单项优化策略或多或少均有一定的节能减碳作用，尤其在总体空间布局、平面组合方式等方面，对于城市设计方案的绿色性能有较大的影响。在 CBD 的规划设计中，可以根据项目的具体情况应用适宜的节能减碳策略对方案进行优化。

设计优化

在上述研究结果的基础上，将VIRVIL for SketchUp与HTB2软件平台链接，模拟响螺湾CBD城市设计方案的能耗和碳排放水平，针对研究区域提出具体的优化策略，并根据优化策略调整城市设计方案，进行多方案模拟对比。下表为应用于响螺湾CBD的各单项策略内容及模拟结果（表8）。

表8 响螺湾CBD单项优化策略汇总表

项目	空间效果	优化策略	优化效果
最初方案	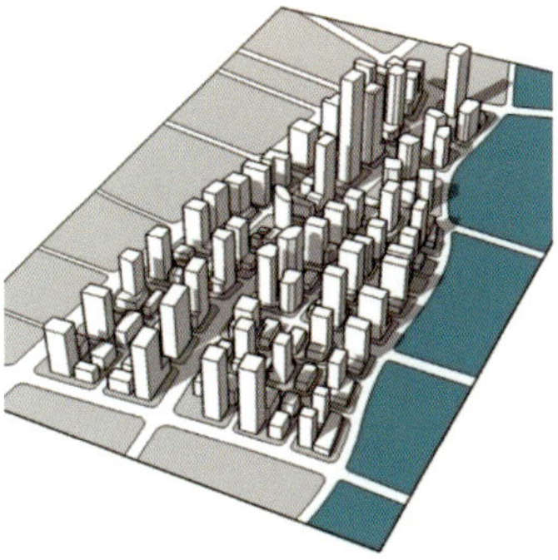	—	—
方案A：总体空间布局优化	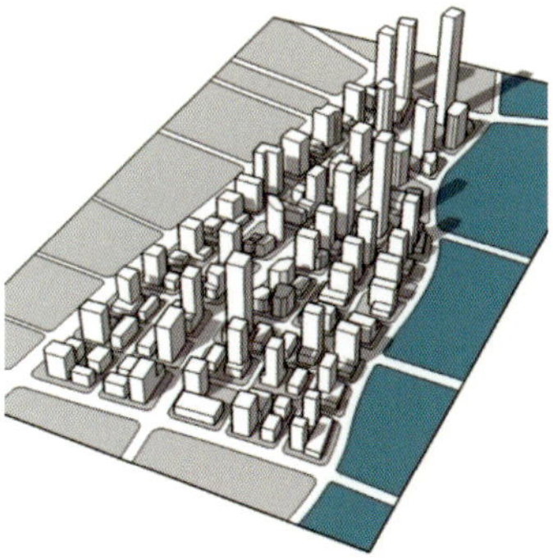	使方案基地内总体建筑布局形态和各分区建筑组群呈现“北高南低”和“中心聚集”的空间形态。这种空间形态设计旨在为整个区域争取更多的太阳得热，冬季北侧的较高建筑也可阻挡来自西北向的寒风。 在本方案中，由南至北空间形态逐渐升高，且分别形成3处明确的中心。整体空间形态呈现由南向北、由四周向中心逐渐升高的过渡趋势，使大量活动聚集在中心区域而非均质分布	节能率：1.18% 减排率：2.58%

续表

项目	空间效果	优化策略	优化效果
方案 B：街道布局优化	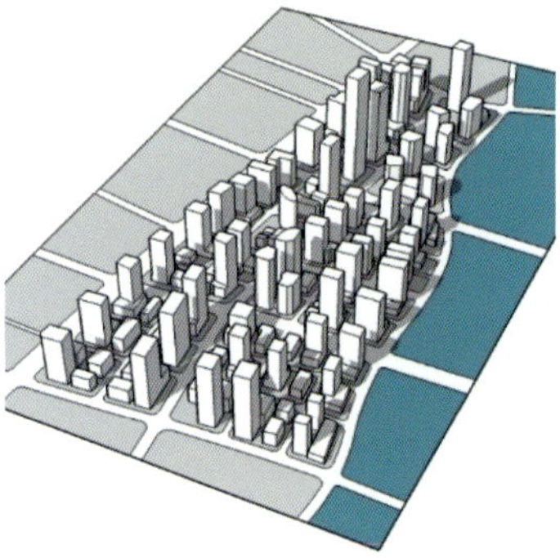	在响螺湾 CBD 方案中可在东西走向更多地设计宽阔的交通性干道，在南北走向更多地设计较密、较窄的生活性道路甚至单行道，使得各街区充分利用太阳辐射的积极因素并尽量规避西晒等不利因素	节能率：0.29% 减排率：0.48%
方案 C：朝向优化	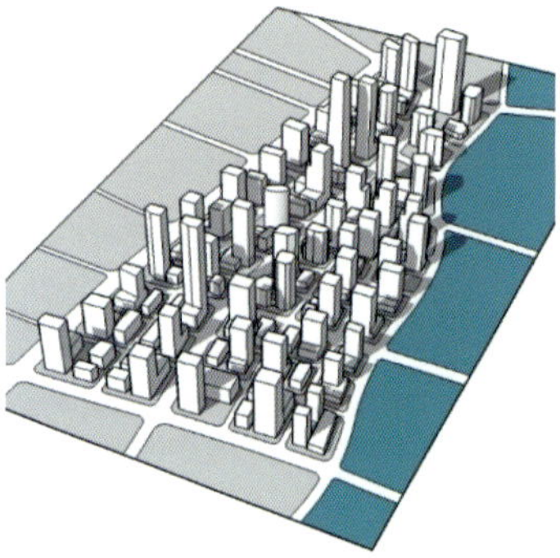	在最初方案基础上，通过调整建筑布局及形态，尽可能避免不良朝向，争取绝大多数建筑南向布局，增加建筑的南向受光面，争取更充足的太阳照射	节能率：1.74% 减排率：2.17%
方案 D：平面组合方式优化	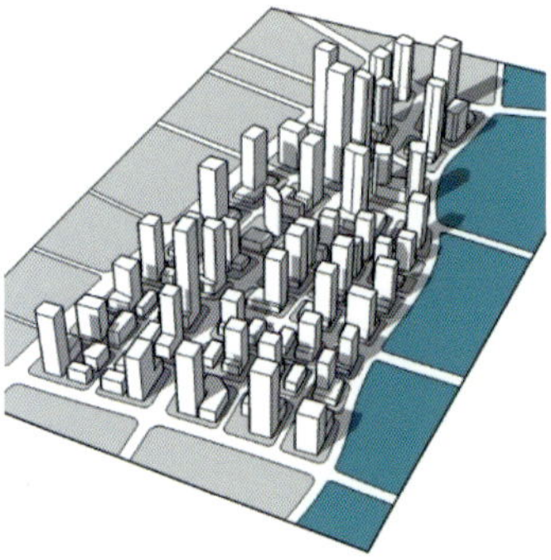	在响螺湾 CBD 方案中，建筑单体更多地设计为点式超高层形式，结合场地情况和总体规划结构有序组合。 结合功能适度减少因遮挡而无法接受日照的建筑裙房体量和高层建筑基底面积；尽量避免因平面组合带来的不良朝向问题	节能率：1.72% 减排率：1.97%

续表

项目	空间效果	优化策略	优化效果
方案 E：开放空间布局优化	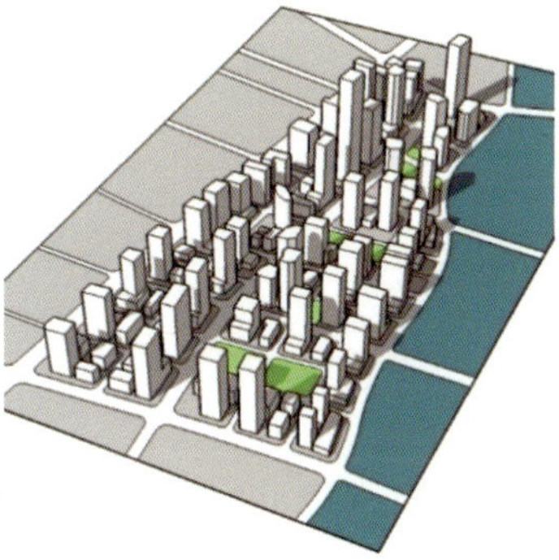	在设计区域内选取重要节点位置，布置大型集中式开敞空间（如公园、大型广场等），形成区域层级的“城市中庭”。大型开敞空间对于 CBD 核心区的热工环境、通风环境有较多积极意义，并可减少其他建筑对于核心区容量最大的地标建筑群的遮挡	节能率：0.89% 减排率：1.12%
方案 F：太阳能利用优化	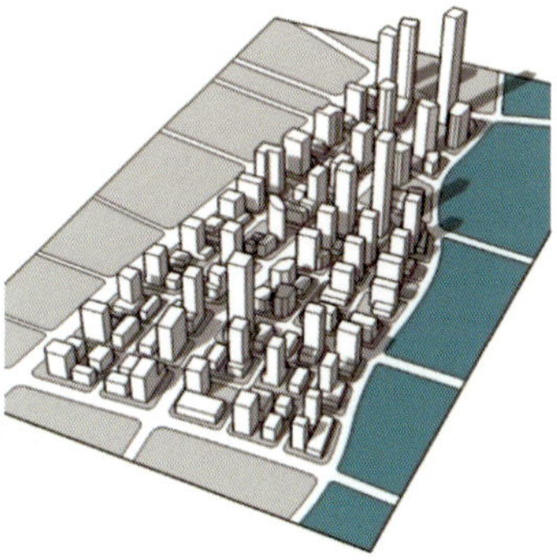	北高南低的空间布局及朝向的优化设计，旨在使建筑群得到更多有利太阳辐射，从而提升对太阳能的利用潜力	太阳能利用潜力增加率：5.95%

根据上述表格所示，在各项经济技术指标保持不变的前提下，各优化方案较最初方案的运行能耗和碳排放均有一定程度的下降（图 4）。其中，可以看出总体空间布局优化、朝向优化、平面组合方式优化等设计要素对于区域的整体性能有较大影响，是 CBD 低碳城市设计的重点。另外，对于城市尺度太阳能利用的优化可以显著提高区域太阳能利用潜力，值得关注。

根据各单项优化策略的定量分析，可知各项策略对于寒冷地区 CBD 城市设计方案均可起到不同程度的积极作用。将上述各项优化策略综合应用于响螺湾 CBD 研究模型，进行方案综合优化，综合优化方案效果如图 5 所示。表 9 为优化方案应用的设计策略，表 10 为最初设计方案与优化方案的效果对比。

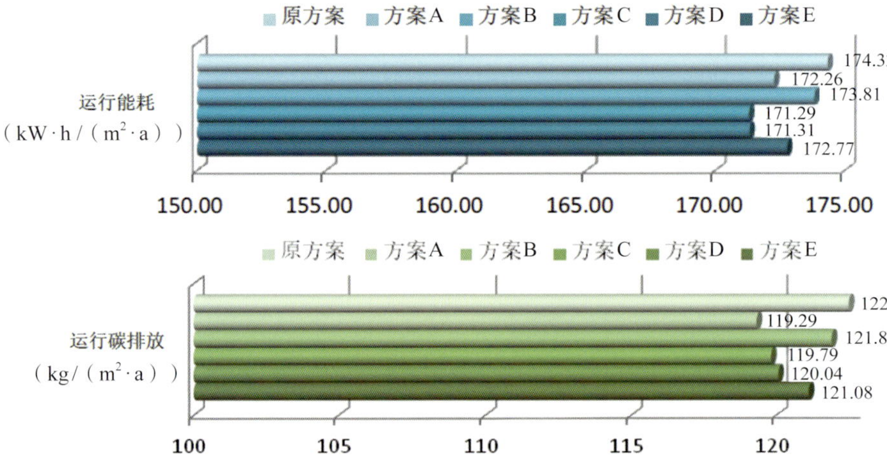

图 4 各项空间优化策略节能减碳效果对比图

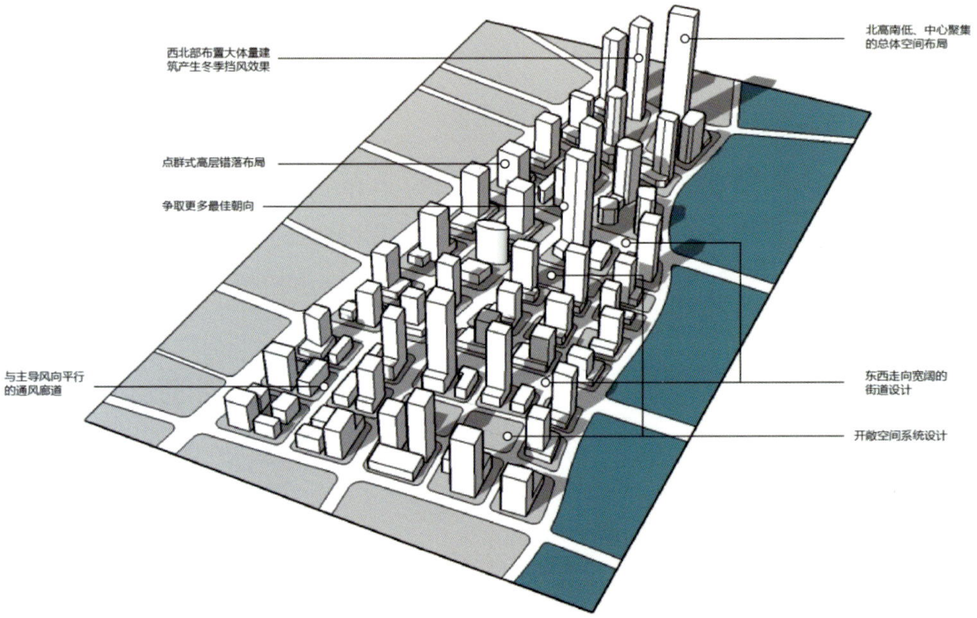

图 5 响螺湾 CBD 城市设计综合优化方案图示

表 9 综合优化方案节能减碳策略表

优化项目	具体内容
总体空间布局	使方案基地内总体建筑布局形态和各分区建筑组群呈现“北高南低”和“中心聚集”的空间形态。这种空间形态设计旨在为整个区域争取更多的太阳得热，冬季北侧的较高建筑也可阻挡来自西北向的寒风。 在本方案中，由南至北空间形态逐渐升高，且分别形成 3 处明确的中心。整体空间形态呈现由南向北、由四周向中心逐渐升高的过渡趋势，使大量活动聚集在中心区域而非均质分布
街道布局	在响螺湾 CBD 方案中可在东西走向更多地设计宽敞的交通性干道，在南北走向更多地设计较密、较窄的生活性道路甚至单行道，使得各街区充分利用太阳辐射的积极因素并尽量规避西晒等不利因素
朝向	在原方案基础上，通过调整建筑布局及形态，尽可能避免不良朝向，争取绝大多数建筑南向布局，增加建筑的南向受光面，争取更充足的太阳照射
平面组合方式	在响螺湾 CBD 方案中，建筑单体更多地设计为点式超高层形式，结合场地情况和总体规划结构有序组合。 结合功能适度减少因遮挡而无法接受日照的建筑裙房体量和高层建筑基底面积；尽量避免因平面组合带来的不良朝向问题
开敞空间布局	在设计区域内选取重要节点位置，布置大型集中式开敞空间（如公园、大型广场等），形成区域层级的“城市中庭”。大型开敞空间对于 CBD 核心区的热工环境、通风环境有较多积极意义，并可减少其他建筑对于核心区容量最大的地标建筑群的遮挡
太阳能利用	北高南低的空间布局及朝向的优化设计，旨在使建筑群得到更多有利的太阳辐射，从而提升对太阳能的利用潜力

表 10 综合优化方案与原设计方案效果对比情况表

项目	原方案	综合优化方案
城市设计方案	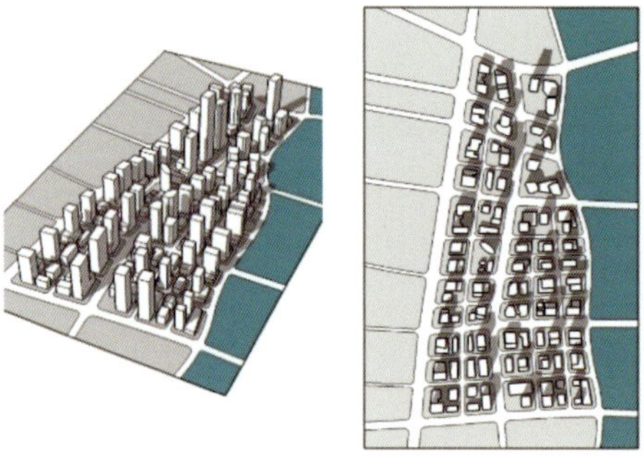	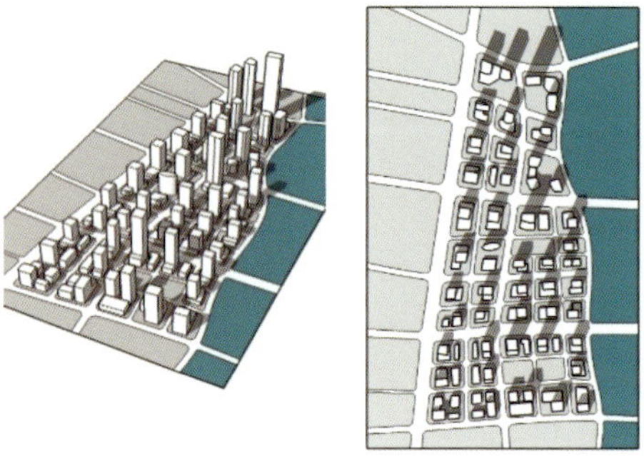
东西向天际线	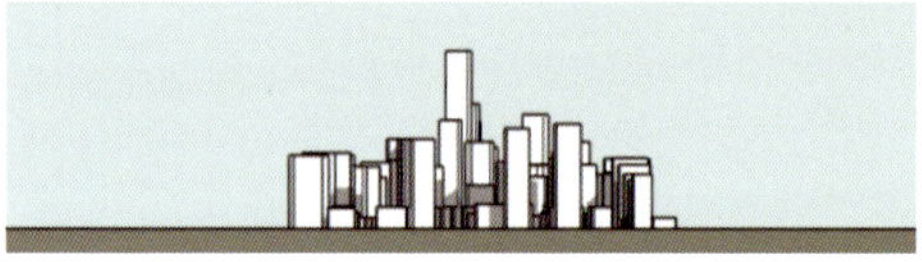	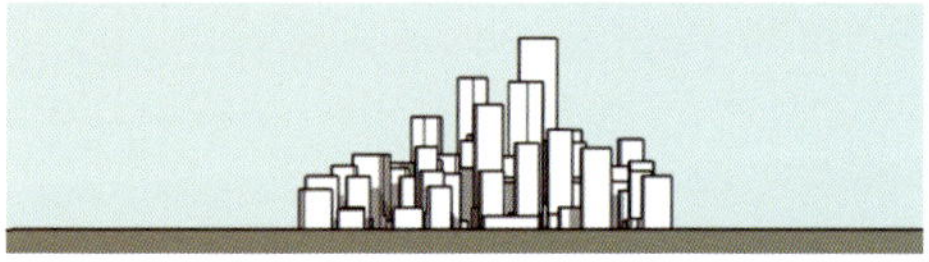
南北向天际线	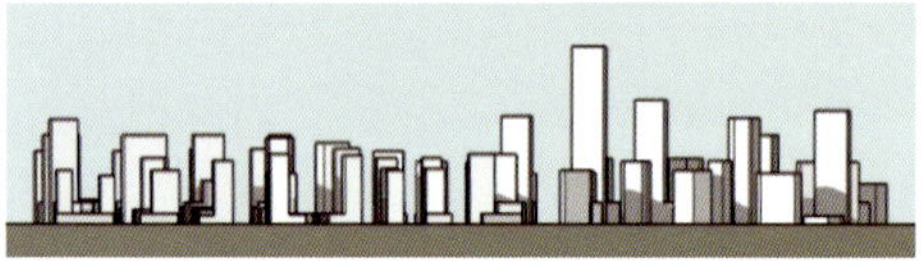	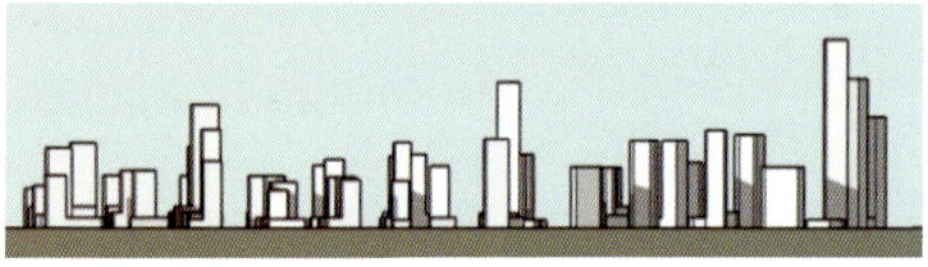
运行能耗	—	节能率：2.28%
kW·h/（m^2·a）		
运行碳排放	—	减排率：2.94%
kg/（m^2·a）	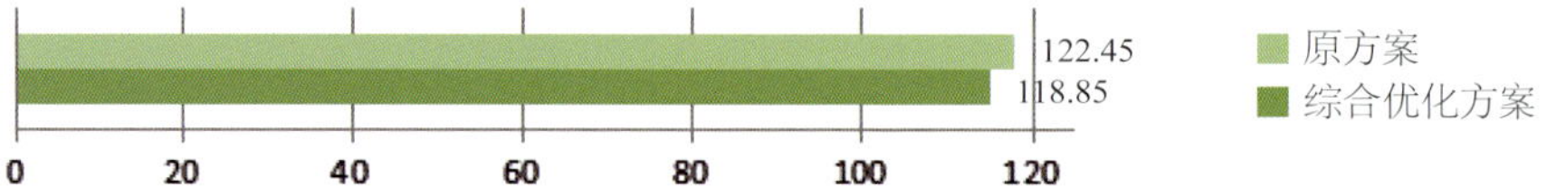	

根据模拟结果，在总建筑面积、容积率等经济技术指标和城市空间的环境质量保持不变的前提下，综合优化方案较最初方案能耗减少了 2.28%，碳排放减少了 2.94%。虽然节能减排率不是很高，但是高密度的城市 CBD 总体建设量巨大，每一个百分点的节能减排量核算为具体的节能减碳数字时都非常可观。

在整体建设流程起始的方案设计阶段，提倡设计师关注低碳设计、整合节能减排策略、应用量化模拟预测减排效果，对于更新城市设计理念、带动相关产业和方法工具的变革具有更加积极的意义。

结语

低碳城市设计已成为世界各大城市节能减排的一项重要依托，其宗旨是通过城市空间设计理念的转变，在城市空间、建筑、交通、景观等方面提出适合时代发展需要的创新理论，从而科学地指导设计实践，实现低碳至零碳的城市建设。在各类城市功能片区中，中心商务区总体能耗和碳排放都很高，节能减碳潜力大，对社会的引领作用强，具有显著的示范作用。

本项目运用性能模拟技术对城市设计方案的能耗和碳排放水平进行评价，提出优化策略，获得即时的能耗和碳排放量化结果，在低碳城市定性研究的基础上有所突破，对目标和效果导向的低碳城市设计方法进行了积极探索。

致谢：
感谢天津大学城市规划设计研究院提供了响螺湾 CBD 设计方案和基础资料；
感谢英国卡迪夫大学威尔士建筑学院对项目研究的支持。

资料来源：
1. 祝正午 . 寒冷地区中心商务区低碳城市设计策略研究——以天津滨海新区响螺湾 CBD 为例 . 天津大学硕士学位论文，2016.
2. 科技部国家国际科技合作专项项目（2014DFE70210）《低碳城市与绿色建筑设计关键技术研究》结题报告 .

案例 14　天津大学生命学院办公楼绿色改造设计研究（2013 年）

本项目研究依托“十二五”国家科技支撑计划项目“办公建筑绿色改造技术研究与工程示范”，是该项目的重要示范工程。在项目实施过程中，应用了多项课题研究成果，并且特别注重从建筑设计的视角探索既有建筑绿色改造，提出了既有建筑绿色改造的流程与方法，期望在环境负荷、业主需求、成本投入等方面达成平衡。由于示范工程受制于造价、需求和建造时间，因此作为一个研究项目，我们在示范工程完成后，对实施方案进一步优化，旨在达成更为理想的绿色改造效果，形成一套完整的设计流程和优化方法。

项目背景

天津大学生命学院办公楼（原第十五教学楼），位于天津大学卫津路校区内（图 1），建于 20 世纪 70 年代末期，占地面积 1 350 m^2，总建筑面积 5 400 m^2。天津大学于 2012 年成立生命科学学院（简称“生命学院”），学校决定将第十五教学楼改造成生命学院的科研办公楼。

图 1　生命学院办公楼位置及周边环境

建筑改造前为普通教学楼，四层砖混结构，建筑耐火等级为二级，建筑主体高度为 15.1 m（从室外地坪至屋顶完成面高度），一至三层建筑层高 3.6 m，四层建筑层高 3.7 m，首层室内外地坪高差 0.6 m，主体围护结构厚 360 mm，无保温层（图 2）。建筑平面形式为内走廊，两侧布置房间（图 3）。

图 2 改造前的建筑形象与景观

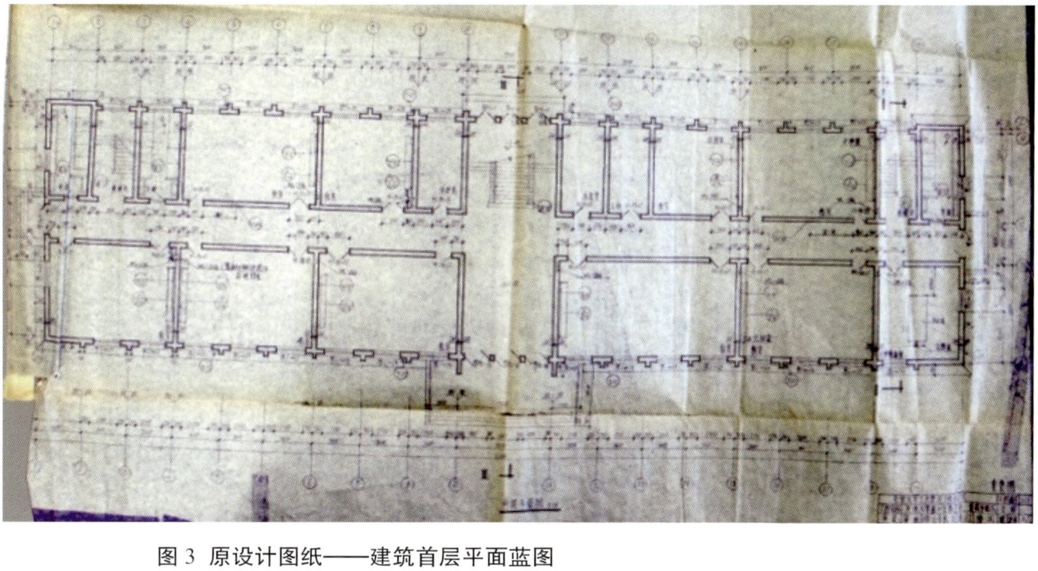

图 3 原设计图纸——建筑首层平面蓝图

图纸来源：天津大学基建处

通过深入细致的现场调研和测试，发现该办公楼改造前主要存在以下问题：建筑能耗、水耗高，不能满足现行节能设计规范；历经多次使用功能的调整，已年久失修，空间划分简陋，舒适性差；大部分建筑空间夏季无空调，冬季集中采暖系统能效低，室内感觉寒冷；建筑外墙部分破损，整体形象陈旧，难以满足刚刚成立的生命学院对建筑形象和使用功能的要求。

改造前性能模拟分析

依据《公共建筑节能设计标准》（GB 50189-2015）、《天津市公共建筑节能设计标准》（DB 29-153-2010）和《民用建筑热工设计规范》（GB 50176-2016）等标准规范，针对改造前的建筑状况，运用 PKPM 公共建筑节能设计计算软件 PBEC 模块进行热工性能模拟，分别得出改造前建筑围护结构——屋顶、墙体、楼板、窗体等热工性能数值，与标准数值进行比较，确定节能改造的重点部位，指导绿色改造的方向。PKPM 公共建筑节能设计计算软件 PBEC 模块，已将室内环境节能设计计算参数（包括集中采暖系统室内计算温度、空气调节系统室内计算参数、公共建筑主要空间的设计新风量等）和围护结构热工性能的权衡计算约束条件（包括风机盘管系统的日运行时间表、不同类型房间人均占有的使用面积等）内置在软件的计算法则中，通过在 PKPM 软件中建模，设置建筑类型、围护结构参数、房间类型、对采暖空调房间和非采暖空调房间分区，即可比较方便地得到建筑节能计算书。表 1 为依据天津气象参数，通过 PKPM 软件模拟得到的围护结构热工性能计算结果。

表 1 改造前建筑围护结构的传热系数 单位：W/（$m^2 \cdot K$）

围护结构名称		改造前	标准限值	结论
屋顶传热系数		1.98	0.55	不满足标准
墙体平均传热系数	南	1.41	0.6	不满足标准
	北	1.39	0.6	不满足标准
	东	1.41	0.6	不满足标准
	西	1.39	0.6	不满足标准
楼板传热系数		2.1	1.5	不满足标准
门窗传热系数		2.75~2.84	2.7	不满足标准
外窗开启面积		20.8%	30%	不满足标准

从现状与标准限值的对比可以看出，改造前建筑的围护结构热工性能不能满足标准限值要求，需要全方位改造提升。

实施方案

在业主需求访问、原办公楼调研测试和性能模拟的基础上，改造目标逐渐清晰，即：通过绿色改造，一方面满足新建生命学院科研办公的常规条件要求，在经济适用的基础上创造学院的新形象；另一方面根据研究项目对示范工程的要求，通过使用者、设计单位和课题组成员合作，建成环境舒适的科研办公建筑，达到绿色建筑星级标准，实现节能、节水、节材的目标，将绿色改造与建筑形象创新有机结合起来。

为了实现上述改造目标，经过示范工程合作团队的反复论证，确定了以下3项工程实施重点。

•调整部分非承重横墙位置，满足科研办公使用要求，实验室内增设通风设备，增设电梯一部，满足实验材料和设备的运输要求，图4为实施方案首层平面图。

•改造后的建筑必须满足现行节能、节水标准，重点对外围护结构进行节能改造，在室内设备改造中采用节水设备，接入校园中水管网，实现分类、分项计量。

•提高建筑室内的舒适性，增设夏季供冷、冬季采暖的空调设备系统。在反复调研论证的基础上，决定采用奇威特太阳能空调系统，利用可再生能源供冷、制热。

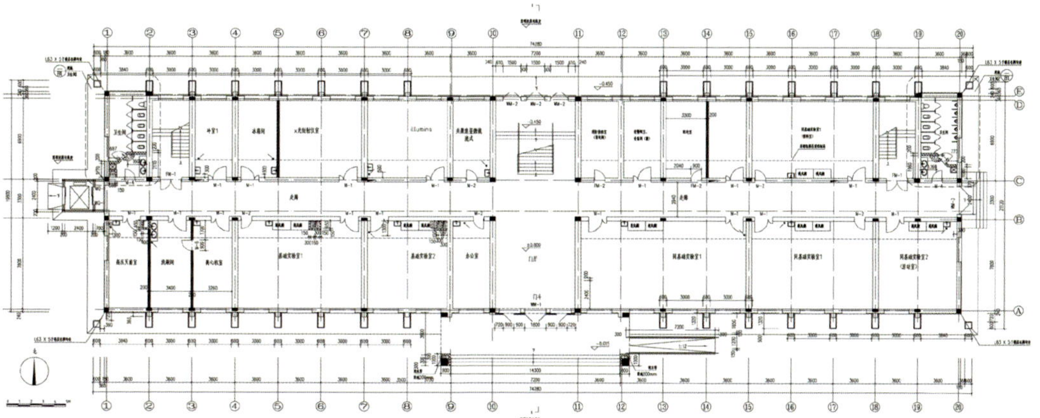

图4 实施方案首层平面图

图片来源：天津大学建筑设计研究院

根据绿色改造重点、形象创新与室内外整体环境提升等诉求，按照不同的造价和形象效果，完成了3个设计方案（表2）。

表 2 依据不同造价提出的 3 个方案（分值计算依据当时执行的国标《绿色建筑评价标准》（GB/T 50378–2006））

设计方案	方案效果图	方案特点	得分
低造价方案	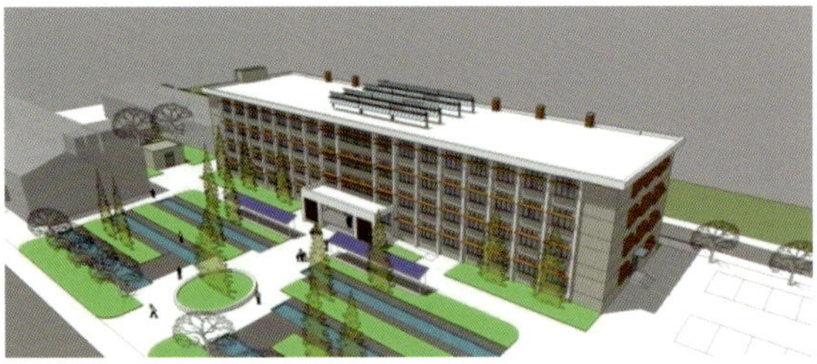	外围护结构节能改造，内部给排水设备改造，分类、分项计量，增加必需的太阳能空调设备，适当考虑遮阳	67
中等造价方案		外围护结构节能改造，内部给排水设备改造，分类、分项计量，将室外遮阳、立体绿化、太阳能空调设备与外立面钢构架整合设计，维持原建筑荷载基本不变	79
高造价方案		采用集热墙、双层表皮等特殊技术降低能耗；使用再生材料的外墙板；扩充建筑使用面积，建筑形象处理具有一定的象征意义；给排水设备、空调系统同前	83

经过反复论证，兼顾成本、需求、改造后的绿色性能，最终选择第二方案继续深化设计，形成最终的实施方案，图 5 为实施方案采取的主要改造策略。

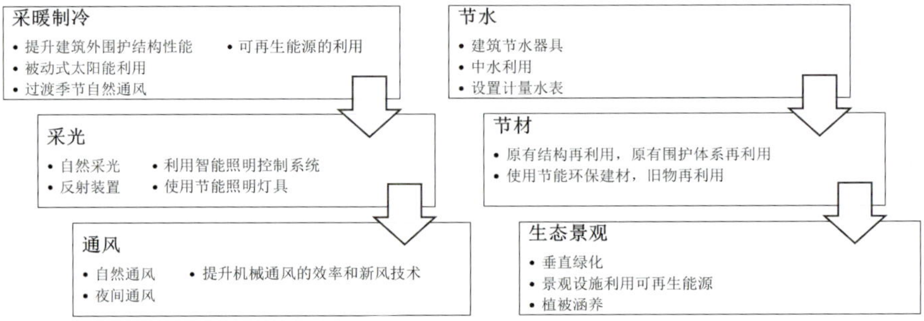

图 5 主要改造策略的排序与筛选

经过测试，实施方案达到《绿色建筑评价标准（GB/T 50378-2006）》的二星级水平 。值得一提的是，该方案外立面钢框架承载了改造工程增加的荷载，将遮阳、垂直绿化、实验室通风设备装置等整合；设计方案刻意保留基地原有树木，采用本地经济性植物，创造出生命学院崭新的形象。表 3 为 PKPM 软件模拟实施方案建筑围护结构的性能情况，图 6 为实施方案总体效果图，图 7 为改造后的建筑实景。

表 3 绿色改造[1]前后建筑围护结构性能对比 传热系数单位：W/（$m^2 \cdot K$）

围护结构名称		改造前	标准限值	实施方案
屋顶传热系数		1.98	0.55	0.53
墙体平均传热系数	南	1.41	0.6	0.46
	北	1.39	0.6	0.46
	东	1.41	0.6	0.46
	西	1.39	0.6	0.46
楼板传热系数		2.1	1.5	0.95
门窗传热系数		2.75~2.84	2.7	2.40~2.56
外窗开启面积		20.8%	30%	30%

图 6 实施方案总体效果图

1. 由于建筑外窗更换不久，出于经济因素的考虑，实际绿色改造过程仅对门窗进行整修和部分更换。建成后的测试结果显示，门窗性能达到了相关标准要求。由于总体建筑面积小，受到太阳能空调介质的限制，最终只实现了太阳能空调系统提供冬季采暖的目标。

图 7 改造后的建筑实景照片

图片来源：天津大学建筑设计研究院

优化方案

由于示范工程受到投资预算和建设时间的限制，因此工程结束后，我们对生命学院绿色改造项目做了进一步优化研究，探索通过精细化设计获得更优的建筑性能和形象效果，为绿色改造提供更加宽广的思路。在方案进一步优化过程中，我们利用 ECOTECT、PHOENICS 及 DESIGNBUILDER 等建筑性能模拟软件，基于研究过程中获得的绿色改造策略体系，从主被动节能、采光通风、节水节材、生态景观等方面对该项目进行优化设计。限于篇幅，这里仅举例如下。

比如，用 ECOTECT 软件对改造前建筑的天然采光情况进行模拟时发现，虽然室内大部分区域的采光系数都满足最低值要求，但室内光线分布很不均匀，靠近窗口位置光线过强。在方案优化中，采用遮阳反光板，将反光板与建筑结构构件整合设计，利用 ECOTECT 分析确定南向房间窗体遮阳反光板的形式和尺寸（表 4），提升室内天然采光的均匀度。

通过对比可以看出，采用遮阳反光板后，在不影响室内整体采光的前提下，室内窗口附近采光系数明显降低，天然光从窗口到室内深处平缓过渡。在 ECOTECT 软件中，利用太阳光线分析法，得到合理的遮阳反光板尺寸，可以满足夏季满窗遮阳、冬季较多阳光射入，有效应对寒冷地区的实际需求。

在此基础上进一步探讨利用捕风翼墙优化室内空间的通风状况，表 5 是利用 PHOENICS 软件模拟有无捕风翼墙状态下室内气流变化情况。

表 4　南立面遮阳反光板优化过程

<table>
<tr><th>改造前</th><th>实施方案</th><th>优化方案</th></tr>
<tr><td>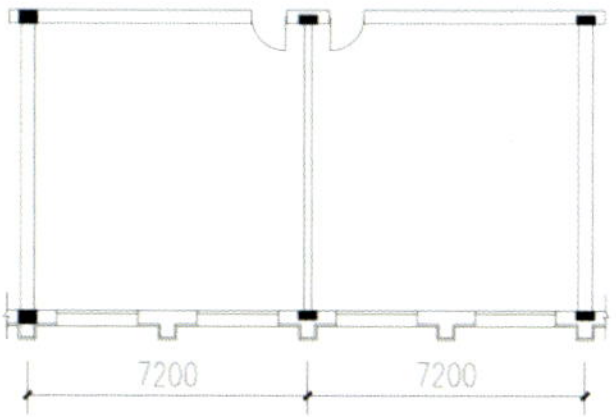</td><td>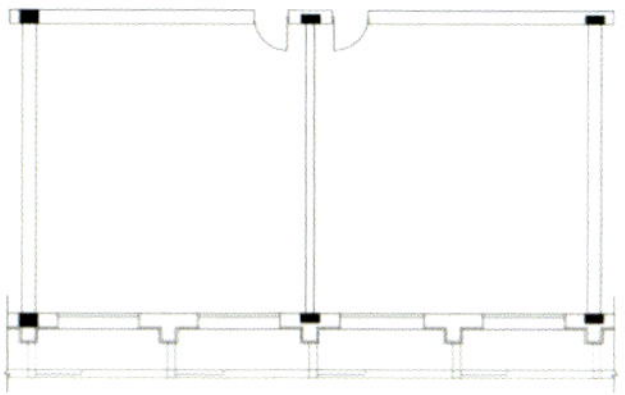</td><td>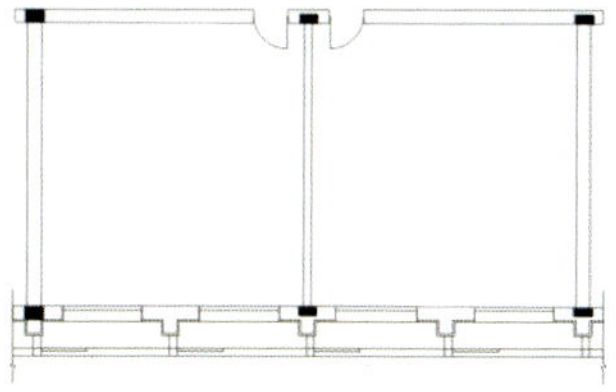</td></tr>
<tr><td>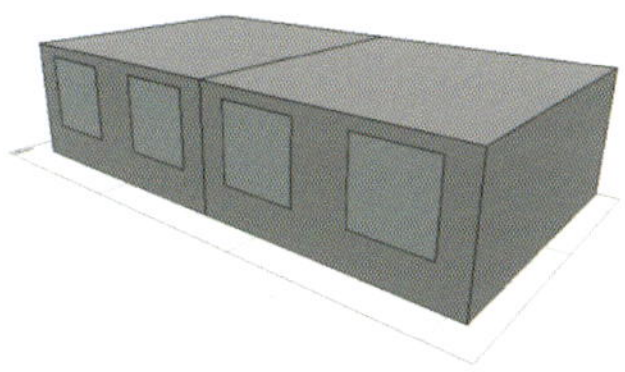</td><td>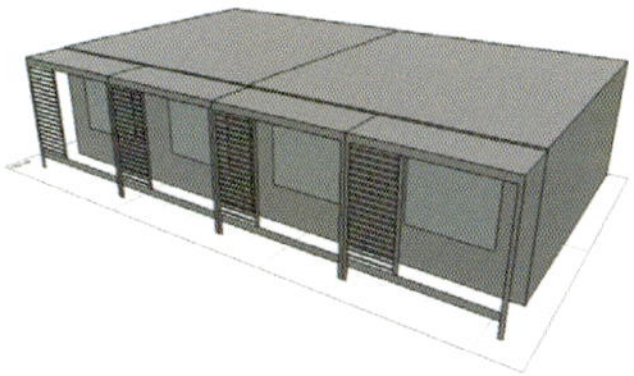</td><td>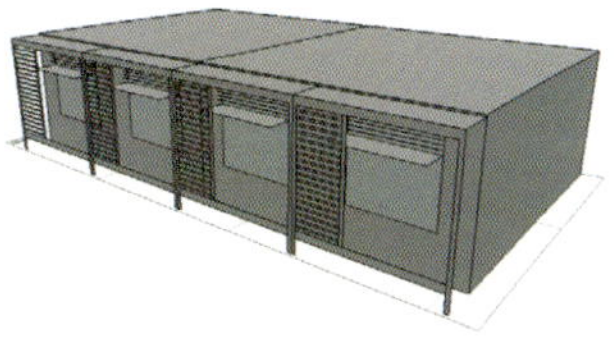</td></tr>
<tr><td>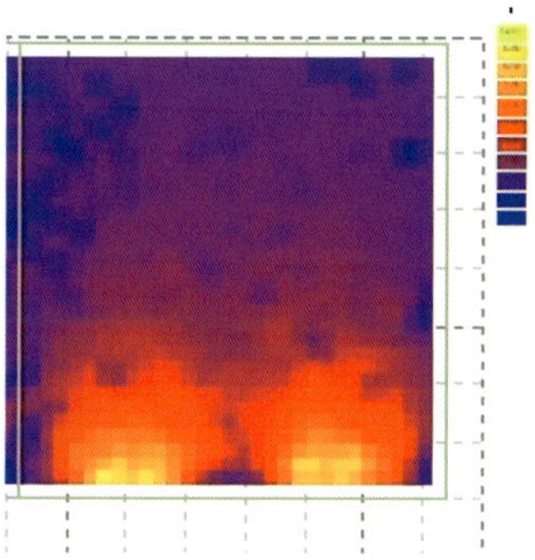</td><td>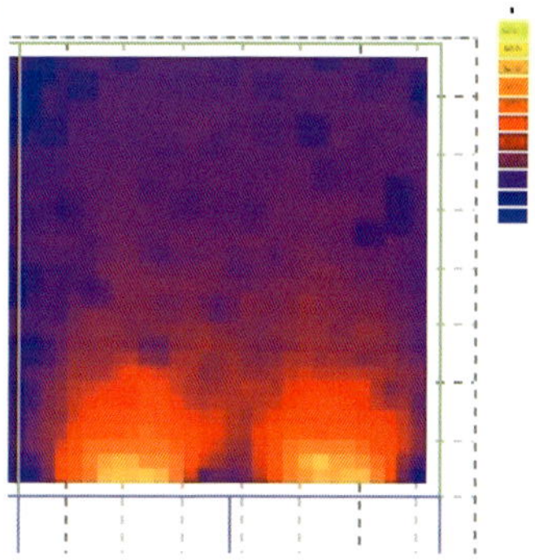</td><td>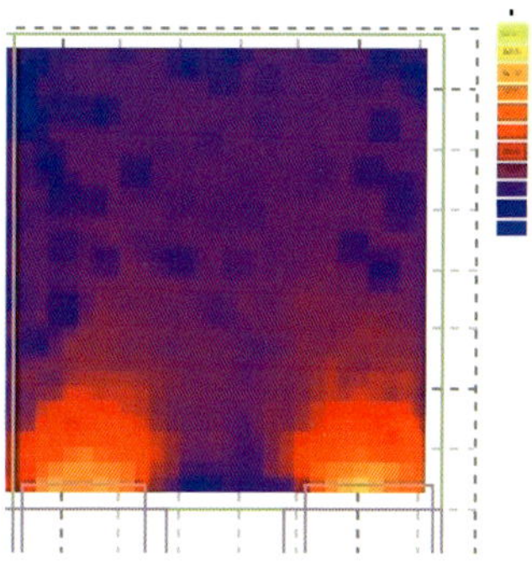</td></tr>
<tr><td>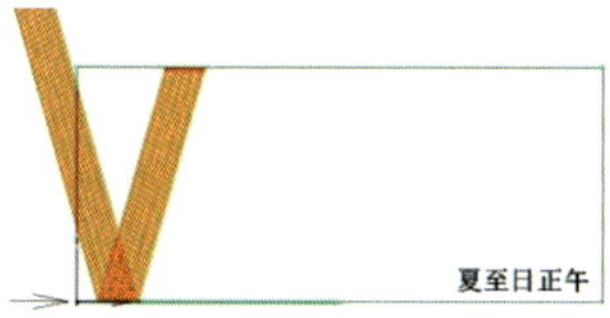</td><td></td><td></td></tr>
<tr><td>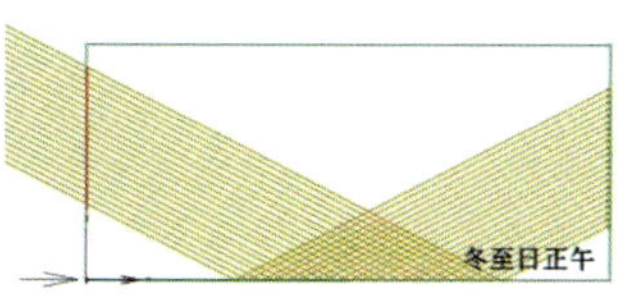</td><td>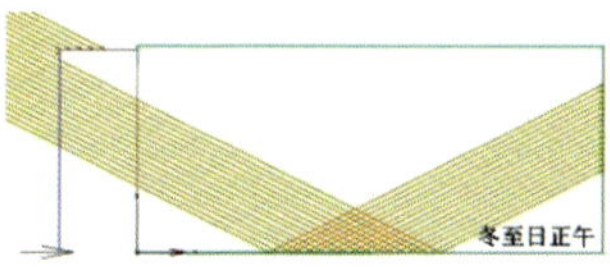</td><td></td></tr>
<tr><td>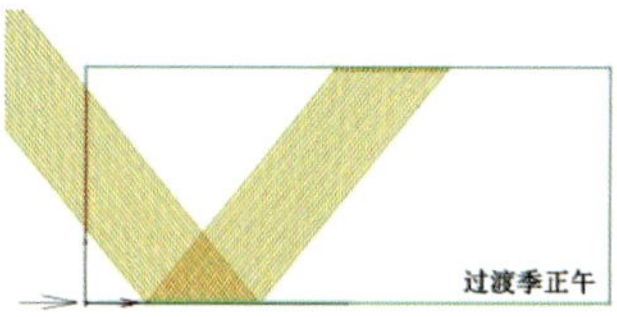</td><td>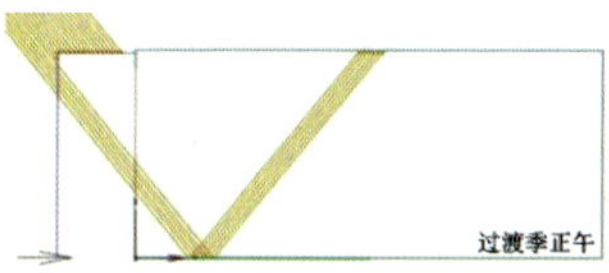</td><td></td></tr>
</table>

表 5 南向房间通过窗口设置捕风翼墙促进通风

<table>
<tr><th></th><th>初始模型</th><th>对比模型</th></tr>
<tr><td>模型示意</td><td>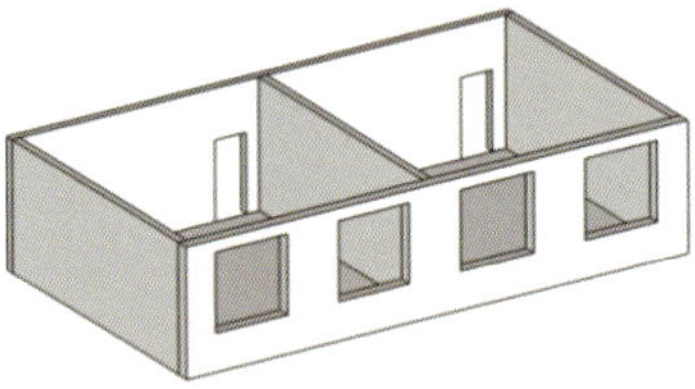</td><td>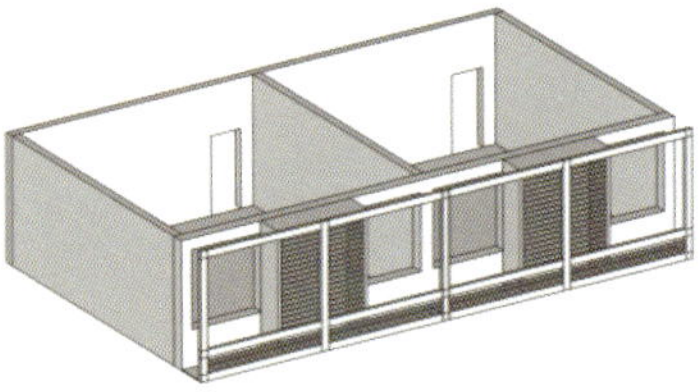</td></tr>
<tr><td>全年主导风向风压图</td><td>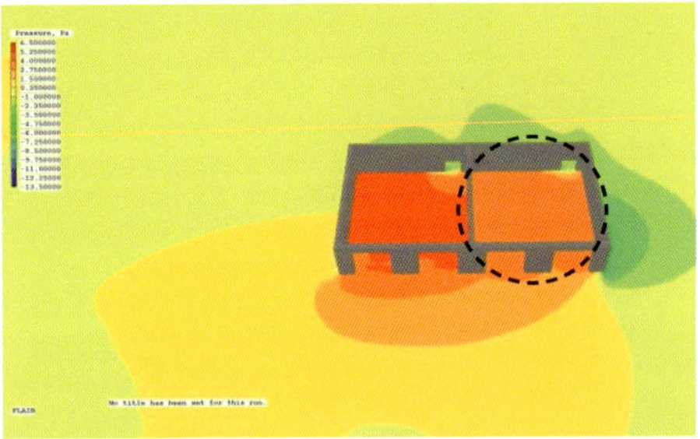</td><td>
</td></tr>
<tr><td>全年主导风向风速图</td><td></td><td>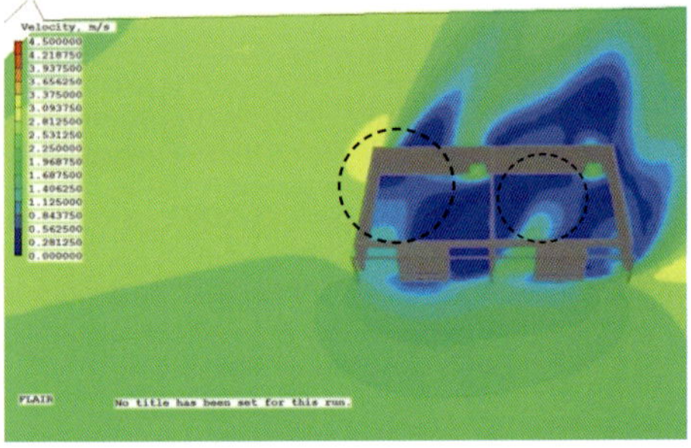
</td></tr>
<tr><td>全年主导风向空气龄图</td><td>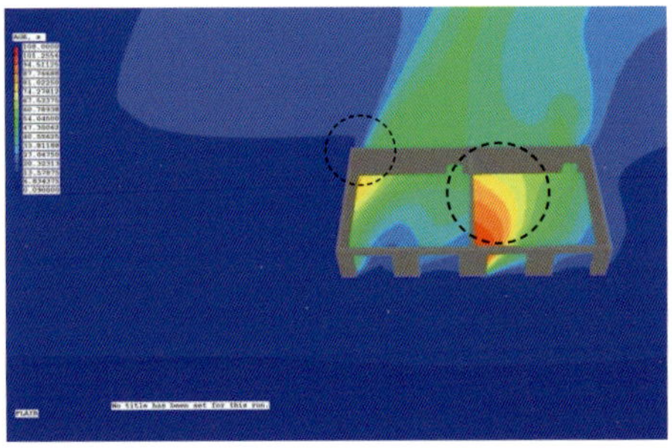</td><td>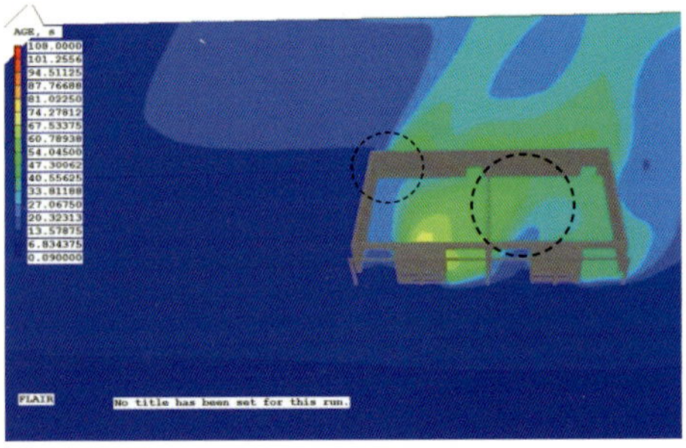
</td></tr>
</table>

通过表 5 中气流状况分析可以看出，因为增设窗口的捕风翼墙，室内风压、风速、空气龄有了较大改善。翼墙结合实验室通风管道外百叶，与遮阳垂直绿化构架整合成为一个 3.6 m 宽 × 3.6 m 高、具有遮阳、反光、捕风作用的“绿化模块”（图 8），依靠钢构架自承重，固定在既有建筑外墙表面，在改善室内气流状况的同时，也形成了生机勃勃的立面形象。

图 8 具有遮阳、反光、捕风功能的“绿化模块”及其形成的立面效果

在采取各项措施进一步优化的基础上，应用 DESIGNBUILDER 软件模拟建筑改造前、实施方案、优化方案的能耗表现，结果如下（表 6，图 9）。

表 6 应用 DESIGNBUILDER 软件模拟得到的建筑运行能耗情况对比

方案状况	全年采暖总能耗	全年空调总能耗	全年用电能耗	太阳能空调系统节能	建筑总能耗
	kW·h	kW·h	kW·h	kW·h	kW·h
改造前	334 649.2	110 639.79	249 979.29	0	695 268.28
实施方案	251 161.91	147 312.30	253 164.67	274 500	377 138.78
优化方案	35 601.89	145 890.45	251 208.01	274 500	158 200.35

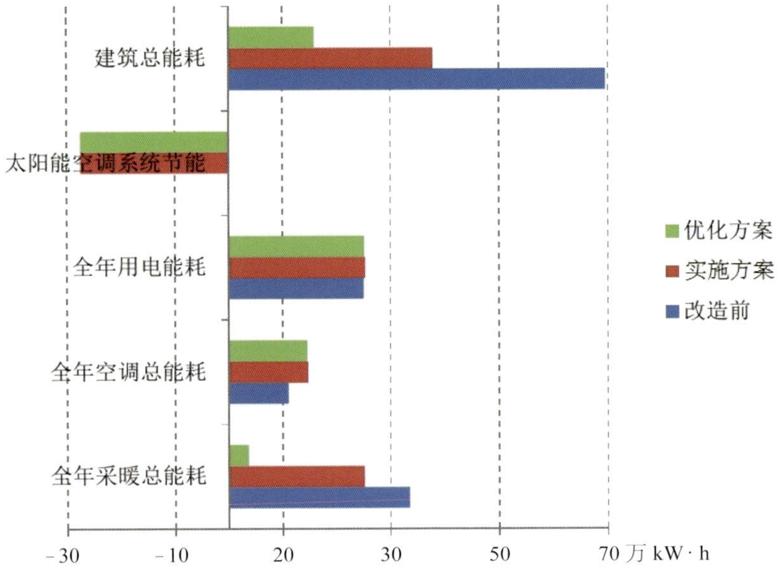

图 9 建筑能耗对比柱状图

通过数值比较可知，优化方案的建筑全年总能耗比改造前下降 77.25%，比实施方案下降 58.05%。其中全年采暖节能效果最为明显，能耗比改造前下降 89.36%，比实施方案下降 85.83%。实施方案并非最"绿色"的结果，但性价比较高、改造时间相对较短；如果资金和时间都更加充裕的话，还可以获得更优的绿色改造结果。

结语

本项目研究和实施过程，充分彰显了建筑设计在既有建筑绿色改造中的作用，突破了应用绿色技术措施提升建筑性能的单一改造模式，将功能更新、性能优化、形象创新有机整合。在绿色改造过程中，首先深入领会适宜性绿色策略，在此基础上整体改造构思先行、性能模拟助力、综合平衡决策。项目研究成果及示范工程效果良好，获得了天津市科技进步奖、海河杯优秀工程勘察设计二等奖、教育部优秀设计二等奖、全国优秀工程勘察设计三等奖等奖项。

致谢：
感谢天津大学基建处提供原始设计图纸；
感谢天津大学建筑设计研究院提供技术支持并完成施工设计。

资料来源：
1. 本工作室设计文本 . 天津大学生命科学学院办公楼绿色改造设计方案 . 2013.
2. 程兰 . 基于被动式策略的既有办公建筑绿色化改造设计研究 . 天津大学硕士学位论文，2014.
3. 国家“十二五”科技支撑计划项目（2012BAJ06B05）《办公建筑绿色化改造技术研究与工程示范》结题报告 .

■ 案例 15 天津五大道先农商旅区二期绿色更新设计（2014 年）

历史建筑作为城市文化的宝贵遗存，其保护与再利用一直受到社会的广泛关注；绿色建筑作为城市节能减排的必然选择，其基本理念也逐渐被大众熟知。若能将绿色建筑理念融入历史建筑更新的设计实践，实现历史建筑的绿色更新，将是一次积极的尝试，既能对绿色建筑的发展产生积极的推动作用，也会对历史建筑的更新保护带来新的思路。本项目研究以天津市五大道先农商旅区二期绿色更新为题，探讨天津市一般保护级别历史建筑在绿色更新过程中的特殊问题及应对措施，为更广泛的历史建筑绿色更新提供借鉴。本项目研究依托科技部中欧国际科技合作专项项目（2014DFE70210），是该项目的示范工程之一。

项目概况

先农商旅区位于五大道历史街区（图 1），东临河北路、南临重庆道、西临湖南路、北临洛阳道，是五大道旅游区的重要节点。地块按建设周期自北向南划分为 3 大区域。其中，建设一期为先农大院，包括一般保护级别历史建筑 5 处，已于 2013 年 10 月 13 日建成，正式面向大众开放；建设二期覆盖燕安里、燕翼里、小光明里及厚泽里的一部分，包括一般保护级别历史建筑 4 处；南区为厚泽里，包括一般保护级别历史风貌建筑 3 处，由于南区为宗教产，其使用权尚未移交，暂被定为未来建设的三期（图 2）。

图 1 先农商旅区区位图

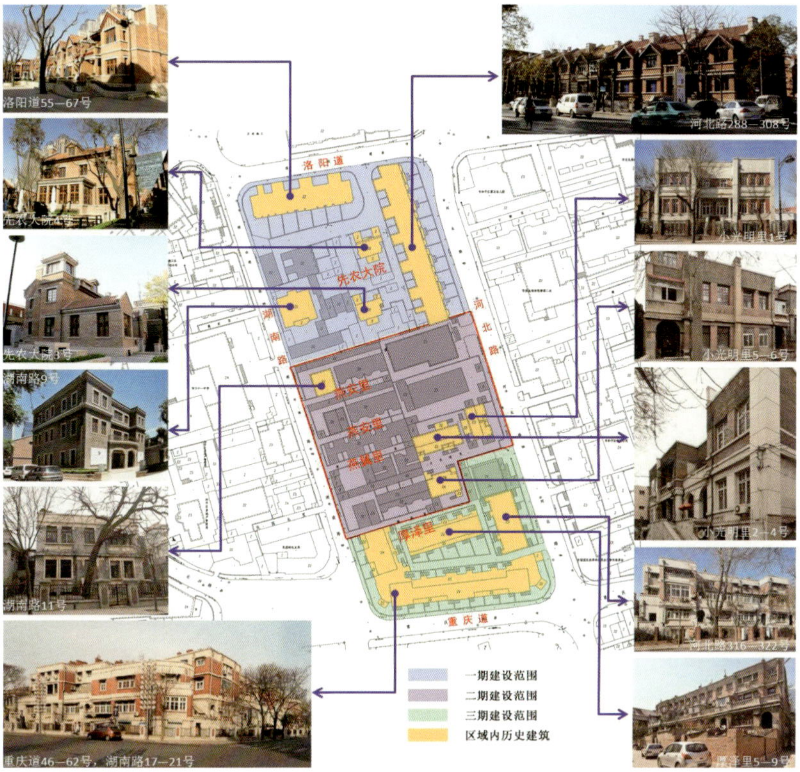

图 2 先农商旅区建设分期及历史风貌建筑概况

图片来源：根据《天津历史风貌建筑图志》及现场自摄绘制

该区域的历史建筑均为一般保护级别的历史建筑，更新与再利用的目标为提升地块品质，合理转变地块功能，激发周边街坊参与更新改造的热情，成为五大道地区的旅游亮点。

历史沿革

1925 年先农大院建成，作为职工宿舍和出租使用。同年，燕翼里建成，作为居住和出租使用。小光明里、燕安里、厚泽里于 1938 年前后建成。新中国成立之初，湖南路 9 号、河北路 310 号、312 号几经转卖，成为中国人民银行天津分行的办公和宿舍用房。1950 年以后相继出现违章及平房搭建。1976 年大地震后，多数建筑都经历过维修和简易加固。救灾和避难等次生影响，使该区域的人口激增，私搭乱建现象更加严重。从 2006 年开始，该区域共经历了 5 次规划调整，最终确定上海章明建筑设计事务所的设计方案为一期的实施方案，目前已经建成，二期方案设计由大地天方建筑设计有限公司承担。

基地现状

建筑状况：二期现状建筑功能以居住为主，少量建筑中分布了商业零售、办公等功能。小光明里 3 幢建筑损坏较小；其余建筑由于年久失修和违章搭建，建筑结构和建筑界面损毁严重（图 3）；由于原建筑被拆除由重建的现代建筑取代，建筑体量和建筑风格对街区的整体风貌产生负面影响。表 1 为二期基地内历史风貌建筑更新前的状态和基本信息。

图 3 年久失修和私搭乱建导致建筑损毁严重，街巷狭窄

表 1 二期基地内历史风貌建筑更新前的状态和基本信息

建筑形象				
建筑地址	湖南路 11 号	小光明里 1 号	小光明里 2~4 号	小光明里 5~6 号
原建年代	20 世纪 30 年代	1939 年	1939 年	1939 年
建筑层数	地上 3 层，地下 1 层	地上 3 层，地下 1 层	地上 3 层，地下 1 层	地上 3 层，地下 1 层
建筑面积	462 m^2	719 m^2	1 000 m^2	733 m^2
占地面积	261 m^2	264 m^2	507 m^2	460 m^2
现状用途	住宅	住宅	住宅	住宅
现状评估	极差危房	一般损坏	一般损坏	一般损坏
保护级别	一般保护	一般保护	一般保护	一般保护

资料来源：天津市历史风貌建筑整理有限责任公司

交通状况：二期现有主要出入口 5 个，这 5 个出入口均不能相互连通。区域内交通人车混乱，多数道路狭窄不足 3 米，严重缺乏停车空间，也存在极大的消防安全隐患。

景观现状：基地现存高大乔木 6 棵，在空间上具有与建筑尺度相适宜的高度和体量感。由于现状建筑密度较大，建筑周边缺乏绿地。

设计方案

由大地天方建筑设计有限公司完成的历史街区更新设计方案提出了 3 个基本概念："织补""真实历史""城市年轮"（表 2），分别从不同角度对历史街区的更新做出诠释，最大限度地保留街区原有历史信息。

表 2 最初方案的设计概念

	织补	真实历史	城市年轮
设计概念			
概念图示	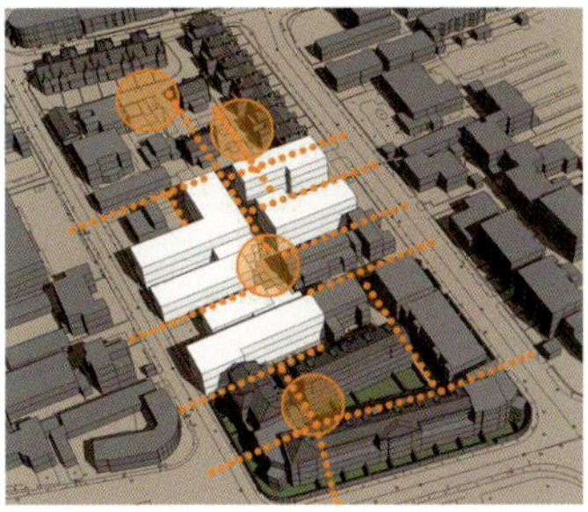	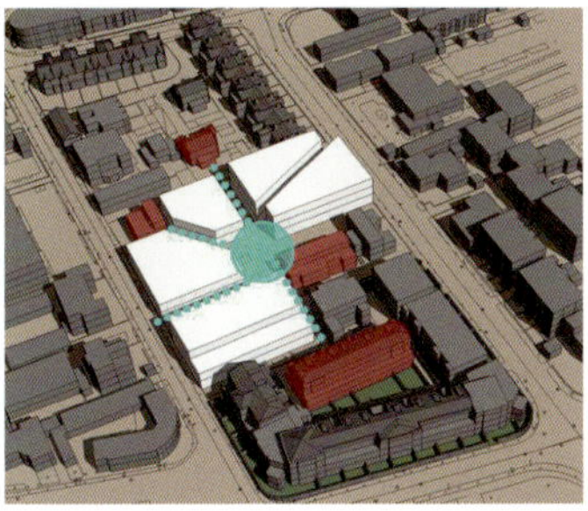	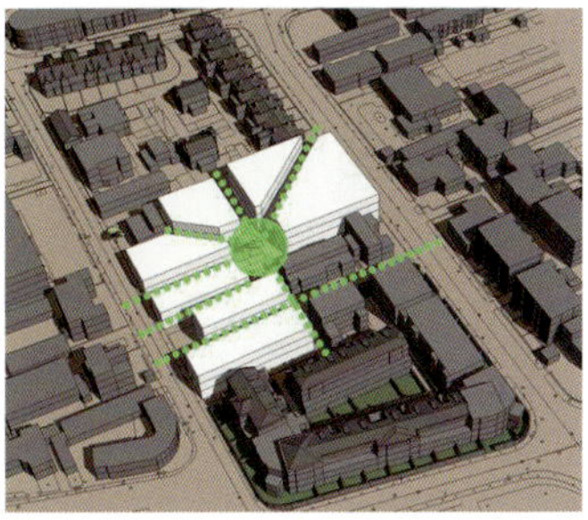
含义	用新建建筑将基地 3 个区域织补到一起，同时保留原有街巷的空间感受	新建街巷空间均以保留的历史建筑为底景，穿过街巷看到真实的历史	街区内的树木等遗存是历史的见证，保留有价值的历史遗存，与新建筑积极互动

资料来源：大地天方建筑设计有限公司提供

设计方案具体措施包括：保留历史建筑、拆除违章建筑、转换建筑功能、控制建筑体量、回应街区肌理、重构交通流线、优化街区景观。特别值得一提的是设计方案对旧建筑材料的重视：充分利用原建筑物的墙体材料，将拆除的青砖用于新建建筑的外檐，砖的回收率达到 30%～50%；同时，一些富有特色的原有建筑构件也被整体保留，整合到新建建筑中，以期留住历史的记忆（图 4～图 6）。

图 4 利用原建筑材料与构件，保留历史记忆
图片来源：大地天方建筑设计有限公司提供

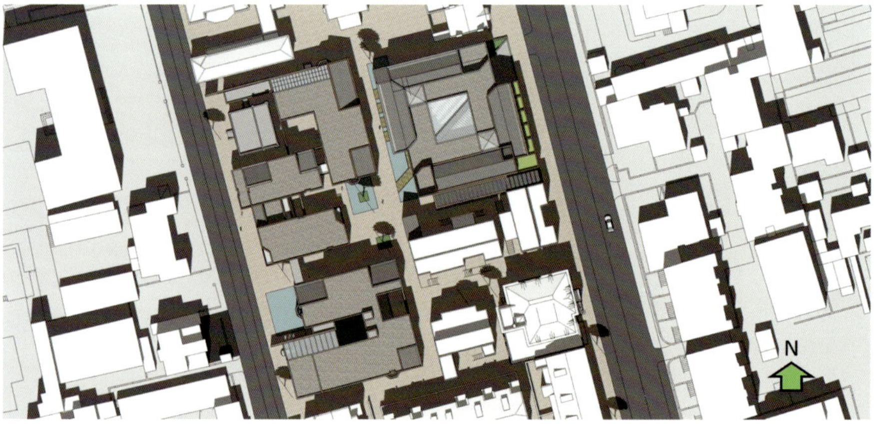

图 5 设计方案总平面图
图片来源：大地天方建筑设计有限公司提供

图 6 设计方案鸟瞰图
图片来源：大地天方建筑设计有限公司提供

绿色更新

结合科研，我们希望将绿色理念与历史街区的有机更新结合起来，拓展历史建筑保护的思路，推广绿色建筑思想。

事实上设计方案中的一些措施已经体现了朴素的绿色思想：如保留历史建筑、转换使用功能、延长生命周期；利用原有的材料和构件在保持历史文化连续性的同时，实现材料的循环利用；最大限度地保留基地上的树木，在保存历史记忆的同时也是对环境的贡献。

在此基础上，结合历史街区绿色更新的具体要求，在性能模拟软件的辅助下选择适宜的主、被动绿色技术与设计方案整合，凸显历史建筑绿色改造的特殊成果（图 7）。主要采纳的被动技术包括：绿化固碳、雨水收集、被动式遮阳通风、地下空间采光等；选取的主动技术包括：机械辅助通风、主动式太阳能板、分类分项计量、节水器具等（图 8）。图 9 为最终确定的绿色更新方案效果图。

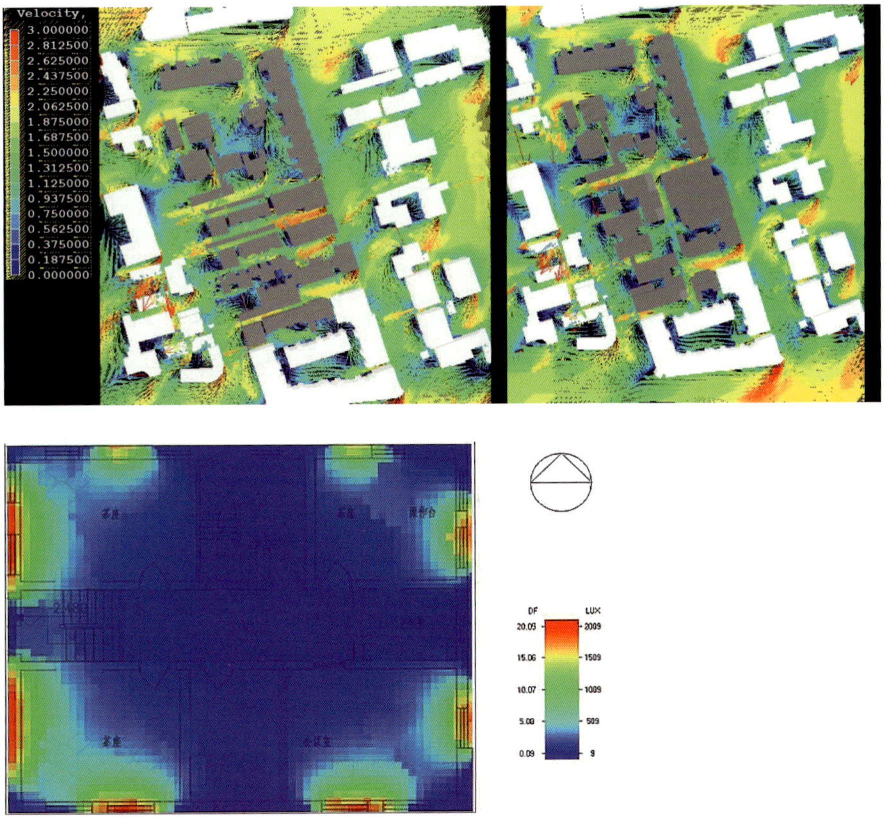

图 7　根据性能模拟优化设计

上图为 PHOENICS 软件模拟室外风环境，根据模拟结果确定建筑和景观布局；

下图为 ECOTECT 软件模拟室内天然采光情况，据此优化窗体形式和材料

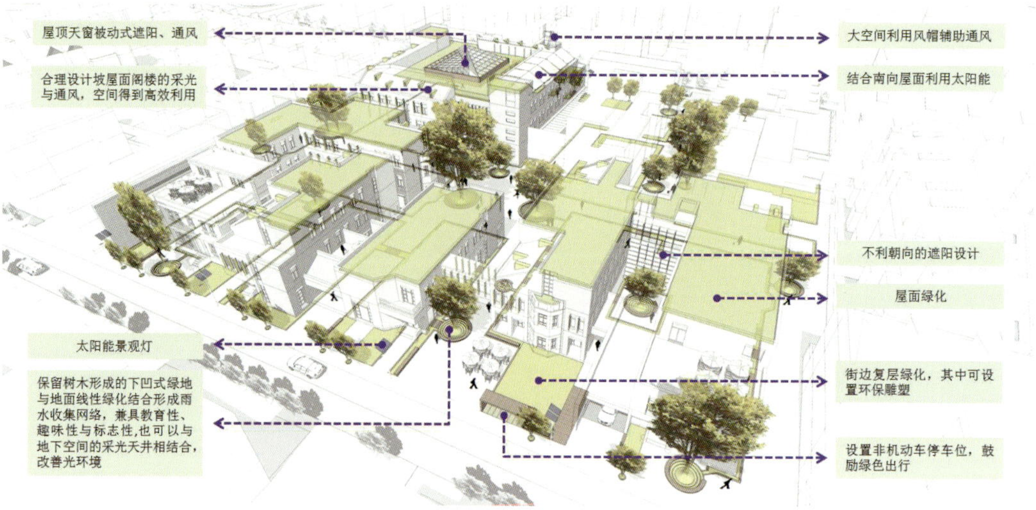

图 8　主要绿色技术措施示意图

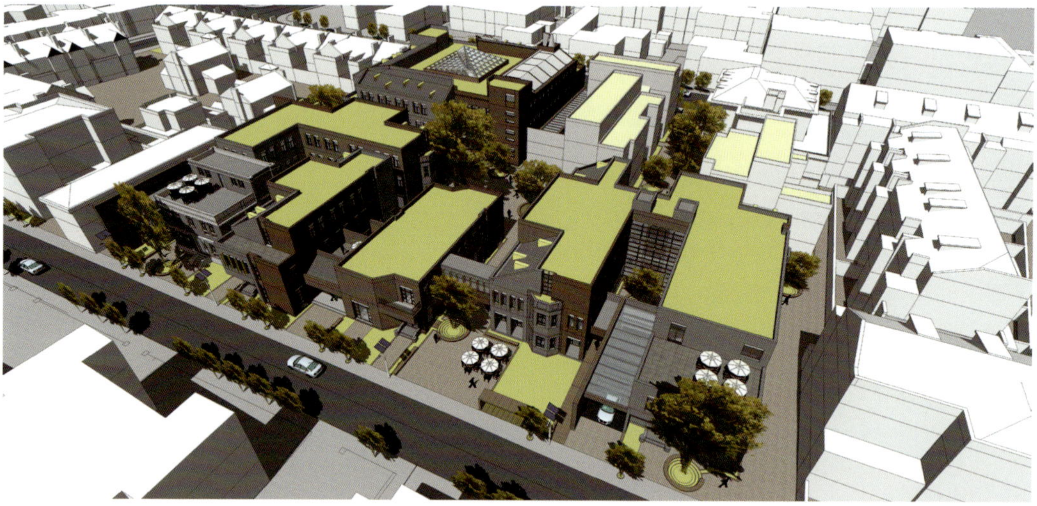

图 9　先农商旅区二期绿色更新实施方案总体效果图

适宜的主、被动技术措施的加入，既可以有效降低建筑能耗，又很好地保证了室内环境的舒适度。特别需要说明的是，本方案在应用各项绿色技术的同时，始终以保持其历史文化传承为前提，这是历史建筑绿色更新的特殊要求。该项目最终获评绿色建筑一星，基本实现了历史建筑绿色更新的目标。通过最初设计方案与绿色更新方案的对比，可以明显看到绿色技术措施给历史街区带来的新意，体会到室内外环境性能的提升（表 3）。

表 3 绿色更新给历史街区带来的变化

<table>
<tr><th>视点</th><th>原设计方案</th><th>绿色化更新</th></tr>
<tr><td rowspan="2">湖南路方向鸟瞰</td><td></td><td></td></tr>
<tr><td colspan="2">沿路增加绿化带，不仅提供了休憩空间，还突出了建筑入口，
保留建筑参差错落的同时，使街景富于活力和秩序</td></tr>
<tr><td rowspan="2">河北路方向鸟瞰</td><td>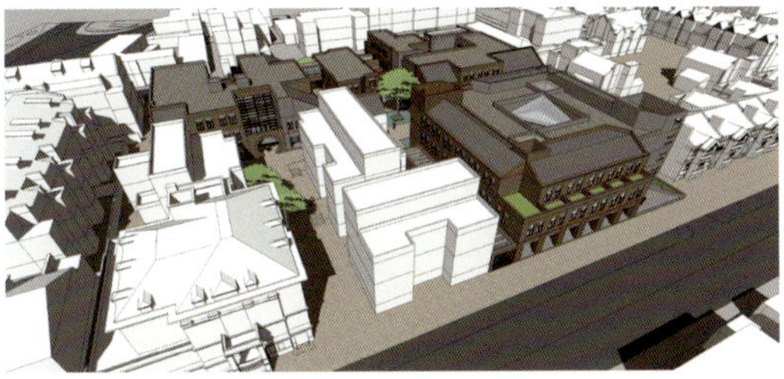</td><td></td></tr>
<tr><td colspan="2">沿路增加绿化带，不仅提供了休憩空间，还限定了车行入口与人行入口</td></tr>
<tr><td rowspan="2">中心广场</td><td></td><td></td></tr>
<tr><td colspan="2">中心广场由 3 个下凹式绿地构成，在保留树木的同时，创造更多的活动与休憩空间</td></tr>
<tr><td rowspan="2">一期至二期入口</td><td>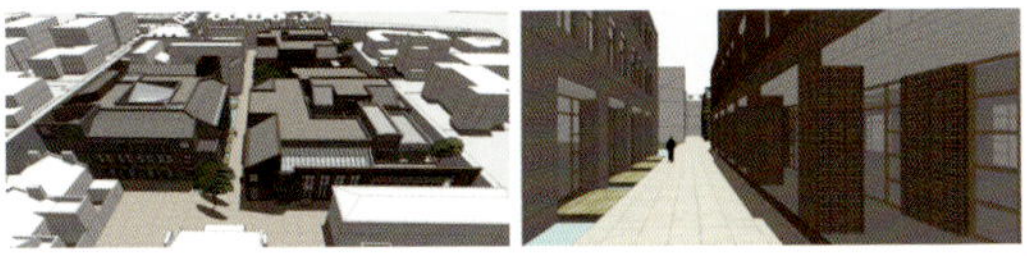</td><td></td></tr>
<tr><td colspan="2">入口开阔区域结合保留树木设置下凹式绿地，兼具休憩、趣味性与引导性，
街道去掉水体后变宽，可设置室外茶座</td></tr>
<tr><td rowspan="2">湖南路一侧入口</td><td></td><td></td></tr>
<tr><td colspan="2">入口处增加了休憩设施与自行车停放空间，且将保留树木特殊处理后作为入口的标志</td></tr>
<tr><td rowspan="2">河北路一侧入口</td><td></td><td></td></tr>
<tr><td colspan="2">增加了休憩设施与自行车停放空间，这些加入的元素与保留树木结合使原来的巷道极具趣味</td></tr>
</table>

结语

在历史建筑与历史街区的更新改造中融入适宜的绿色策略，既能延长历史建筑的生命周期，提高历史建筑的环境性能和使用舒适度，也有利于历史建筑重新恢复生命与活力，绿色化为历史建筑更新提供了一个新的方向。在历史建筑更新中，可能采用的适宜性绿色技术措施也许有限，更新后在节能减排方面的实际效果可能远低于一般既有建筑的绿色改造，但由于历史建筑的特殊影响力，使用者或参观者众多，因此对于绿色理念的推动作用巨大而深远。

致谢：
感谢天津市历史风貌建筑整理有限公司提供基础研究资料；
感谢天津历史风貌建筑保护专家咨询委员会主任路红教授对方案设计的指导。

资料来源：
1. 佘泞秀 . 天津五大道先农商旅区绿色化更新设计研究 . 天津大学硕士学位论文，2014.
2. 韩旭鹏，佘泞秀，刘丛红 . 天津五大道先农商旅区二期绿色化更新设计 [J]. 建设科技，2014(4).
3. 科技部国家国际科技合作专项项目（2014DFE70210）《低碳城市与绿色建筑设计关键技术研究》结题报告 .

■ 案例 16　寒冷地区农村住宅节能设计研究（2017 年）

在我国，农村住宅存量和每年增量都很大。由于农村宅基地上的住宅多为农民自建形式，难以按照国家相关节能标准建设。尽管国家出台了各项引导措施和设计标准，但建成农宅普遍存在能耗高、舒适性较差的问题。本文依托科技部中欧国际科技合作专项项目（2014DFE70210），对寒冷地区农村住宅绿色性能和节能设计展开研究，是该项目的示范工程之一。在示范工程设计研究过程中，充分考虑了使用者对建筑功能的需求，尊重当地建筑文化和使用者对形象的诉求，同时结合科研项目的绿色性能目标，通过调研、实测、模拟等研究方法，完成示范工程设计，总结农村住宅节能策略。

项目背景

项目基地位于山东省潍坊地区的一个乡村，村庄内现有宅基地是 8 户为一个单元，5 个单元构成一个组团。组团之间以主干道分隔，单元之间以次干道分开（图 1）。示范项目所在宅基地位于图 1 中红色地块，宅基地为东西长 15 m、南北长 20 m 的矩形，南侧为村庄主干道，东侧为次干道，西侧和北侧与其他农宅毗连。宅基地内现有住宅一座，建筑东西宽 14 m，南北进深 5 m，建筑净高 2.8 m，单层坡屋面，建筑面积 69 m^2，平面如图 2 所示，最初建造时为三开间，后期改建为四开间，将客厅与厨房分开。整个院落的布局如图 3 所示。

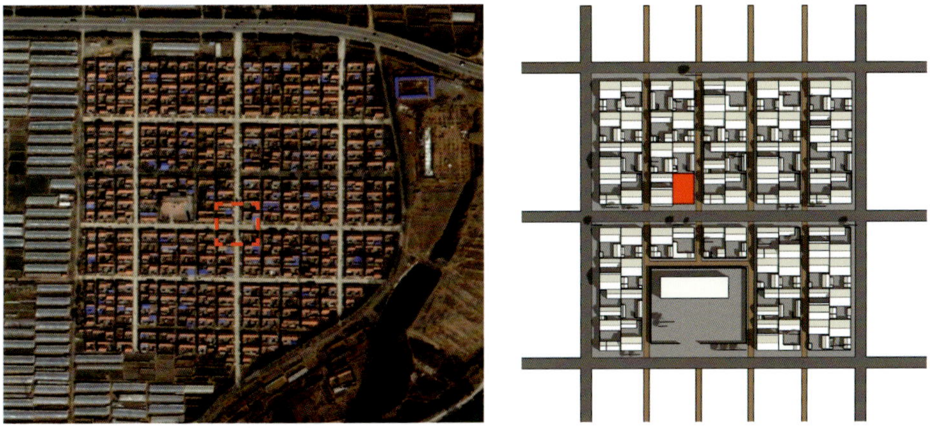

图 1　基地所在位置的卫星图（左）与基地总平面示意图（右）

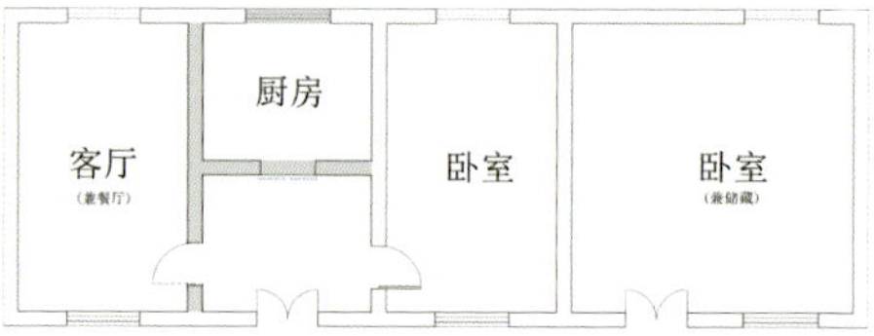

图 2 宅基地内现有住宅平面图（灰色为改建部分）

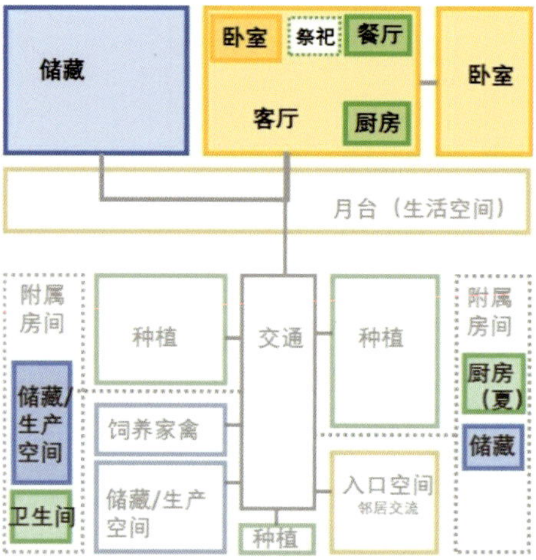

图 3 宅基地整体布局示意图

根据既有农宅的建造材料信息（表 1），应用 DESIGNBUILDER 能耗模拟软件，计算得到既有农宅的能耗信息（表 2），现场实测及访谈的结果验证了参数设定和模拟计算的有效性。

表 1 既有农宅围护结构相关参数

围护结构	名称	构造	材料参数			传热系数
			导热系数	干密度	比热容	
			W/（m²·K）	kg/m³	J/（kg·K）	W/（m²·K）
外墙	无保温黏土砖	20 mm 厚水泥砂浆	0.93	1 800	1 050	2.019
		240 mm 黏土砖	0.85	1 500	840	
		20 mm 厚水泥砂浆	0.93	1 800	1 050	
屋面	苇板屋面	20 mm 厚灰膏	0.76	1 700	1 050	1.126
		80 mm 厚苇板	0.13	300	1 680	
		5 mm 厚苇箔	0.047	100	830	
外窗（门）	单层木窗	单层厚 6 mm 普通玻璃	—	—	—	5.778

来源：根据材料实测及材料性能参数计算导出

表 2 既有农宅能耗模拟结果

类型	采暖能耗	制冷能耗	其他能耗（炊事 + 照明 + 生活热水）	总能耗
能耗 kW·h	5 371.56	375.26	1 990.06	7 736.87
单位面积年能耗 kW·h/（m^2·a）	77.85	5.44	28.84	112.13

来源：由 DESIGNBUILDER 模拟结果导出

低能耗农宅方案

由于宅基地上的住宅年久失修，舒适性差难以满足功能需要，根据使用者的要求拆除重建。新建农宅方案设计过程中考虑了以下因素。

功能提升：使用者希望完善住宅功能，增加面积和房间数量，满足子女常回家看看的需要；同时希望在院子里保留种植场地和邻里交流空间。

地域文化：农宅的主人希望自己的房子与周边环境协调，使用熟悉的材料和形式，建筑形象不要前卫突兀，事实上这也是很多农宅主人的要求。

降低能耗：作为课题研究的示范项目，我们希望根据当地的气候特征，从院落布局到农宅单体和建筑细部，在提升农宅整体性能的同时降低能耗。

设计过程按照从总体到局部的程序，每个阶段都与农宅的主人进行深入沟通，在已经得到验证的性能模拟工具的辅助下，优选设计参数并逐步完善优化。

总体布局

院落总体布局的原则是：夏季顺应主导风向组织气流，增大建筑表面风压差，冬季阻挡寒风，尽量减少冷风对建筑的侵袭，提高院落环境舒适度。

因此，首先对基地进行室外风环境分析，以确定合理的院落布局形式。该地区夏季主导风向为东南，风速 3.5 m/s，气压为 100.210 kPa；冬季主导风向为北偏西北，风速 3.6 m/s，气压为 102.473 kPa。采用 PHOENICS 软件进行风环境模拟分析， 结果如表 3 所示。

表 3 基地室外风环境模拟结果

夏季风速	夏季风压
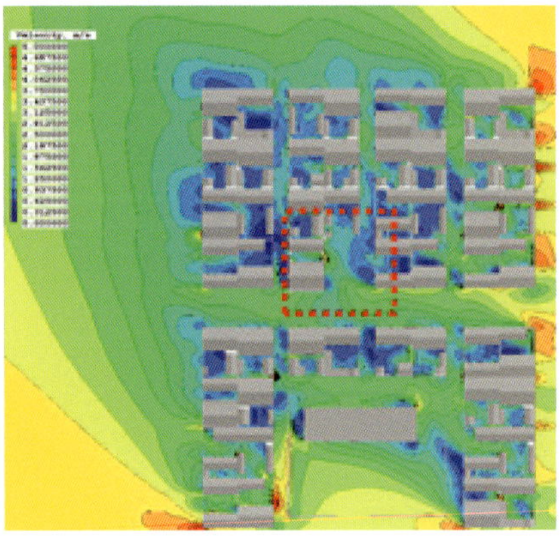	
冬季风速	冬季风压
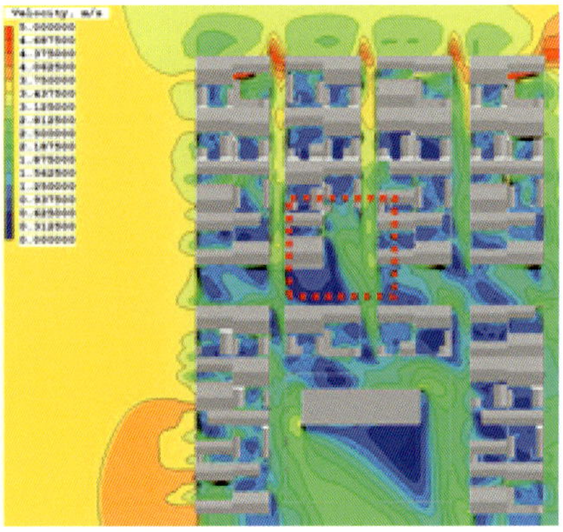	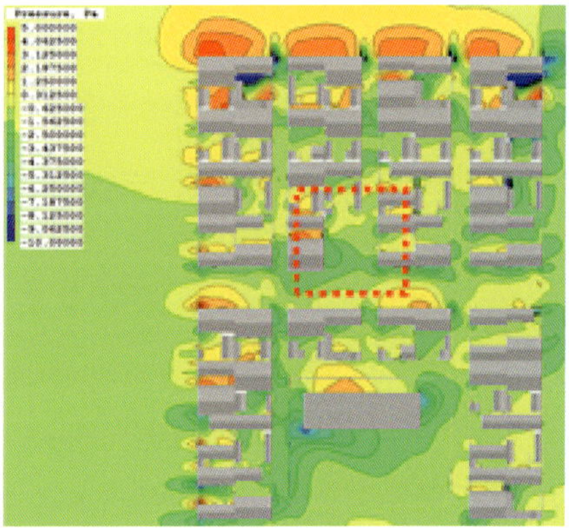

从模拟图可以得知，夏季基地东南角风速较大，应设置前院并降低院墙高度，取消辅助用房，减弱对东南向夏季风的遮挡，促进自然通风；基地冬季风压大，受冬季寒风影响较大，宜设置后院减弱寒风的侵袭，减少围护结构热损失。因此，方案宜采取前院和后院相结合的院落布局。

院落围墙除了划分户与户之间的界限，保证私密性、安全性要求之外，不同的院墙高度对院落风环境具有不同的影响，因此在确定前后院布局的基础上，对院落围墙高度进行研究。根据前期调研和案例分析，总共设置了 5 种院墙高度，分别是 1.5 m、2.0 m、2.5 m、3.0 m 和 3.5 m，模拟结果如表 4 所示。

表 4　不同院墙高度情况下室外风环境模拟结果（距离地面 1.5 m 高度）

院墙高度	1.5 m	2.0 m	2.5 m	3.0 m	3.5 m
夏季室外风压	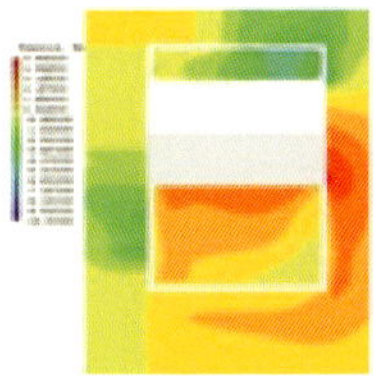	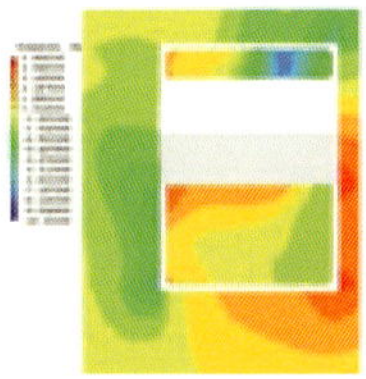	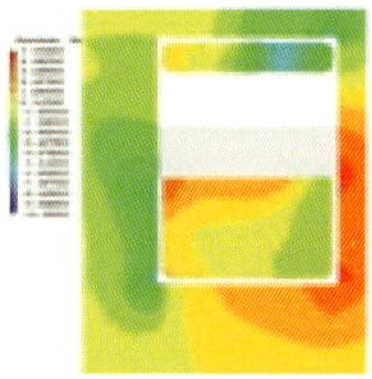	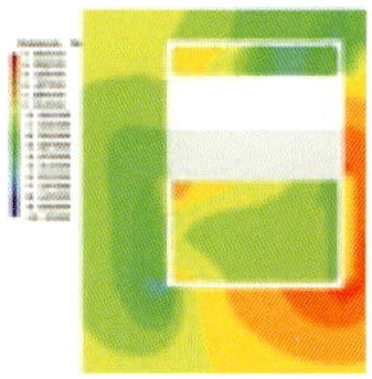	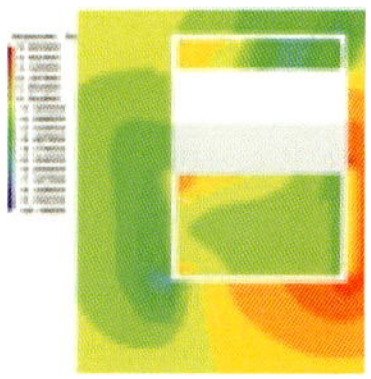
夏季室外风速	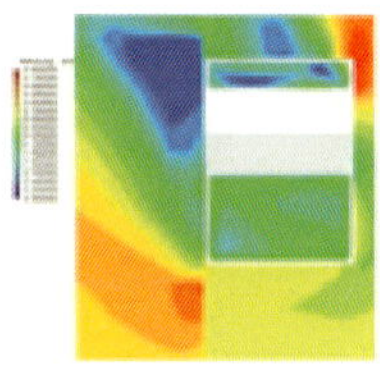	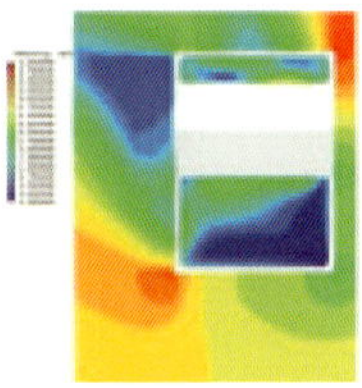	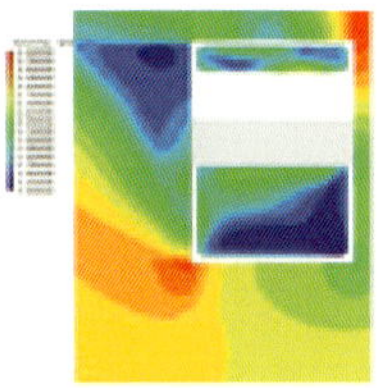	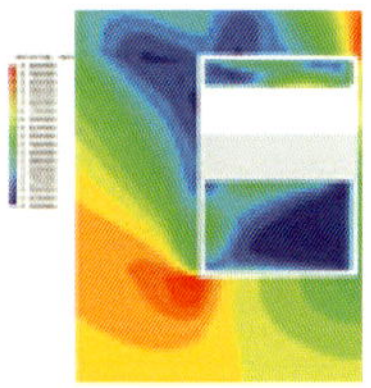	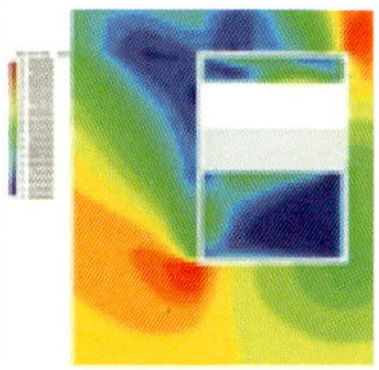
冬季室外风压	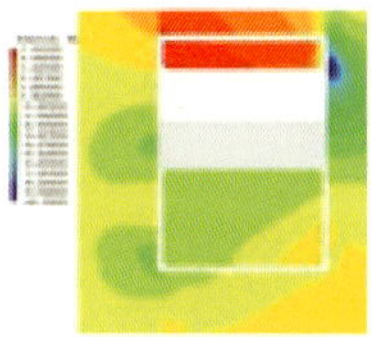	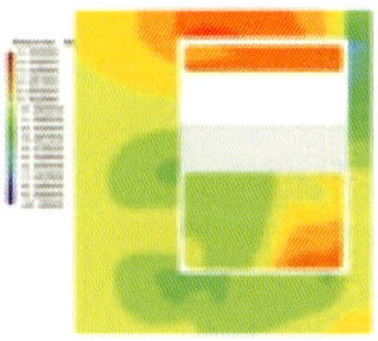	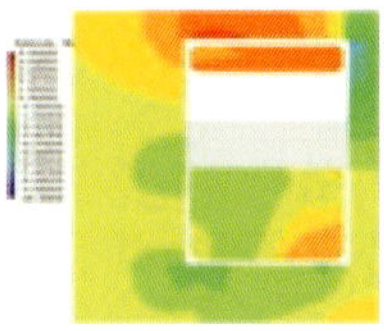		
冬季室外风速	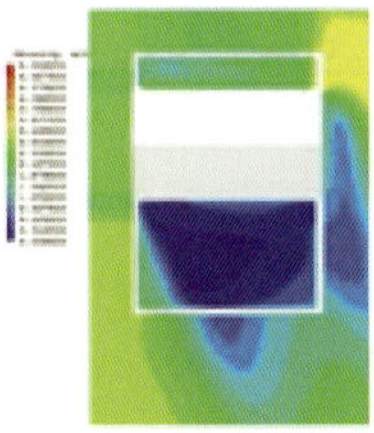	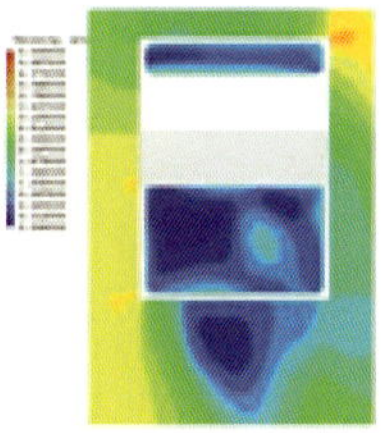	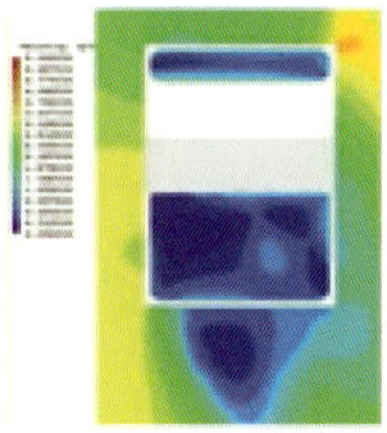	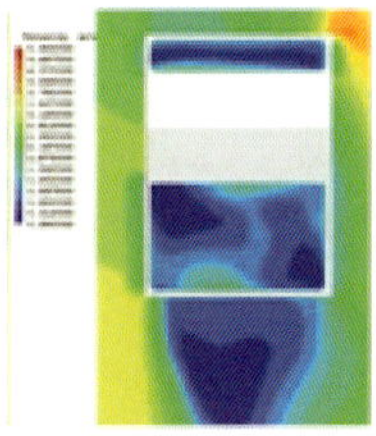	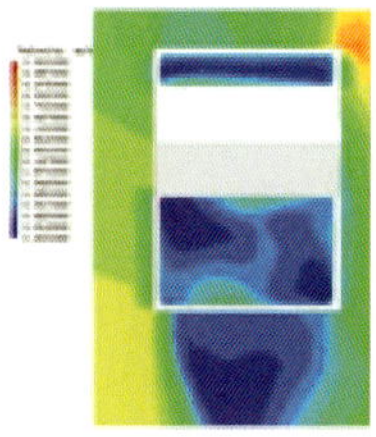

通过模拟结果可以看出：夏季时，院落围墙高度越高，院落风速越不均匀，院墙高 1.5～2.5 m 通风效果较好，2.0～2.5 m 风压差较大，利于建筑内部自然通风；冬季时，院墙高 2.5～3.5 m 风压差较小，有利于减弱寒风对建筑的影响。因此，前院围墙设计高度为 2.0 m，后院围墙设计高度为 3.0 m，入户门设置在前院西南角，减弱对夏季风的遮挡。院落和建筑布局如图 4 所示。

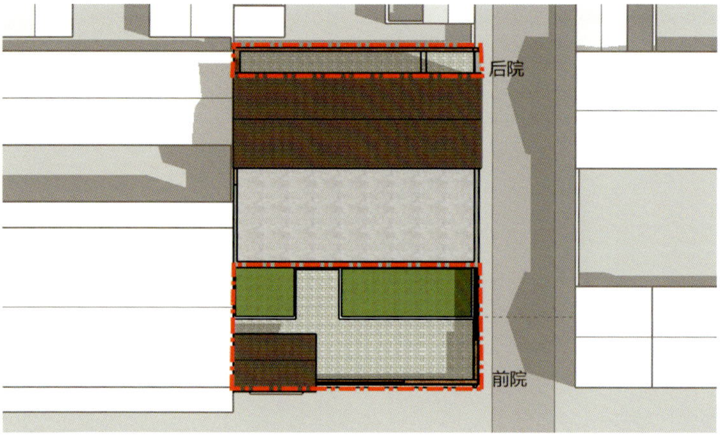

图 4 院落和建筑布局

在院落功能方面，保留使用者原来的生活习惯，院子里保留种植场地和邻里交流空间，种植场地位于前院中部，一方面考虑植物为住宅提供夏季遮阳，另一方面避免院落围墙遮挡种植场地，保证植物得到充足的日照（图 5）。

图 5 院落功能布局效果图

建筑设计

建筑形体兼顾村庄既有布局形式以及节能需求。村庄已有的住宅多为规整的“一字形”“L 形”“凹字形”或矩形且均为坡屋顶。表 5 为面积相同情况下，不同体形的住宅能耗情况，模拟软件为 DESIGNBUILDER，相关参数根据《农村居住建筑节能设计标准》（GB/T 50824−2013）设置，运行时间表根据调研结果设置。

表 5 不同住宅形体的建筑能耗模拟

建筑布局	示意图	采暖能耗	制冷能耗	其他能耗（炊事能耗 + 照明能耗 + 生活热水能耗）	总能耗
		$kW\cdot h/(m^2\cdot a)$	$kW\cdot h/(m^2\cdot a)$	$kW\cdot h/(m^2\cdot a)$	$kW\cdot h/(m^2\cdot a)$
L 形		117.66	5.06	14.88	137.6
矩形		99.4	4.79	15.19	119.38
凸字形		112.76	4.76	14.98	132.50
凹字形		121.09	5.13	14.78	141.00

通过对比可以发现：在相同条件下长方体住宅的能耗最低，因此方案设计选用矩形平面，在减少能耗的同时与村庄已有肌理形态呼应。另外，根据使用者的生活习惯和各类功能需求，最终确定的住宅平面如图 6 所示，其中二层的卧室主要供来访的子女使用，独立供能、避免浪费。

图 7 为住宅空间分析图，首层将使用频率和舒适性要求低的厨房、储藏室、卫生间等布置于北侧，形成缓冲空间，减少围护结构的直接热损失；把客厅、卧室等主要房间布置在朝向最有利的南侧，充分利用日照；入口处设置门斗，减少入户门频繁打开造成的热损失。二层在主要房间的北侧设置阳台，形成缓冲空间，且二层可独立供暖，减少不必要的能源消耗。

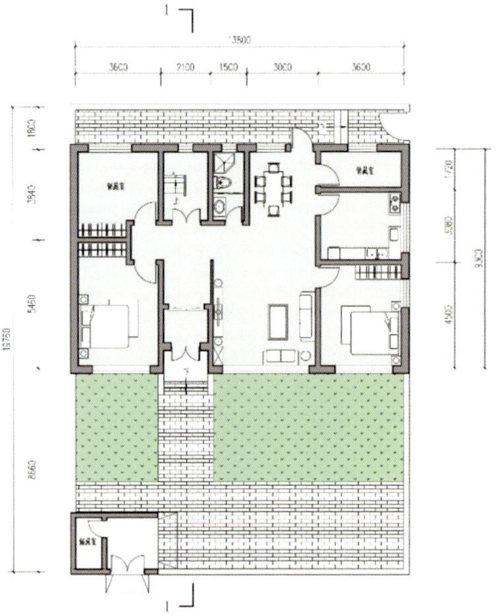

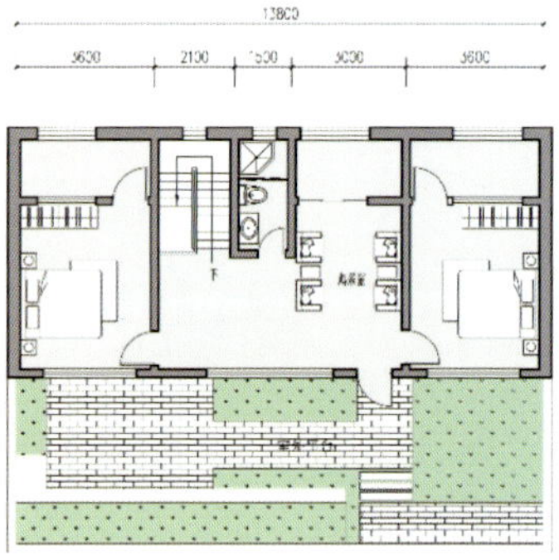

图 6 建筑首层平面图（左）和二层平面图（右）

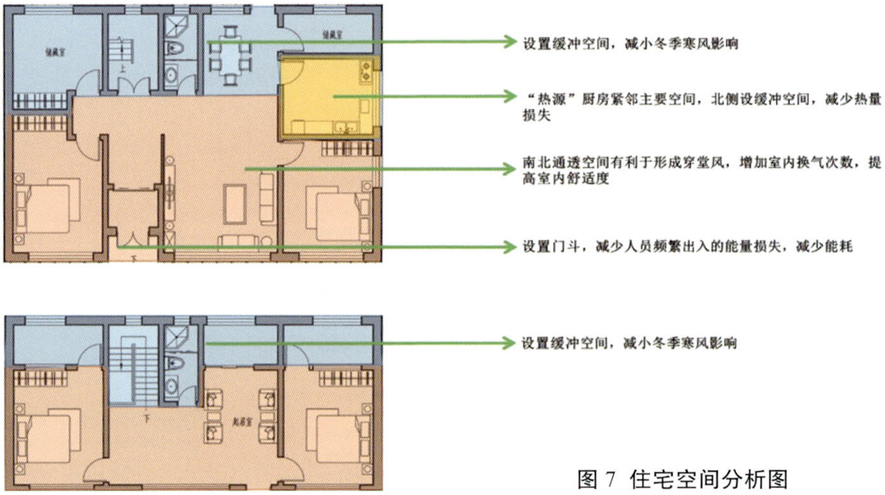

图 7 住宅空间分析图

在住宅形体和平面布局基本确定的基础上，依据有关规范，对主要房间的采光情况、总体通风情况进行模拟并依据模拟结果，调整和优化设计方案，如设置挑檐遮阳、调整辅助空间窗户高度促进自然通风等，表 6 为利用 ECOTECT 软件所做的住宅室内天然采光分析图，表 7 为利用 PHOENICS 软件所做的住宅室内通风状况及空气龄分析图，图 8 为住宅平面和剖面通风组织示意图，限于篇幅不再一一展开。

表 6 遮阳设计前、后室内天然采光照度模拟结果

楼层	遮阳设计前	遮阳设计后
一层	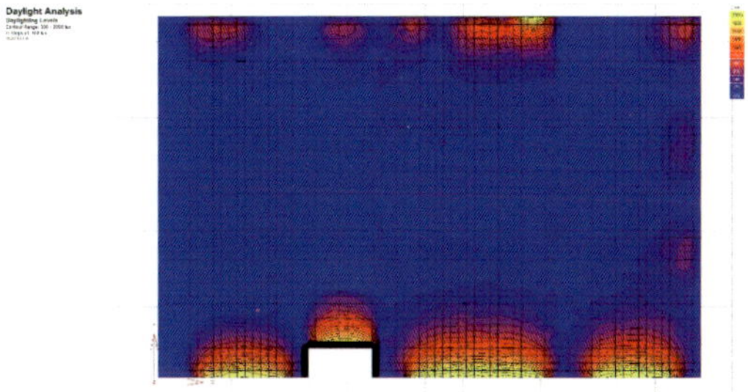	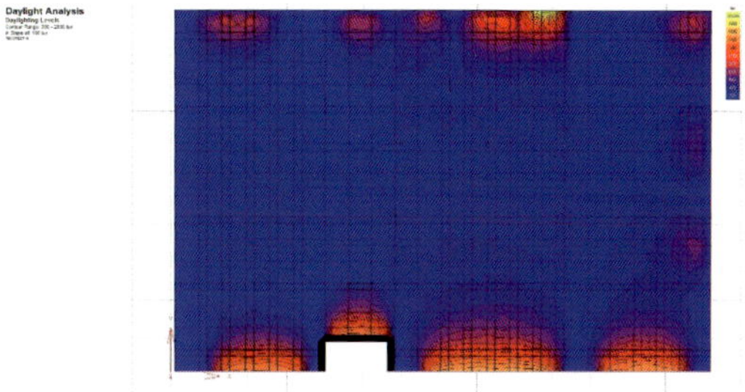
二层	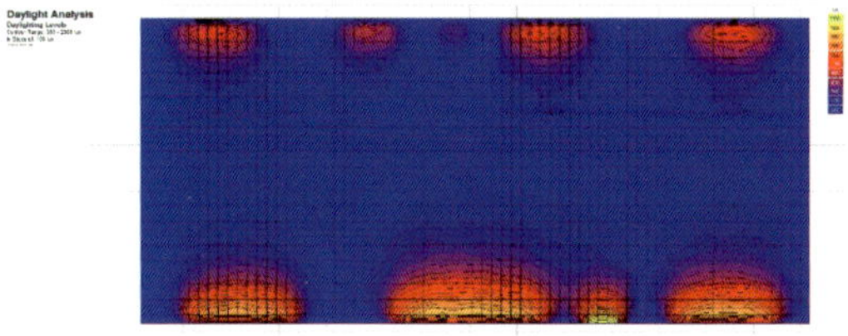	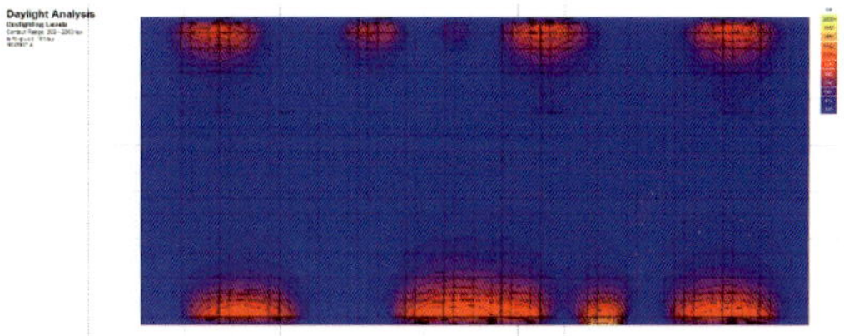

表 7 住宅室内通风环境模拟结果

楼层	风速	空气龄
一层	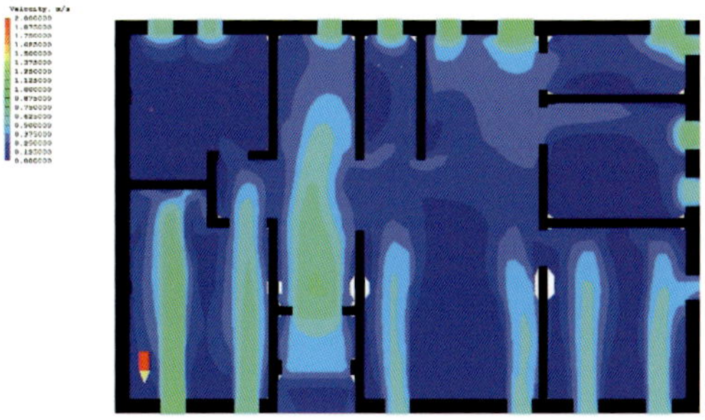	
二层	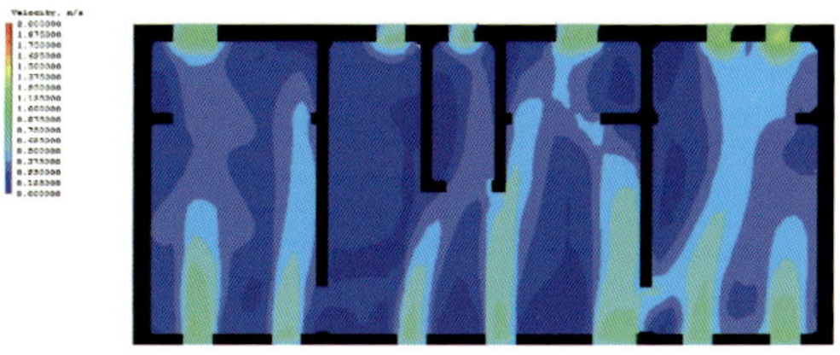	

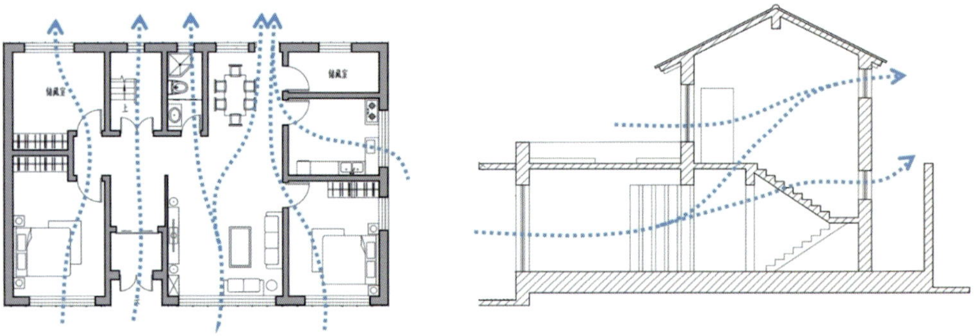

图 8 住宅平面和剖面通风组织示意图

能耗对比

除了各项被动式设计措施外，设计方案还因地制宜地选择了高效的主动技术措施，如地源热泵、太阳能光热和光电设施等。

在采取了各种经济可行的主、被动措施的基础上，对建筑构造和材料进行了认真研究和筛选，最终确定的实施方案相比原有建筑的总节能率达到 74.69%。可见，在农村自建住宅中采取经济适用的策略可以大大降低能耗、提高住宅舒适度。应用 DESIGNBUILDER 软件对低能耗农宅设计方案进行能耗模拟的结果如下（表 8）。图 9 为低能耗农宅与既有农宅单位建筑面积能耗比较。

表 8 低能耗农宅设计方案能耗模拟结果

类型	采暖能耗	制冷能耗	其他能耗 （炊事 + 照明 + 生活热水）	总能耗
方案能耗 kW·h	2 991.2	317.8	2 792.6	6 101.6
单位面积年能耗 kW·h/（m²·a）	13.91	1.48	12.99	28.38

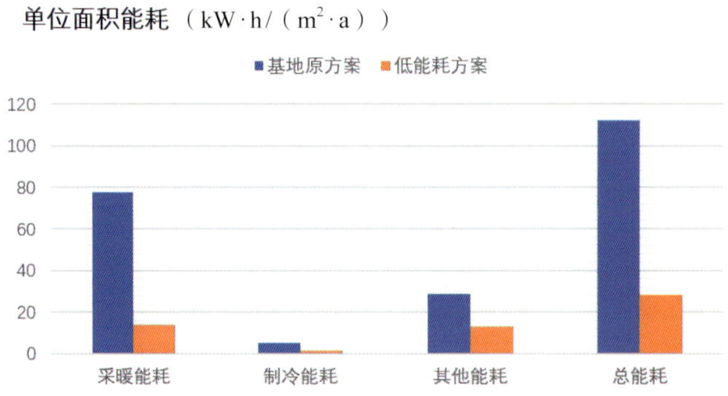

图 9 低能耗农宅方案与基地既有农宅能耗比较

最终设计方案如图10所示，同时兼顾了经济能力、功能需求、地域文化、性能提升和节能减排。

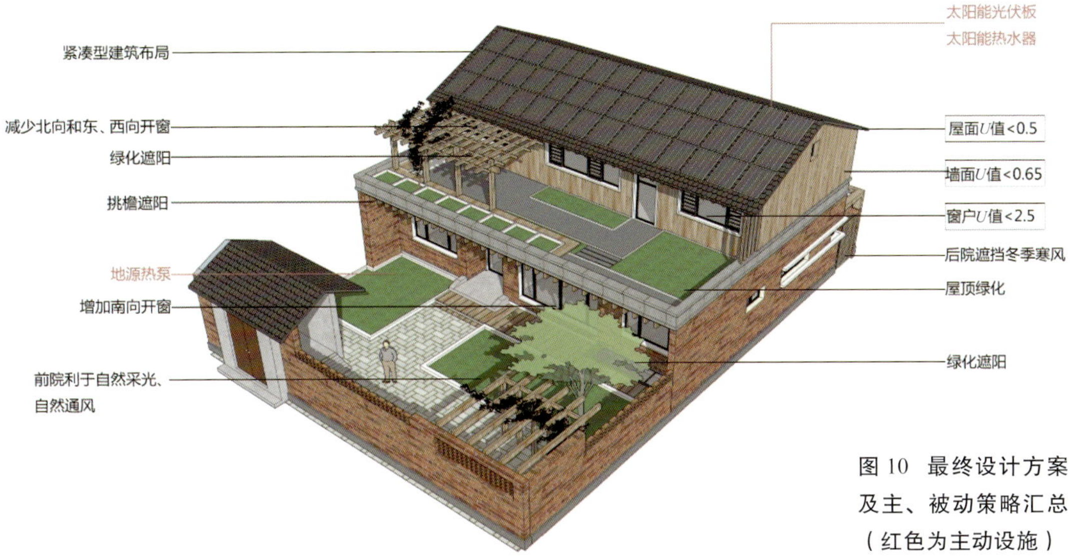

图10 最终设计方案及主、被动策略汇总（红色为主动设施）

结语

该项目设计过程中始终与使用者保持密切沟通，依托研究项目成果和各领域的专家进行了深入研究和优化，在此基础上落实建筑材料、构件和主动设备。不过非常遗憾的是，在项目即将开工之际，由于当地土地政策变化未能实施。

方案设计研究过程中获得的节能策略总结如下，希望对相关实践有所启示。

庭院整体布局

农宅布局包括院落布局和建筑布局两方面，在院落布局方面，采用前后院落相结合的方法，促进夏季自然通风，阻挡冬季北向寒风，形成舒适的院落环境。同时为建筑内部的天然采光和自然通风提供良好条件，庭院内合理配置绿植，提供夏季遮阳。

建筑空间设计

建筑形态宜考虑与既有村落环境协调，采用规整紧凑的体形减少外围护结构的热损失。在空间布局方面，客厅、卧室等使用率和性能要求高的房间布置在南侧，充分利用天然采光和太阳辐射；卫生间、储藏室、楼梯间等性能要求低的空间布置在北侧，形成缓冲空间，减少围护结构热损失。

门窗的位置及大小满足室内采光的基本需求，南向门窗应进行遮阳设计，提高室内空间光环境的均匀度，减弱眩光影响。空间布局和门窗位置应考虑风压通风和热压通风的可能性。

材料与围护结构

外墙及屋面均应设置保温层，门窗应采用保温性能良好、气密性较高的材料和构造，控制不同朝向的窗墙比，增大南向窗墙比，减小东向、西向和北向的窗墙比，有利于寒冷地区利用太阳辐射，减少围护结构热损失。此外，屋面设置绿化可增大屋面的保温效果，提升室外空间利用率及舒适性。

可再生能源利用

农村地区具有利用可再生能源的优势和良好条件，可以充分利用太阳能和地热能等可再生能源。方案设计阶段，进行可再生能源与建筑一体化设计非常重要，可以有效提升可再生能源设备的效率、完善建筑功能、控制设备噪声。

期待相关策略、流程、设计方法和模拟工具对农村住宅设计实践有所启发，推进新农村建设和乡村振兴。

资料来源：

1. 本工作室设计文本．山东省寿光市南马范村低能耗农宅方案设计．2016.
2. 程坦．鲁中地区农村自建住宅节能策略与方法研究．天津大学硕士学位论文，2017.
3. 科技部国家国际科技合作专项项目（2014DFE70210）《低碳城市与绿色建筑设计关键技术研究》结题报告．

后记

这是一本多年以前就应该完成的书稿。2015 年本人参加的“十二五”国家科技支撑计划“既有建筑绿色化改造关键技术研究与示范”（2012BAJ06B00）项目结题时，计划出版一本专著，总结工作室的绿色建筑案例研究成果，2015 年与天津大学出版社签署了本书的出版合同。书稿拖延至今，“忙”是堂而皇之的借口，近年来除了常规工作，参与或主持的项目包括自然科学基金重点项目、面上项目、科技部中欧国际合作专项项目、“十三五”国家重点研发计划项目子课题等，不得不忙于项目申请、发表文章、参加会议、年度报告、结题报告等工作。2020 年突发新冠疫情，很多活动都被迫取消或转为线上。在基本完成线上授课和网络会议之后，获得了更多的自由支配时间，才终于开始本书的撰写工作，还多年之前的旧账。同时，迫于疫情的居家状态也使自己获得了难得的反思时间，回顾曾消耗了大量时间和精力的奔忙到底有多大价值？一直在忙却忘记了忙的初衷，因为一直在行走而忘记了为什么出发！有点偏离正题了，不过在有点刻板的绿色建筑设计案例分析之后，这些感慨或许有助于提升本书的可读性，引发进一步的思考。

本书挑选出的 16 个案例，都有真实的设计背景和设计条件，但是只有很少的案例能够按照设计方案建成，有的项目虽已建成，但因为施工设计与方案设计沟通不畅以及工期、造价等原因，被修改或删减了不少内容，深感只做方案设计的尴尬与无奈；有的项目则是依托实际设计条件，结合绿色建筑教学和研究生培养完成的单纯性设计研究。

尽管本书呈现的结果大多未能如愿建成，但作为建筑方案设计的阶段性成果，这些设计方案秉承可持续发展的理念、提取有利于建筑性能提升的绿色策略，应用具有一定创新性的方法和工具，形成了相对系统化的流程，对建筑设计实践及理论研究应该有一定的参考借鉴价值。这里呈现的案例包含各种建筑类型和不同的建筑规模，一方面针对绿色建筑教学和科研的目标，另一方面紧密结合方案设计的综合创意过程。看似松散的选例，实则包含以下想法。

1. 绿色设计不是某种思潮或流派，而是根植于设计本体要素，量体裁衣的设计过程。这些本体要素涵盖了地理、气候、文化、经济、功能、结构、材料等方方面面，优化建筑性能、减少负面环境影响，在实现节能减排的同时提升使用者的感受，是书中设计案例探索的主旨。这些设计案例依据相同的主旨，针对不同的背景给出多样化的解决方案，或许对绿色设计实践具有启发意义。

2. 绿色设计不限于某种规模或类型，而是可持续发展理念在建筑设计领域的落实。这里特意选择了从城市设计到不同功能的建筑单体、既有建筑改造、农村住宅等宽泛的类型和不同的体量规模，探讨了在不同尺度、不同类型、不同状态下进行绿色设计、应用性能模拟技术优化设计方案的可行性，希望对绿色设计的全方位实施起到抛砖引玉的作用。

3. 将绿色设计的原理、方法、工具融会贯通，搭建从理论到设计实践的桥梁。近年来，针对绿色建筑的理论研究、方法工具、评价标准已有很多独立的成果。将这些成果融入建筑方案设计体系，才能实现研究成果的落地。变革建筑方案设计的理念、流程，实现绿色设计创新，需要学习、思考、训练、磨合。我们参与了不少有关绿色建筑的研究项目，也试图在每一个设计实践中推动研究成果的应用，然而在研究与实践结合的过程中遇到很多阻力，深感在建筑方案设计阶段，绿色成果的推广应用往往受制于甲方意志、经济条件、建设周期等诸多因素的影响。设计研究能在比较理想的状态下完成设计方案，依托实际规划设计条件呈现相对完整的流程和结果，或许具有更好的示范作用。

4. 将研究成果、实践感悟及时反馈到设计教学中，促进教改，培养绿色设计人才。在原有的建筑学教育体系中，关于绿色建筑的相关知识比较薄弱，通过绿色建筑方案设计研究，可以让学生将绿色建筑的理论、方法、工具融会贯通，从而促进绿色建筑教学体系的改革与完善，培养面向未来的设计人才。

书稿虽然已完成，但我心中仍感惴惴不安。首先，我和工作室的研究生基本上是建筑学专业出身，我们所受的建筑学专业教育普遍缺乏绿色建筑性能方面的深层科学知识，在绿色策略的提出、模拟工具的掌握程度和参数设定方面存在局限性；其次，我们的研究案例跨越十几年的时间，而建筑性能模拟工具的发展突飞猛进，早期用到的工具因为准确率低、速度慢、与其他软件的兼容性差，有的已逐渐被淘汰，因此我们的模拟结果也可能存在不尽如人意之处；再次，本书的研究案例止步于建筑方案设计，对施工设计及后期建设的实际需要考虑不足，在一定程度上会限制建筑方案的可行性和完成度。另外，建筑性能模拟与实际运行结果之间存在差别，因此运行阶段的有效管理也是设计目标落地的关键之一，比如同样一栋高层住宅户型，不同的住户因为行为规律不同，电耗、水耗会相差悬殊。但是无论如何，对绿色设计方案的研究和探索一定会带来设计思想的转变，带来设计逻辑和形式结果的创新。从这个角度讲，即使本书中的案例可能不尽完美，也是值得记录的。

在书稿完成之际，首先感谢工作室的同学们，书中的案例均来源于设计实践，在实际设计项目完成后，通过进一步学习绿色设计原理、评价标准、方法工具，对设计案例进行深化研究，最终成为大家的论文成果，也为本书积累了重要素材。多年来教学相长，他们的工作使我受益匪浅。他们的名单如下。

硕士研究生：潘磊、刘定伟、赵婉、李翔、尹洁、黄雷、刘玮、王江波、李晓俊、李晔、潘婧、杨华、惠超微、杨曦、范晨宇、高源、王莉莉、游猎、程嗣闲、何熹、杨鸿玮、原萌、毕晓健、蔡一鸣、刘立、程兰、韩旭鹏、余泞秀、贾佳、吕元之、邢赫、祝正午、程坦、杨丹凝、王劲柳、陆江月、冯雨萌、张鑫喆。

工程硕士研究生：渠向东、邵文威、苏见、王超、王有伟、张明明。

博士研究生：初冬、李长虹、徐冰、任娟、李峰、李涛、李晓俊、周同、康珍珍、张惠青、高源、赵敬辛、杨鸿玮、毕晓健、刘立、吴迪、王楠、程坦、刘奕杉。

这份名单包含了工作室2003年以来参与绿色建筑设计研究与实践的研究生。再读他们的学位论文，是一次再学习的过程，感触颇深，工作室例会、论文答辩、设计赶图、方案汇报等，一幕幕场景重新浮现眼前……篇幅所限，他们的成果没有全部展现在这里，但是每一个人的工作成果都对本书的完成起到重要作用，无论是直接还是间接都融入这些案例的研究中。

感谢项目甲方，允许我们在完成实际设计任务的同时附带完成科研目标的“私货”，并身体力行给予我们最大限度的支持。

感谢以下基金项目的资助：国家自然科学基金项目（51178292、51338006）、“十二五”国家科技支撑计划项目（2012BAJ06B00）、“十三五”国家重点研发计划项目（2016YFC0700200）、科技部中欧国际合作专项项目（2014DFE70210）、中英合作项目（2005年、2012年）、引智基地（B13011）。多年来的科研经历，收获良多，遗憾也不少，希望在以后的时光中不再受到各种时间节点的驱使，自由随心地做好绿色设计研究。

特别感谢我的导师邹德依先生，感谢邹先生三十多年来的关怀、支持和宽容。邹先生对新事物一直抱有浓厚兴趣，对建筑发展的走向始终保持敏锐的洞察力。因此，多年来邹先生一直支持我选择的研究方向，时常鼓励和鞭策我，并且为本书作序、对未来的学术成果提出要求。邹先生的主要研究方向是中国现代建筑史，我没有在邹先生的研究方向上做出贡献，一直觉得歉疚，希望今后在绿色建筑演进发展的相关研究中能够有所补救。

最后，感谢天津大学出版社负责编辑与审校工作的各位老师，正是你们的耐心和踏实认真的工作，使得本书能够最终呈现。

节能减排、绿色发展已经成为全人类的共识，我国提出的“碳达峰和碳中和”目标是可持续发展理念的具体体现。建筑业是节能减排的重要领域，希望本书的内容能够以方案设计为先导，为探索绿色发展的路径尽绵薄之力。

刘丛红

2023 年 4 月于天津